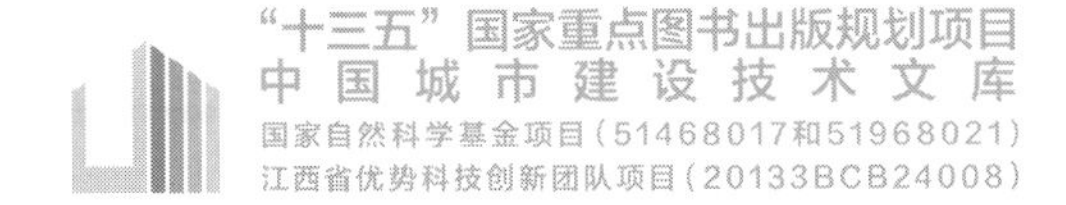

Research on Recycling of Lithium Slag and Durability of Concrete with Lithium Slag

锂渣在混凝土中再生利用及耐久性研究

许开成　张立卿　陈梦成　著

華中科技大學出版社
http://www.hustp.com
中国·武汉

内容简介

本书主要研究了锂渣在混凝土中的再生利用及耐久性。本书共12章，介绍了锂渣在混凝土中再生利用的可行性、锂渣的加工工艺、锂渣混凝土的配合比和基本力学性能及锂渣混凝土抗压强度预测模型；锂渣混凝土在冻融循环、碳化和模拟酸雨等作用下的耐久性；锂渣混凝土经过模拟酸雨腐蚀后的应力-应变关系，锂渣钢筋混凝土轴心受压构件、偏心受压构件和受弯构件经过模拟酸雨腐蚀后的力学与耐久性能。本书从锂渣的加工工艺、锂渣混凝土的制备、锂渣混凝土材料的力学性能与耐久性，到锂渣钢筋混凝土构件的力学性能与耐久性能进行了系统的研究。

本书适于从事土木工程、建筑材料和废弃材料资源化利用方面的科研工作者使用，也可为在校研究生、本科生和工程技术人员提供参考。

图书在版编目(CIP)数据

锂渣在混凝土中再生利用及耐久性研究/许开成，张立卿，陈梦成著. —武汉：华中科技大学出版社，2020.12
(中国城市建设技术文库)
ISBN 978-7-5680-4123-2

Ⅰ.①锂…　Ⅱ.①许…　②张…　③陈…　Ⅲ.①再生混凝土-研究　Ⅳ.①TU528.59

中国版本图书馆CIP数据核字(2020)第245570号

锂渣在混凝土中再生利用及耐久性研究　许开成　张立卿　陈梦成　著
Lizha zai Hunningtu zhong Zaisheng Liyong ji Naijiuxing Yanjiu

策划编辑：周永华
责任编辑：梁　任
责任校对：李　琴
封面设计：王　娜
责任监印：朱　玢
出版发行：华中科技大学出版社(中国·武汉)　电话：(027)81321913
武汉市东湖新技术开发区华工科技园　邮编：430223
录　排：华中科技大学惠友文印中心
印　刷：湖北新华印务有限公司
开　本：710mm×1000mm　1/16
印　张：18
字　数：275千字
版　次：2020年12月第1版第1次印刷
定　价：98.00元

前　　言

近年来，我国的工业得到了快速发展，在国家现代化建设上取得了举世瞩目的成就。然而在获得巨大进步的背后，自然资源被过度开发，自然环境遭到严重破坏，大气污染、海洋污染、城市环境污染、资源浪费等问题接踵而至，我国的可持续发展面临巨大的挑战。工业废渣是排放量最大的固体废弃物，如何有效处理和利用工业废渣是人们面临的挑战之一。工业废渣的合理化利用不仅能解决固体废弃物的污染问题，还能有效实现土木工程的可持续发展。

锂渣是工业生产碳酸锂产生的废渣，其主要成分为二氧化硅、氧化铝和氧化钙。由于锂渣中二氧化硅和氧化铝多为游离状态，为锂渣作为混凝土掺合料奠定了基础。作为“亚洲锂都”，宜春氧化锂资源量约 51.04 万吨。锂矿开采会产生大量废渣，这些废渣不仅会占用土地，而且会污染环境。锂渣混凝土的研究、应用和推广不仅可以解决锂渣堆放引起的占用土地和污染环境问题，还可以实现锂渣的再生利用，促进绿色混凝土和低能耗、经济工程的发展，为建设资源节约型和环境友好型社会做出贡献。

在国家自然科学基金项目（51468017 和 51968021）和江西省优势科技创新团队项目（20133BCB24008）的资助下，本书从锂渣性能及加工工艺出发，对锂渣混凝土的制备、基本力学性能与耐久性能，以及锂渣钢筋混凝土构件的力学性能与耐久性能进行了系统的研究，并取得了一系列成果。本书是作者近些年研究成果的总结。

本书第 1 章阐述了固体废弃物在混凝土中再生利用的必要性和可行性，以及对宜春锂渣进行绿色混凝土研究的迫切性，总结了国内外锂渣混凝土的研究现状与问题，明确了本书的研究内容；第 2～5 章分别介绍了锂渣作为混凝土掺合料的可行性、锂渣的加工工艺、锂渣混凝土的配合比和基本力学性能及锂渣混凝土抗压强度预测模型；第 6～8 章分别对冻融循环、碳化和模拟酸雨腐蚀作用下的锂渣混凝土的耐久性进行了研究；第 9 章研究了模拟酸雨环境腐蚀后锂渣混凝土的应力-应变关系，为后续锂渣钢筋混凝土构件的有限元模拟奠定了基础；第 10～12 章分别研究了锂渣钢筋混凝土轴心受压、偏心受压和受弯构件的力学性能以及酸雨腐蚀作用下的耐久性能，并进行了有限元模拟。

本书共 12 章，第 1、6～10 章由许开成撰写，第 2～5 章由张立卿撰写，第 11～12 章由陈梦成撰写，并由许开成进行统稿。作者课题组的研究生对本书试验工作做出很大的贡献，其中第 2、3 章的试验工作由黄财林完成，第 4～8章相关试验工作由毕丽苹完成，第 9 章的试验工作由陈博群完成，第 10、11 章的试验工作由阳翌舒完成，第 12 章的试验工作由聂行完成。研究生黄文意、胡文兵、易彬和杨宏宇为本书提供了部分资料。在本书的试验及撰写过程中，课题组的黄宏教授、谢力高级实验师、袁方副教授、杨超博士、张季博士、李乐博士等提出了很多建设性的意见，在此一并表示衷心的感谢。最后，感谢国家自然科学基金委员会、江西省科技厅对本书研究工作的资助。

由于作者水平有限，书中难免存在疏漏，恳请读者批评指正。

作者

2020 年 12 月

目　　录

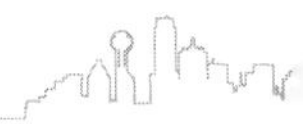

第1章　绪　　论

1.1　研究背景与意义

混凝土，又称作“砼”。“砼”字是由结构学家蔡方荫教授创造，意为“人工石”。时至今日，这种人造建材已经成为城市文明的基石，见证了人类社会的繁荣与发展[1]。混凝土被广泛地应用于各种工程中，例如房屋基建、造船业、海洋开发、机械工业、地热工程等领域。特别是近些年来，我国处于经济高速发展和基础设施不断完善时期，混凝土的使用量已占全世界总使用量的一半以上。混凝土得到如此广泛应用的原因在于其具有原材料易得、易浇筑成型、抗压强度高、适应性强、价格低廉、综合能耗低等优点。近一个世纪以来，混凝土作为生产量和消耗量最大的建筑材料，不仅是不可或缺的生产资料，更是国家基础建设的重要贡献者。相关数据显示[2]，全球年均生产混凝土约 $6\times10^9\ m^3$，国内年均生产混凝土约 $1.5\times10^9\ m^3$。

随着时代的发展与需求的更新升级，混凝土的发展也面临很多挑战。这些挑战可归结为以下 4 个方面。第一，混凝土绿色化和节能化挑战[3-5]。混凝土给环境带来很大压力。水泥是混凝土的重要组成部分，而生产 1 吨水泥熟料会产生 1 吨二氧化碳排放量，全球水泥行业约有 16 亿吨二氧化碳排放量。同时混凝土的生产也会消耗大量的资源，全世界每年会消耗 100 亿～110 亿吨砂石骨料，而这将严重影响森林和河床的生态环境。混凝土的施工活动也会产生大量的固体废弃物、施工噪声以及有害物质等，这都会对环境产生严重的污染和危害。第二，混凝土耐久性挑战[6-11]。混凝土的服役环境日趋复杂，这对混凝土的耐久性提出了更高的要求。而混凝土耐久性良好，从另一个角度说也是对人力、物力和能源的节约。第三，混凝土韧性挑战。混凝土结构突然断裂的事故时有发生，至今，如何增强混凝土韧性仍是混凝土研究方向的重要课题[12-19]。第四，混凝土智能化挑战。可以自主感知损伤、修复损伤并对外界的有害物质进行净化处理的混凝土，是目前正在研究探索的自感知混凝土、自修复混凝土、自清洁混凝土以及具有吸波和电磁屏蔽等功能的智能混凝土[20-25]。智能混凝土无疑是我们理想中的混凝土，也是智慧城市的发展基石。混凝土的发展有很多亟待解决的问题，而如何实现混凝土的可持续、绿色化发展是我们当前面临的首要课题。

20世纪80年代，第一届国际材料联合会提出了“绿色材料”的概念[26]。1992年，国际学术界将“在原材料采购、生产、使用或回收和废物处理的过程中，对地球的环境和人类健康带来最低负荷的材料”定义为绿色材料[27]。这一概念将材料与可持续发展紧密相连，其中，绿色建筑材料可持续发展的问题成了世界研究和开发的重点。而混凝土作为被广泛生产和使用的建筑材料，也开始向绿色环保型转变。绿色混凝土也逐渐被各国科研人士重视和关注，成为混凝土可持续发展的一种趋势。

当前，绿色混凝土尚无统一的概念，但它存在共同的基本特点[26]：节约资源和能源，减少环境污染，构造健康与舒适的人类居住环境，实现人与自然的协调共生。1997年，我国工程院院士吴中伟教授首先提出了绿色高性能混凝土。他认为绿色高性能混凝土应该具有以下特点[28]：(1)尽可能多地节省熟料水泥，减少能源消耗与环境污染；(2)尽可能多地添加磨细的工业废渣掺合料；(3)尽量运用高性能混凝土的优点，降低水泥和混凝土使用量。而且他提倡把绿色高性能混凝土作为混凝土未来的发展方向。

随着对绿色混凝土研究的逐步深入，混凝土组分逐渐发展为水泥、粗骨料、水、矿物掺合料和化学外加剂。用矿物掺合料代替水泥制备混凝土，逐渐成为发展绿色混凝土的有效途径。同时，由于用量巨大，混凝土也是最具有潜力的固体废弃物处理载体。例如，粉煤灰、硅灰在混凝土领域的应用，便是利用混凝土处理工业矿物废料的成功案例。如今，粉煤灰、硅灰和粒化高炉矿渣等已经成为改善和调节混凝土性能的常用掺合料，被大量地运用在混凝土中[26, 29-31]。粉煤灰和硅灰甚至出现材料短缺、供应不足的现象。通过混凝土掺合料的技术手段对工业废渣进行处理，不仅可以制备出性能优越、能耗低的绿色混凝土，还可以解决工业矿物废料的堆放以及环境污染

问题，达到一举多得的效果。

众所周知，能源对一个国家的发展至关重要，是经济建设、社会发展以及提高人民生活水平的重要前提。目前，世界各国投入大量的人力、物力展开对风能、太阳能等可再生无污染的清洁能源的开发利用。随着这些能源光电转换的实现，电池也可以便捷利用电能。锂电池由于具有电压和能量密度高、循环寿命长、能量效率高、自放电小、无记忆效应和无污染等优点，成为目前最有优势和竞争力的二次电池。作为生产锂电池的重要原材料，锂对新能源的开发利用起着巨大的促进作用，锂也是自然界最轻的金属，被誉为“工业味精”“能源之星”，可谓“有锂走遍天下，无锂寸步难行”。为了促进新能源的发展，对锂矿的开发利用也越来越迫切。我国是全球锂辉石储存量最大的国家。我国锂辉石主要分布在新疆、四川和江西。截至2019年底，中国锂矿储量约为100万吨，占全球锂矿储量的5.88%，排名世界第四，中国锂矿资源主要分布在青海、西藏、江西等地。其中，江西宜春的伟晶岩型锂矿，矿床、矿石总量为1.5亿吨，氧化锂资源量为51.04万吨[32]。随着对锂矿开采的加速，开采和冶炼过程中产生的大量锂渣的堆放和污染问题也日益突出。如何将锂渣变废为宝，对其进行有效的利用和大批量的快速处理是亟待解决的问题。复制粉煤灰、硅灰的模式是解决其他工业矿物废料堆放和环境污染问题的有效途径。

锂渣是从锂辉矿石中提炼碳酸锂时所形成的工业废料，其化学成分主要为氧化硅、氧化铝和氧化钙等[33-36]。锂渣化学成分与性质均一、稳定，为锂渣作为水泥的混合料和混凝土的掺合料奠定了基础。锂渣如果能作为掺合料替代部分水泥，不但可以降低混凝土的生产成本，而且可以解决锂渣的堆放和环境污染问题[29, 37, 38]。因此，锂渣混凝土逐渐引起了学者们关注。已有许多学者针对四川、新疆地区的锂渣进行了试验研究，而且取得了很多有价值的成果，例如张兰芳[36, 39]就锂渣混凝土的强度、抗碳化性能以及抗氯离子渗透性能进行了试验研究，温勇[40]等就锂渣粉掺量对混凝土的力学性能、吸水性能和抗氯离子渗透性能的影响进行了试验研究。针对新疆等地锂渣的研究已经相对成熟，大量研究[34, 40-47]表明锂渣能够改善混凝土的工作性能和耐久性，而且这些研究成果为锂渣的应用提供了可靠的理论依据，

提升了锂渣的应用价值。与新疆等地锂渣的研究进展相比，针对宜春锂渣的研究已经严重落后，目前只有南昌大学的黎奉武[48]利用锂云母渣及低品位铝矾土进行了制备硫铝酸盐水泥的研究。而以宜春锂渣直接作为掺合料的研究还很少，这使得宜春大量锂渣得不到合理利用，不但浪费资源，而且污染环境。因此，对宜春锂渣作为混凝土掺合料进行系统的（力学性能和耐久性）、多层次的（材料层次和构件层次）研究尤为必要和迫切。

1.2 国内外研究现状

目前国内主要是对新疆等地的锂渣进行了研究，本节将国内外的研究成果分为工作性能、力学性能和耐久性三部分进行概述。

1.2.1 锂渣对混凝土工作性能的影响

工作性能不仅影响混凝土在实际工程中的应用，而且也会影响混凝土结构的密实性。而作为掺合料，锂渣对混凝土工作性能的影响也是首要研究的内容。

张兰芳等[44]观察到单独采用锂渣或把锂渣与其他工业废渣混合掺入混凝土中，可以改善混凝土的流动性，减小坍落度。

温勇等[42]研究了磨细后的锂渣粉对新拌混凝土工作性能的影响。结果表明：锂渣粉的掺入能起到缓凝的作用，能够减小坍落度，并且能够提高混凝土的流动性。

WEN H[33]研究了掺锂渣和石灰粉的绿色混凝土的工作性能。结果表明：当锂渣、石灰粉掺量固定，石灰粉含量为10%时，混凝土和易性较好，坍落度可达24 cm，满足泵送混凝土的要求。

吴福飞等[49]分别研究了锂渣、钢渣单掺及两者复掺对混凝土体积安定性的影响。结果表明：锂渣掺量越大，水泥-锂渣浆体的标准稠度越大（见表1.1），当锂渣掺量不小于75%时，水泥-锂渣浆体出现假凝现象；当锂渣掺量小于85%时，混凝土体积安定性合格。锂渣与钢渣复掺时，只要锂渣掺量不大于70%，混凝土体积安定性即为良好。

表 1.1 锂渣掺量对水泥-锂渣浆体标准稠度的影响[49]

编号	锂渣掺量/(%)	标准稠度/(%)
Li1	15	27.3
Li2	35	27.6
Li3	45	28.8
Li4	55	30.5
Li5	65	32.5
Li6	75	34.2
Li7	85	36.0
Li8	95	38.4

张磊等[50]就不同细度锂渣掺合料对胶凝材料的需水量进行了研究，并探讨了各种细度锂渣与外加剂的适应性。结果表明：锂渣掺量为30%时，锂渣细度越大，胶凝材料的需水量越大；当外加剂掺量为胶凝材料的5‰、锂渣比表面积为901 m^2/kg、锂渣掺量为12%时，水泥与外加剂适应性好；当锂渣掺量不超过6%时，含锂渣水泥的稳定性好，凝结时间正常。

1.2.2 锂渣对混凝土力学性能的影响

混凝土作为一种结构材料，其力学性能是首要属性。锂渣对混凝土力学性能及其发展趋势的影响也是一个重要的研究方向。

赵若鹏等[51]通过内掺锂渣和外掺硅粉的方式，研究了锂渣及硅粉对混凝土强度的影响。结果表明：采用52.5硅酸盐水泥，内掺20%或30%的锂渣，可配制具有高流动性的C80高强混凝土，并能大幅度降低每立方米混凝土水泥用量。

张兰芳等[45]研究了单掺锂渣、复掺锂渣和矿渣、复掺锂渣和石粉，取代一部分水泥，制备高强混凝土，并探究了锂渣对混凝土的影响机理。结果表明：加入锂渣和高效减水剂的混凝土的28 d抗压强度可达100 MPa以上，而且工程成本不增加。此外，锂渣和其他外加剂有良好的相容性，锂渣和矿渣

或石粉复掺，可使混凝土的 28 d 抗压强度不小于 70 MPa。

张善德等[46]研究了锂渣取代率对混凝土力学性能的影响。结果表明：锂渣部分取代水泥(42.5R)可制备出高性能混凝土，其 28 d 抗压强度不小于 80 MPa，90 d 抗压强度不小于 100 MPa。

王国强等[52]利用锂渣具有良好的可磨性这一特点，采用平板法开裂试验研究了锂渣细度对强度、自收缩裂缝的影响，经过一定的理论分析计算，得出：锂渣的细度越大，锂渣混凝土强度越高，裂缝最大宽度、长度越大，而且裂缝复杂化程度越深。

王国强[53]制备了不同锂渣细度、不同锂渣掺量的锂渣混凝土，并研究其力学性能。结果表明：锂渣的细度越大，锂渣混凝土强度越高，但早期的抗裂性能下降；当锂渣掺量为 15%时，锂渣混凝土的抗压强度达到最大值；锂渣混凝土的开裂时间随着锂渣掺量的增高而推后。

LI H F[54]制备了锂渣掺量为 10%的混凝土，其 28 d 抗压强度可以达到 100 MPa 以上，可以满足超高强度混凝土的要求。

祝战奎等[55]对超磨细锂渣及其分别与其他矿物材料复合制成的混凝土进行了研究。通过对比掺料种类、掺量等影响因素，研究分析了复合掺料对混凝土力学性能的影响。结果表明：当锂渣掺量为 15%时，混凝土具有较好的强度。

刘来宝[56]用锂渣取代水泥质量的 12%来配制 C50 混凝土，并对其进行力学性能与徐变性能的测试。结果表明：锂渣的掺入不仅可以提高混凝土强度，还可以降低混凝土的徐变。

杨恒阳等[57]设计了正交试验研究锂渣掺量、粉煤灰掺量以及水胶比对高性能混凝土不同龄期抗压强度的影响。结果表明：水胶比是影响混凝土抗压强度的主要因素，锂渣掺量和粉煤灰掺量主要影响的是混凝土早期和后期抗压强度。

谷丽娜[34]采用锂渣取代水泥质量的 12%制备高性能路用 C50 锂渣混凝土，并研究其力学性能随着养护龄期发展的变化规律。结果表明：锂渣的掺入并未对路用 C50 混凝土的早期抗压强度产生负面影响，反而对其后期强度有一定程度的提高；锂渣对混凝土的弹性模量无明显影响。

于江等[58]及严文龙等[59]对锂渣和再生粗骨料对混凝土抗压、抗拉强度的影响进行了研究。结果表明：再生粗骨料对混凝土的力学性能有不利影响，而锂渣对其有改善和提高作用，尤其是抗拉强度的后期增长率有较大的提升。加入20%锂渣与30%再生粗骨料的混凝土立方体及棱柱体的28 d抗压强度达到最佳。加入15%锂渣和70%再生粗骨料可使得混凝土的劈裂抗拉强度达到最佳，此时，锂渣混凝土的28 d劈裂抗拉强度比普通混凝土高57.4%。

张磊等[50]对锂渣对水泥物理力学性能的影响进行了研究。结果表明：锂渣粉取代30%的水泥后，锂渣混凝土3 d抗压强度降低幅度较大，28 d抗压强度降低幅度较小。当锂渣替代率不超过6%时，与28 d抗压强度满足要求的普通硅酸盐水泥(42.5级)相比，含锂渣水泥的早期强度相对较低，而后期强度则相对较高。

秦拥军等[60]以锂渣掺量及再生骨料的取代率为变量，对混凝土进行轴压试验，确定其极限抗压强度、弹性模量及峰值应变。通过试验得到应力-应变曲线和应力比-泊松比曲线并进行对比，建立混凝土本构关系。结果表明：当锂渣取代率为20%且再生粗骨料掺量为30%时，对比其他组试件数据可知，此时混凝土弹性模量出现峰值，比普通混凝土的弹性模量高出17.2%，且混凝土泊松比最小，内部结构较为致密，混凝土的峰值应力及峰值应变达到最大。

李振兴等[61]对9根掺锂渣再生骨料试验梁进行了受弯性能研究。结果表明：试验梁的开裂荷载、屈服荷载均随再生骨料取代率的增大而增大，极限荷载尽管初期会增大，但是后期会降低，适量锂渣可以有效提高试验梁的力学性能。

1.2.3 锂渣对混凝土耐久性的影响

随着混凝土服役环境日益复杂和可持续发展观念的提出，混凝土的耐久性越来越受到重视，因此，锂渣对混凝土耐久性的影响也成了重要的研究课题。

曾祖亮[62]研究了锂渣中主要元素的存在形式以及锂渣混凝土的强度增

强和抗渗机理。结果表明：在水泥或混凝土中加入碱金属元素（通常在1%左右）可以提高混凝土的强度，增强率随掺量的增加而增大。锂渣中含有碱金属元素锂、钠、钾，其氧化物含量为0.8%～1.0%，尤其是在碱金属中含量大且活跃的锂元素对水泥和混凝土的强度都有很大的增强作用。而且通过试验得到，在混凝土或水泥中加入适量锂渣后，凝结硬化后的混凝土具有微膨胀性，它不同于普通混凝土凝结硬化后的轻微收缩现象，不会在浇筑接口处出现裂缝。因此，通过添加少量的锂渣对水工建筑、屋面等部位进行处理，有望提高其抗渗性能。

陈应球[63]通过分析锂盐渣混凝土的力学性能及耐久性，并结合实际工程中的应用情况和施工效果，得出在混凝土中掺入锂盐渣能够提高抗渗性、降低水化热、避免出现温度裂缝。此外，锂盐渣混凝土具有微膨胀性，能够有效防止收缩变形裂缝的产生。采用锂盐渣作为混凝土掺合料，能有效解决水工建筑中大体积混凝土施工遇到的许多技术难题，也为锂盐渣混凝土的应用积累了经验。

张兰芳[36]在锂渣混凝土碳化试验中观察到，锂渣、粉煤灰、矿渣与水泥混合后，三者掺量越大，混凝土的碳化速度越快。掺入锂渣、粉煤灰和矿渣后，水化产物与掺合料进行二次水化反应，会减少混凝土中碱的总含量，不利于混凝土的抗碳化；但是，掺合料的二次水化反应会改善混凝土的密实度，碳化过程中，二氧化碳将转化为碳酸钙阻塞内部孔隙，进而增加混凝土的致密度。依据碳化深度可知，锂渣和矿渣取代总量为50%时，至28 d试验龄期混凝土仍未碳化，说明该类混凝土的抗碳化性能较强。

温勇等[40,43]对锂渣混凝土的抗硫酸盐侵蚀性能、吸水性及抗氯离子渗透性能进行了研究。结果表明：当锂渣掺量在20%～30%时，锂渣对水泥基材料的抗硫酸盐侵蚀性能有提高作用，通过电镜扫描及X射线衍射可知，锂渣在高浓度硫酸盐环境下能有效抑制其膨胀物的产生；掺锂渣混凝土的抗氯离子渗透性能优于未掺锂渣的普通混凝土，但由于锂渣的吸水性较强，锂渣混凝土的水密性较差。

张善德等[46]的研究结果表明：锂渣部分取代水泥（42.5R）可制备出高性能混凝土，这种混凝土的抗裂能力和抗冻性明显增强，且经300次冻融循

环作用后也未发生破坏。

周海雷等[64]研究了锂渣和粉煤灰对高性能混凝土氯离子扩散性的影响。结果表明：锂渣与粉煤灰共同作用可以显著提高混凝土的抗氯离子渗透性能。锂渣和粉煤灰总量越大，抗氯离子渗透性能越强；并且锂渣掺量越大，抗氯离子渗透性能也越强。

祝战奎等[55]对超磨细锂渣及其分别与其他矿物材料复合制成的混凝土的耐久性进行了研究。结果表明：单掺锂渣及复掺矿渣、硅灰对提高混凝土的抗碳化能力均有帮助。

董海蛟等[65]研究了不同锂渣粉掺量情况下，加载方式对混凝土电通量的影响。结果表明：无论是一次加载还是循环加载，都对混凝土的抗氯离子渗透性能产生明显的影响。而锂渣粉的掺入，能够明显降低氯离子的渗透性，从而起到保护钢筋的作用。

杨恒阳等[66]、李志军等[67]、郭江华等[68]均选用刀口法研究了水胶比、锂渣掺量及细度、温度等因素对高性能混凝土早期抗裂性能的影响。结果表明：水胶比对混凝土早期抗裂性能影响显著，锂渣掺量对其只有一定程度的影响。相同条件下，矿物掺合料复掺有利于提高混凝土的早期抗裂性能，并优于普通混凝土；而适当增大锂渣细度也可改善混凝土的早期抗裂性能。锂渣能够抑制早期裂缝的发展，其最佳取代率是30%；高温时锂渣混凝土的最大裂缝宽度小于普通混凝土在高温下的最大裂缝宽度。

吴福飞等[69]对大掺量锂渣混凝土的氯离子渗透性能进行了研究。结果表明：锂渣掺量小于20%时，锂渣混凝土的28 d氯离子渗透系数小于普通混凝土；当锂渣掺量大于20%时，锂渣混凝土的氯离子渗透系数较大，但仍在10～12 m^2/s的范围内。

张广泰等[70]研究了在冻融循环条件下，锂渣对混凝土抗氯离子渗透性能的影响。试验结果表明：在混凝土中加入锂渣可降低氯离子渗透性能。

通过对国内外锂渣混凝土的工作性能、力学性能和耐久性的研究现状分析可知，目前锂渣混凝土的研究主要存在以下问题。

(1) 锂渣对混凝土性能的影响研究，主要侧重于锂渣掺合料对混凝土基本力学性能的影响研究，而关于锂渣混凝土的配合比设计、锂渣掺合料的最优掺量和锂渣混凝土抗压强度预测等方面的研究较少。

(2) 锂渣对混凝土耐久性影响的研究已有涉及,主要集中在混凝土的抗裂性能及抗氯离子渗透性能方面,而对混凝土在冻融循环、碳化和酸雨腐蚀作用下耐久性的研究尚少。锂渣掺合料对混凝土在冻融循环、碳化和酸雨腐蚀作用下的耐久性影响有待进一步研究。

(3) 对于冻融循环、碳化和酸雨腐蚀作用下的锂渣混凝土耐久性的变化规律、力学性能劣化规律及机理的研究较少。

(4) 对锂渣钢筋混凝土构件的力学性能、耐久性以及数值模拟计算的研究较少。

1.3 研究内容

本书在国内外学者试验研究和理论研究的基础上,首先,对锂渣作为混凝土掺合料的可行性进行了分析,并采用预处理工艺对锂渣进行活化。其次,从混凝土材料层次考虑,采用正交试验设计,确定锂渣混凝土配合比和锂渣掺合料的最优掺量,讨论锂渣混凝土的基本力学性能和变化规律;依据现有混凝土强度模型,建立锂渣混凝土抗压强度的预测模型。再次,以锂渣掺合料的最优掺量为基础制备锂渣混凝土,探究锂渣混凝土分别在冻融循环、碳化和酸雨腐蚀作用下的耐久性变化规律和力学性能劣化规律。最后,从混凝土的构件层次考虑,在普通养护和酸雨腐蚀两种环境下,研究了锂渣钢筋混凝土短柱的轴心受压和中长柱的偏心受压力学性能、锂渣钢筋混凝土梁的力学性能,并对锂渣钢筋混凝土短柱的轴心受压、中长柱的偏心受压工况,锂渣钢筋混凝土梁的受弯工况进行有限元模拟,并和试验结果进行对比,具体的研究内容如下。

(1) 锂渣作为混凝土掺合料的可行性和预处理活化工艺研究。

以水泥胶砂复合材料的抗折强度、抗压强度和压折比为指标,用粉煤灰等常用的混凝土掺合料作对比,评价锂渣作为掺合料的可行性,并研究锂渣掺量对水泥胶砂复合材料力学性能的影响及其最优掺量。通过高低温干燥、研磨以及加助磨剂等不同的工艺对锂渣进行预处理活化,以达到降低颗

粒粒径和活性的效果，使其能够更好地发挥掺合料效应，并以混凝土的抗压强度作为工艺效果的评价指标。

(2) 锂渣混凝土最优配合比与抗压强度预测模型。

以水胶比、锂渣掺量和锂渣细度为影响因素，利用正交试验，进行极差分析和方差分析，结合锂渣混凝土抗压强度随影响因素的变化规律，确定锂渣混凝土的最优配合比；利用回归分析推导锂渣混凝土抗压强度与水胶比、锂渣掺量和减水剂掺量的关系式，研究锂渣混凝土的配制方案，为锂渣混凝土的拌和及相关研究提供理论依据。利用 SPSS 软件的逐步回归分析法、多元线性回归法和非线性回归法建立锂渣混凝土的抗压强度预测模型，通过分析各模型的残差图、抗压强度预测值与试验值的散点图和关系图，利用 RMSE、MAE 和 MAPE 评价各建议模型的精确度等，确定出最优的锂渣混凝土抗压强度预测模型。

(3) 冻融循环作用下锂渣混凝土的耐久性研究。

通过混凝土室内快速冻融试验研究锂渣掺量和冻融介质（清水和盐溶液）对混凝土抗冻性的影响，对试验数据进行分析得出在冻融循环作用下不同影响因素对混凝土的质量损失、动弹性模量、抗压强度的影响规律；结合扫描电镜图片分析作用机理。

(4) 碳化作用下锂渣混凝土的耐久性研究。

通过室内快速碳化试验研究锂渣掺量和碳化龄期对混凝土抗碳化性能的影响，以碳化环境中混凝土的质量、动弹性模量、劈裂抗拉强度和碳化深度作为评价指标，获得各影响因素对混凝土碳化性能的影响规律，并探索影响机理。

(5) 模拟酸雨腐蚀作用下锂渣混凝土的耐久性研究。

通过模拟酸雨腐蚀试验研究锂渣掺量、酸雨 pH 值和 SO_4^{2-} 的浓度对锂渣混凝土抗酸雨腐蚀性能的影响，分析各影响因素下模拟酸雨环境中锂渣混凝土的外观、质量、抗压强度及中性化深度的变化规律；并对模拟酸雨腐蚀环境下锂渣混凝土的内部损伤进行微观分析，获得锂渣混凝土在模拟酸雨环境下的表现、规律以及变化机理。

(6) 锂渣钢筋混凝土构件的力学与耐久性能研究。

制备锂渣钢筋混凝土短柱、中长柱和梁，研究其基本力学性能，通过试验找出构件中锂渣的合适掺量。同时研究酸雨环境下各种受力构件的力学性能劣化规律，研究锂渣钢筋混凝土构件的抗酸雨腐蚀性能，并利用有限元软件进行参数分析，提出设计方法。

第2章　锂渣作为混凝土掺合料的可行性

中国正处于基础建设的快速发展时期，把锂渣作为混凝土掺合料可以实现对大量锂渣的快速处理，并且在保护环境的同时降低工程造价。那么，锂渣是否可以作为混凝土掺合料？这无疑是一个基础而且重要的问题。本章针对宜春锂渣作为掺合料的可行性展开试验，用宜春锂渣替代部分基准水泥掺入水泥胶砂试件中进行抗折强度和抗压强度测试，并根据试验结果分析不同掺合料对水泥胶砂试件强度的影响规律，从水泥胶砂试件力学性能和工程经济性考虑获得锂渣的最优掺量，从而为锂渣用作混凝土掺合料提供依据。

2.1　试验概况

2.1.1　原材料

水泥：混凝土外加剂检验专用P·Ⅰ42.5基准水泥。基准水泥化学组分见表2.1，基准水泥物理性能见表2.2。

砂：中国ISO标准砂。

锂矿粉：由宜春天然锂长石经磨细而成。

灰色锂渣：来源于宜春合纵锂业股份有限公司通过“锂固氟重构综合提取碳酸锂技术”提取碳酸锂产生的废渣，外形如图2.1(a)所示。

白色锂渣：来源于宜春银锂新能源股份有限公司通过“变温碳化法”制备碳酸锂产生的废渣，其化学组分见表2.3，外形如图2.1(b)所示。白色锂渣和灰色锂渣由于含水量过大，结块严重，使用前在105 ℃的烘箱中烘干，并且将结块的锂渣捣碎。

硅灰石粉：由江西蒙特英硅灰石实业公司生产，外形如图2.1(c)所示。

在使用前把硅灰石粉的少量结块捣碎。

粉煤灰：由南昌发电厂生产的Ⅰ级粉煤灰。

表 2.1 基准水泥化学组分 单位：%

组分	SiO_2	Al_2O_3	Fe_2O_3	CaO	MgO	SO_3	Na_2O_{eq}	f-CaO	Loss	Cl^-	其他
比例	25.08	6.36	4.21	54.89	2.60	2.63	0.57	0.76	2.20	0.01	0.69

表 2.2 基准水泥物理性能

细度(0.08 mm方孔筛筛余量)/(%)	密度/(g/cm³)	比表面积/(m²/kg)	标准稠度/(%)	安定性/mm	凝结时间/min		抗折强度/MPa		抗压强度/MPa	
					初凝	终凝	3 d	28 d	3 d	28 d
1.80	3.14	352.00	26.60	0.50	157	223	5.20	—	27.10	—

表 2.3 白色锂渣化学组分 单位：%

组分	Li_2O	Al_2O_3	Fe_2O_3	K_2O	Na_2O	Rb_2O	Cs_2O	SiO_2	SO_3	其他
比例	0.30	8.00	0.10	2.00	5.00	0.20	0.01	72.00	4.00	8.39

(a) 灰色锂渣

(b) 白色锂渣

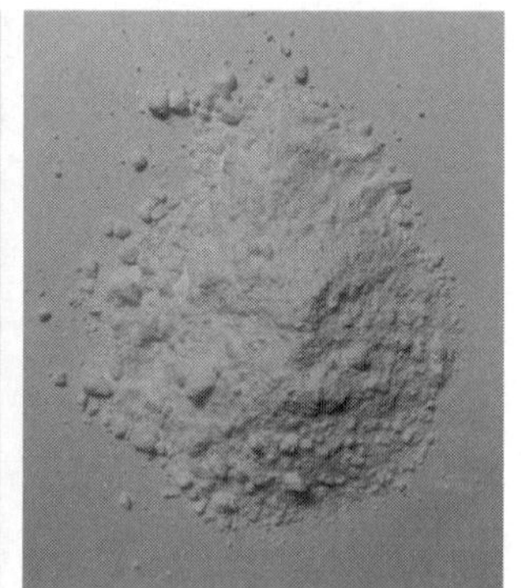

(c) 硅灰石粉

图 2.1 矿物掺合料

2.1.2　试件制备与测试

掺合料种类为 5 种，分别是粉煤灰、硅灰石粉、白色锂渣、灰色锂渣和锂矿粉，其中，粉煤灰的掺量分为 10%、15%和 20%，硅灰石粉的掺量为 10%、15%和 25%，白色锂渣、灰色锂渣和锂矿粉的掺量均为 10%、20%、30%和 40%。水泥胶砂复合材料配合比见表 2.4。根据《水泥胶砂强度检验方法》(GB/T 17671—1999)制备和养护试件，并根据该标准对试件的 3 d、28 d 和 90 d 抗折强度和抗压强度进行测试。

表 2.4　水泥胶砂复合材料配合比

试件编号	水泥/g	粉煤灰/g	硅灰石粉/g	白色锂渣/g	灰色锂渣/g	锂矿粉/g	标准砂/g	水/g
PP00	450.0						1350.0	225.0
FA10	405.0	45.0					1350.0	225.0
FA15	382.5	67.5					1350.0	225.0
FA20	360.0	90.0					1350.0	225.0
SF10	405.0		45.0				1350.0	225.0
SF15	382.5		67.5				1350.0	225.0
SF25	337.5		112.5				1350.0	225.0
WL10	405.0			45.0			1350.0	225.0
WL20	360.0			90.0			1350.0	225.0
WL30	315.0			135.0			1350.0	225.0
WL40	270.0			180.0			1350.0	225.0
GL10	405.0				45.0		1350.0	225.0
GL20	360.0				90.0		1350.0	225.0
GL30	315.0				135.0		1350.0	225.0
GL40	270.0				180.0		1350.0	225.0
LS10	405.0					45.0	1350.0	225.0

续表

试件编号	水泥/g	粉煤灰/g	硅灰石粉/g	白色锂渣/g	灰色锂渣/g	锂矿粉/g	标准砂/g	水/g
LS20	360.0					90.0	1350.0	225.0
LS30	315.0					135.0	1350.0	225.0
LS40	270.0					180.0	1350.0	225.0

2.2 力学性能

2.2.1 抗折强度

1. 掺合料对抗折强度的影响

不同掺合料的水泥胶砂复合材料在不同龄期的抗折强度如图 2.2 所示。从图 2.2 可知，掺合料的引入基本降低了各个龄期水泥胶砂复合材料的抗折强度。由图 2.2(a)可知，当掺合料超过 10%后，水泥胶砂复合材料 3 d 抗折强度随着掺合料掺量的增加而降低。大体上，对抗折强度的影响由弱到强依次为白色锂渣、灰色锂渣、粉煤灰、硅灰石粉、锂矿粉。其中，白色锂渣和灰色锂渣对水泥胶砂复合材料抗折强度的作用效应明显优于其他掺合料，并且在掺量等于 10%时，这两种掺合料的作用效应十分接近，可稍微提高水泥胶砂复合材料的抗折强度。掺 20%的白色锂渣水泥胶砂复合材料抗折强度大于掺 20%的粉煤灰胶砂复合材料抗折强度。粉煤灰和硅灰石粉对水泥胶砂复合材料抗折强度的作用效应都是随着掺量的增加而缓慢降低的，锂矿粉对水泥胶砂复合材料抗折强度的作用效应则是随着掺量的增加呈直线下降的趋势。由图 2.2(b)可知，掺合料对水泥胶砂复合材料 28 d 抗折强度的影响由弱到强依次为白色锂渣、粉煤灰、硅灰石粉、灰色锂渣、锂矿粉。其中灰色锂渣和锂矿粉对水泥胶砂复合材料抗折强度的影响都是随着掺量的增加呈直线下降的趋势。白色锂渣在掺量大于 20%时，水泥胶砂复合材料抗折强度随着掺量的增加呈直线下降的趋势。根据试验结果可知，白色锂

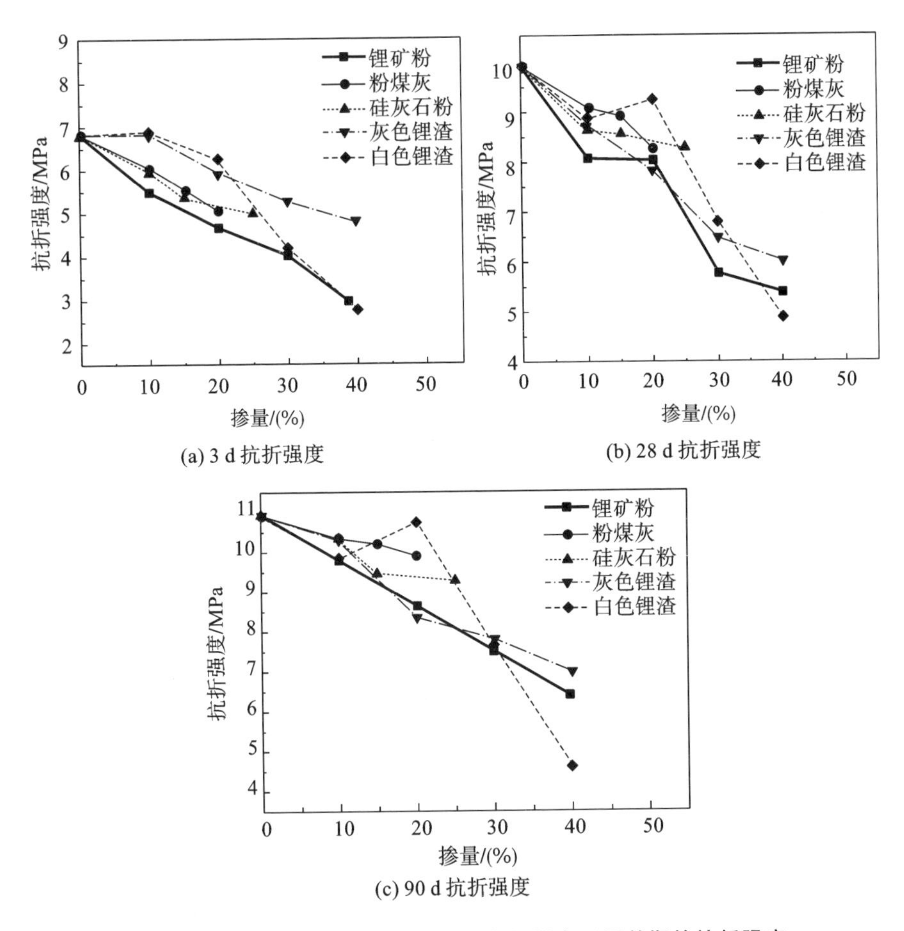

(a) 3 d 抗折强度

(b) 28 d 抗折强度

(c) 90 d 抗折强度

图 2.2　不同掺合料的水泥胶砂复合材料在不同龄期的抗折强度

渣最优掺量为 20%，超过这个掺量的水泥胶砂复合材料的抗折强度会大幅度降低。由图 2.2(c)可以看出，掺合料对水泥胶砂复合材料 90 d 抗折强度的影响由弱到强依次为白色锂渣、粉煤灰、硅灰石粉、灰色锂渣、锂矿粉。其中，随着灰色锂渣和锂矿粉掺量的增加，水泥胶砂复合材料的抗折强度呈现直线下降趋势。粉煤灰对水泥胶砂复合材料的作用效应随着掺量的增加呈缓慢下降趋势。硅灰石粉对水泥胶砂复合材料的作用效应则是随着掺量增加出现一段平缓区。白色锂渣在掺量从 10%上升到 20%时，水泥胶砂复合材料的抗折强度呈上升趋势，但在掺量大于 20%时，水泥胶砂复合材料的抗折强度急剧下降，这主要是因为白色锂渣吸水性大，导致掺量大于20%的水泥胶砂试件无法振捣密实。灰色锂渣和锂矿粉则不具有吸水性大的特点，因此，并未出现水泥胶砂复合材料抗折强度急剧下降的现象。90 d龄期时，白色锂渣的最优掺量为20%。

综合3个龄期可知，在5种掺合料中，白色锂渣表现优越；当掺量为20%时，与粉煤灰相比，白色锂渣对水泥胶砂复合材料抗折强度的作用效应更优。

不同掺合料的水泥胶砂复合材料的抗折强度增长百分率如图2.3所示。由图2.3(a)可知，锂矿粉掺量越大，水泥胶砂复合材料抗折强度的损伤越大。当锂矿粉掺量为40%时，水泥胶砂的3 d、28 d和90 d抗折强度分别降低了58.9%、45.8%和45.9%；当锂矿粉掺量为10%时，水泥胶砂复合材料的3 d、28 d和90 d抗折强度分别降低了19.8%、18.6%和10.3%。以水泥胶砂复合材料的抗折强度为指标，可知锂矿粉的最优掺量为10%。由图2.3(b)可知，随着灰色锂渣掺量的增加，水泥胶砂复合材料抗折强度的损伤逐渐增大。当灰色锂渣掺量为10%时，水泥胶砂复合材料3 d、28 d和90 d抗折强度分别降低了0.3%、12.0%和5.6%。以水泥胶砂复合材料不同龄期的抗折强度为指标，可知灰色锂渣的最优掺量为10%。由图2.3(c)可知，当掺量为10%和20%时，白色锂渣对水泥胶砂复合材料抗折强度的影响基本相同；但是当掺量超过20%时，白色锂渣对水泥胶砂复合材料抗折强度的减弱作用较强。以白色锂渣对水泥胶砂复合材料抗折强度的影响为指标，可知白色锂渣的最优掺量为20%。由图2.3(d)可知，粉煤灰掺量越大，水泥胶砂复合材料抗折强度的损伤越大，但是掺量为10%和15%的粉煤灰水泥胶砂复合材料的28 d和90 d的抗折强度增长百分率相近，因此，粉煤灰的最优掺量为15%。由图2.3(e)可知，硅灰石粉的掺量越大，水泥胶砂复合材料的抗折强度增长百分率越小。以水泥胶砂复合材料的抗折强度增长百分率为指标，可知硅灰石粉的最优掺量为10%。

2. 掺合料对抗折强度随龄期发展的影响

不同掺合料的水泥胶砂复合材料的抗折强度在不同龄期段的绝对增量如图2.4所示。由图2.4(a)可知，当掺量不超过10%时，灰色锂渣和白色锂

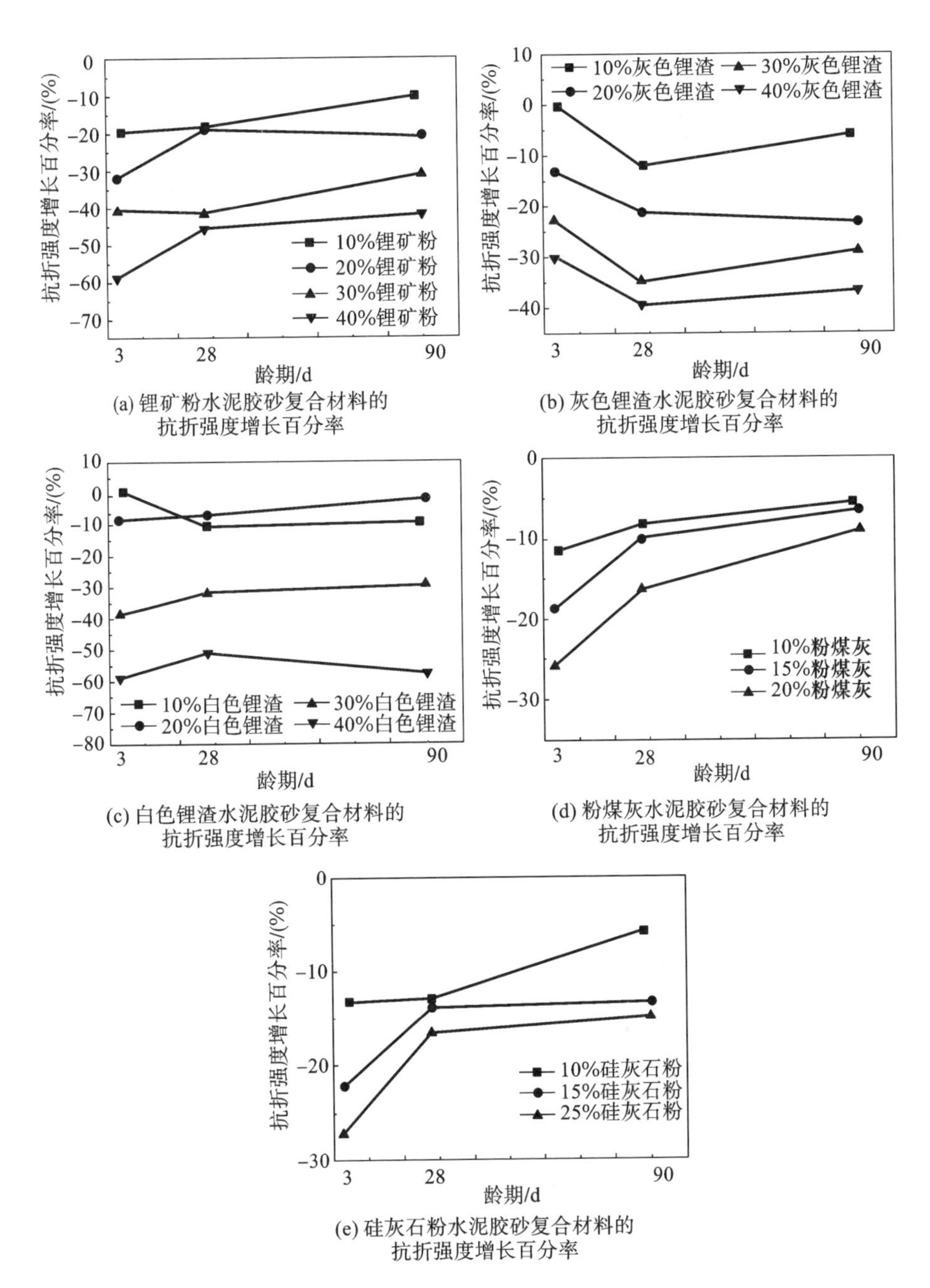

(a) 锂矿粉水泥胶砂复合材料的抗折强度增长百分率

(b) 灰色锂渣水泥胶砂复合材料的抗折强度增长百分率

(c) 白色锂渣水泥胶砂复合材料的抗折强度增长百分率

(d) 粉煤灰水泥胶砂复合材料的抗折强度增长百分率

(e) 硅灰石粉水泥胶砂复合材料的抗折强度增长百分率

图 2.3　不同掺合料的水泥胶砂复合材料的抗折强度增长百分率

渣对水泥胶砂复合材料 0—3 d 抗折强度的发展几乎没有影响。但是锂矿粉、粉煤灰、硅灰石粉以及灰色锂渣和白色锂渣的其他掺量对水泥胶砂复合材料早期抗折强度的减弱作用比较强。由图 2.4(b)可知，粉煤灰、硅灰石粉、20%掺量的白色锂渣和 20%掺量的锂矿粉对水泥胶砂复合材料 3—28 d 抗折强度的发展影响不大。但是灰色锂渣以及白色锂渣和锂矿粉的其他掺量对水泥胶砂复合材料 3—28 d 抗折强度的发展有阻碍作用。由图 2.4(c)可知，粉煤灰、10%的硅灰石粉、20%的白色锂渣、10%和 30%的锂矿粉、10%和 30%的灰色锂渣对水泥胶砂复合材料 28—90 d 抗折强度的发展起积极作用。

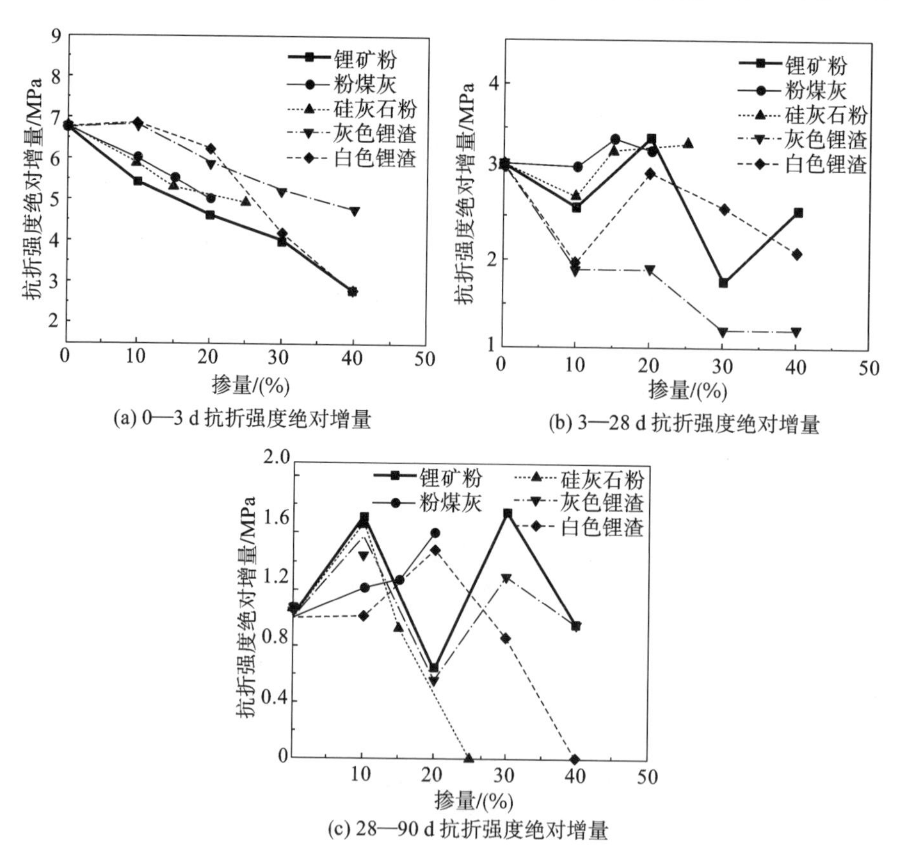

图 2.4　不同掺合料的水泥胶砂复合材料的抗折强度在不同龄期段的绝对增量

2.2.2　抗压强度

1. 掺合料对抗压强度的影响

不同掺合料的水泥胶砂复合材料在不同龄期的抗压强度如图 2.5 所示。由图 2.5(a)可知，掺合料对水泥胶砂复合材料 3 d 抗压强度的影响由弱到强依次为白色锂渣、硅灰石粉、粉煤灰、灰色锂渣、锂矿粉。其中，掺白色锂渣的水泥胶砂复合材料强度明显高于掺其他掺合料的水泥胶砂复合材料。随着灰色锂渣和锂矿粉掺量的增加，水泥胶砂复合材料的抗压强度呈直线下降的趋势。水泥胶砂复合材料的 3 d 抗压强度随着粉煤灰掺量的增加而缓

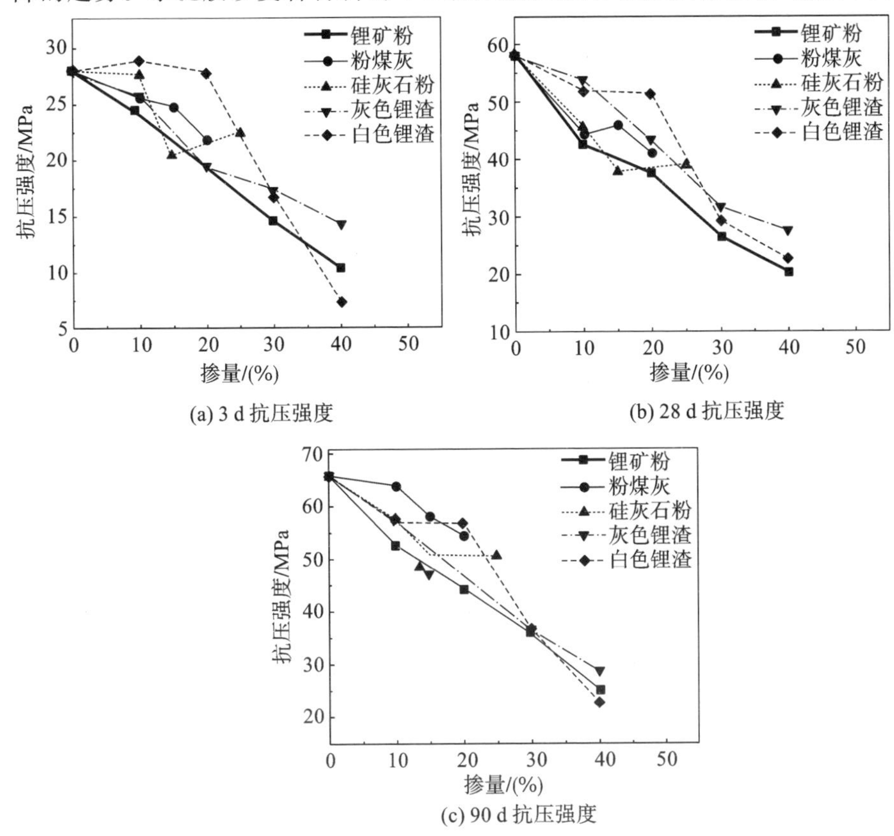

图 2.5　不同掺合料的水泥胶砂复合材料在不同龄期的抗压强度

慢降低。当硅灰石粉的掺量从15%增加到25%时，水泥胶砂复合材料的3 d抗压强度出现一段上升区。由图2.5(b)可以看出，随着掺合料掺量的增加，水泥胶砂复合材料的28 d抗压强度逐渐降低。掺合料对水泥胶砂复合材料28 d抗压强度的影响由弱到强依次为白色锂渣、灰色锂渣、粉煤灰、硅灰石粉、锂矿粉。由图2.5(c)可知，水泥胶砂复合材料的90 d抗压强度随着掺合料掺量的增加而降低。掺合料对水泥胶砂复合材料90 d抗压强度的影响由弱到强依次为粉煤灰、白色锂渣、硅灰石粉、灰色锂渣、锂矿粉。其中，水泥胶砂复合材料的90 d抗压强度随着灰色锂渣和锂矿粉掺量的增加急剧下降。随着粉煤灰掺量的增加，水泥胶砂复合材料的90 d抗压强度呈现缓慢下降的趋势。当硅灰石粉的掺量从15%增加到25%时，水泥胶砂复合材料的90 d抗压强度出现一段平缓区。当白色锂渣掺量小于20%时，水泥胶砂复合材料的90 d抗压强度随着其掺量的增加呈现缓慢下降的趋势；当白色锂渣掺量大于20%时，水泥胶砂复合材料的90 d抗压强度则随着其掺量的增加急剧下降。

图2.6为不同掺合料的水泥胶砂复合材料的抗压强度增长百分率。由图2.6(a)可知，锂矿粉掺量越大，水泥胶砂复合材料抗压强度的损伤越大。当锂矿粉掺量为40%时，水泥胶砂复合材料的3 d、28 d和90 d抗压强度分别降低了62.8%、65.1%和61.6%；锂矿粉掺量为10%时，水泥胶砂的3 d、28 d和90 d抗压强度分别降低了13.9%、27.0%和19.5%。以水泥胶砂复合材料的抗压强度为指标，可知锂矿粉的最优掺量为10%。由图2.6(b)可知，随着掺量的增加，灰色锂渣对水泥胶砂复合材料抗压强度的损伤逐渐增大。当灰色锂渣掺量为10%时，水泥胶砂复合材料3 d、28 d和90 d抗压强度分别降低了7.7%、7.6%和12.4%。即掺量为10%时，灰色锂渣对水泥胶砂复合材料抗压强度的影响不大，降低率仅在10%左右。以水泥胶砂复合材料不同龄期的抗压强度为指标，灰色锂渣的最优掺量为10%。由图2.6(c)可知，当白色锂渣掺量为10%和20%时，其对水泥胶砂复合材料抗压强度的影响基本相同；但是当白色锂渣掺量超过20%时，水泥胶砂复合材料的抗压强度出现急剧降低的现象。以白色锂渣对水泥胶砂复合材料抗压强度的影响为指标，可知白色锂渣的最优掺量为20%。由图2.6(d)可知，粉煤灰

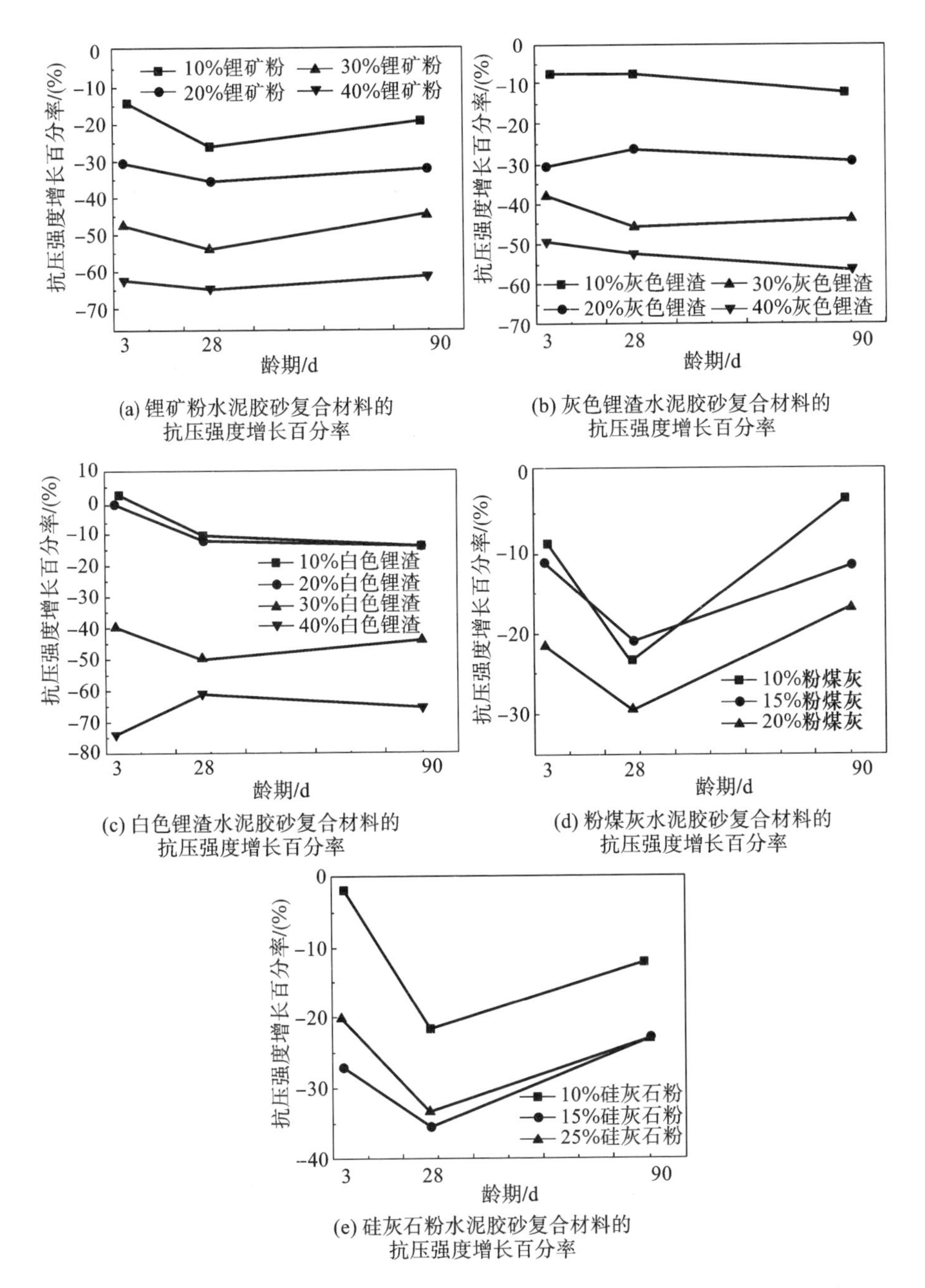

(a) 锂矿粉水泥胶砂复合材料的抗压强度增长百分率

(b) 灰色锂渣水泥胶砂复合材料的抗压强度增长百分率

(c) 白色锂渣水泥胶砂复合材料的抗压强度增长百分率

(d) 粉煤灰水泥胶砂复合材料的抗压强度增长百分率

(e) 硅灰石粉水泥胶砂复合材料的抗压强度增长百分率

图 2.6　不同掺合料的水泥胶砂复合材料的抗压强度增长百分率

掺量越大,水泥胶砂复合材料抗压强度的损伤越大。但是掺量为10%和15%粉煤灰的水泥胶砂的3 d、28 d和90 d的抗压强度增长百分率相近,因此,粉煤灰的最优掺量为15%。由图2.6(e)可知,硅灰石粉的掺量越大,水泥胶砂复合材料的抗压强度增长百分率越小。以水泥胶砂复合材料的抗压强度增长百分率为指标,可知硅灰石粉的最优掺量为10%。

2. 掺合料对抗压强度随龄期发展的影响

不同掺合料的水泥胶砂复合材料在不同龄期段的抗压强度的绝对增量如图2.7所示。由图2.7可知,与其他掺合料相比,白色锂渣对水泥胶砂复合材料的0—3 d的抗压强度发展有利,并且高于粉煤灰的作用效应,但是对

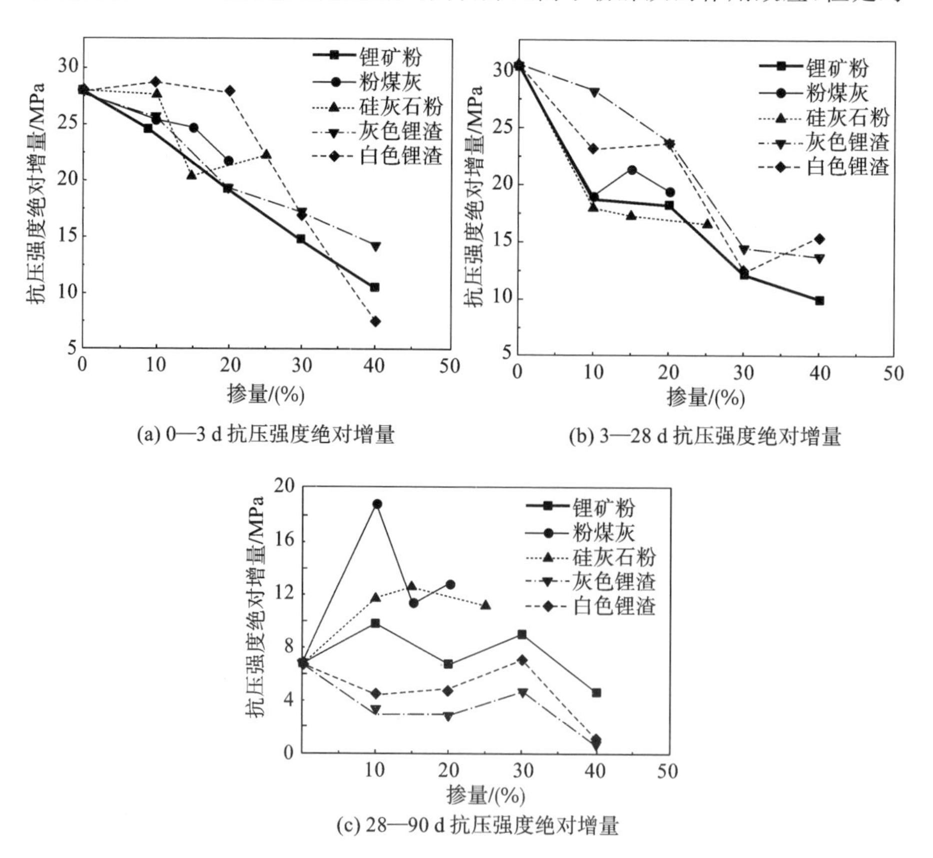

图2.7 不同掺合料的水泥胶砂复合材料在不同龄期段的抗压强度的绝对增量

水泥胶砂复合材料 28—90 d 的抗压强度发展的贡献却不及粉煤灰和硅灰石粉。并且由图 2.7(c)可以看出，掺粉煤灰和硅灰石粉的水泥胶砂复合材料在 28—90 d 的抗压强度的绝对增量要高于空白对比组的。

2.2.3 压折比

1. 掺合料对压折比的影响

压折比是反映水泥胶砂复合材料脆性的一个物理量，压折比越大，水泥胶砂复合材料的脆性越大。图 2.8 展示了不同掺合料对水泥胶砂复合材料压折比的影响情况。由图 2.8(a)可知，在养护龄期为 3 d 时，灰色锂渣明显降低了水泥胶砂复合材料的脆性。当掺合料的掺量在 20％以内时，除灰色

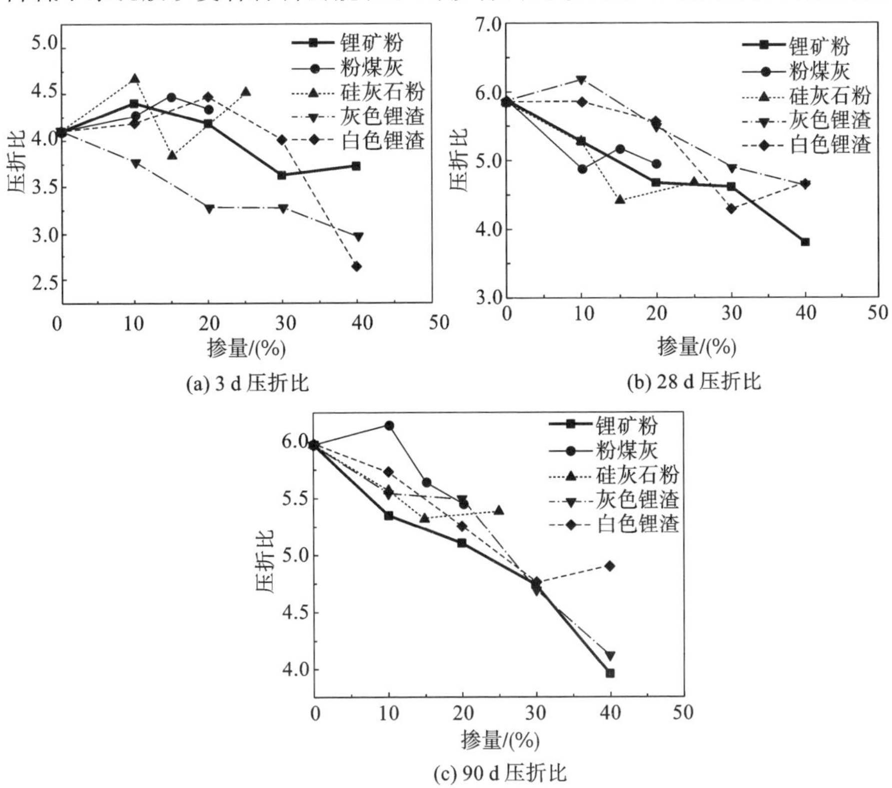

图 2.8　不同掺合料对水泥胶砂复合材料压折比的影响

锂渣和硅灰石粉外的其他3种掺合料基本上都不同程度地增强了水泥胶砂复合材料的脆性。当掺量大于20%时，水泥胶砂复合材料的脆性均随掺合料（除锂矿粉、硅灰石粉外）掺量的增加而降低。由图2.8(b)可以观察到，当掺合料掺量小于15%时，锂矿粉、粉煤灰和硅灰石粉降低了水泥胶砂复合材料的脆性，而白色锂渣和灰色锂渣都增强了水泥胶砂复合材料的脆性；当掺合料掺量大于等于15%时，所有的掺合料都可降低水泥胶砂复合材料的脆性。由图2.8(c)可知，10%掺量的粉煤灰增加了水泥胶砂复合材料的脆性；从整体上看，90 d水泥胶砂复合材料的脆性随着掺合料掺量的增加而降低。

图2.9为不同掺合料的水泥胶砂复合材料的压折比增长百分率。由图2.9(a)可知，锂矿粉掺量越大，水泥胶砂复合材料的脆性越低。锂矿粉掺量为10%时，水泥胶砂复合材料的28 d和90 d压折比分别降低了10.3%和10.4%。由图2.9(b)可知，随着灰色锂渣掺量的增加，水泥胶砂复合材料的脆性降低。当灰色锂渣掺量为10%时，水泥胶砂复合材料的3 d、28 d和90 d压折比增长百分率分别为−8.0%、5.8%和−7.2%。由图2.9(c)可知，锂渣对水泥胶砂复合材料的脆性的影响不仅和掺量有关，还和养护龄期有关。当白色锂渣的掺量为20%时，水泥胶砂复合材料的3 d、28 d和90 d压折比增长百分率分别为8.8%、−5.4%和−12.0%。由图2.9(d)可知，大体上粉煤灰掺量越大，水泥胶砂复合材料的脆性先升高后降低。当粉煤灰的掺量为15%时，水泥胶砂复合材料的3 d、28 d和90 d压折比增长百分率分别为9.0%、−12.2%和−5.4%。由图2.9(e)可知，硅灰石粉的掺量越大，水泥胶砂复合材料的压折比先降低后升高。当硅灰石粉的掺量为10%时，水泥胶砂复合材料的3 d、28 d和90 d压折比增长百分率分别为13.6%、−10.3%和−6.9%。

2. 掺合料对压折比随龄期发展的影响

不同掺合料的水泥胶砂复合材料的压折比在不同龄期段的绝对增量如图2.10所示。由图2.10可知，水泥胶砂复合材料压折比的发展受掺合料种类、掺合料掺量以及龄期等因素的影响[71]。由图2.10(a)可知，0—3 d的龄期内，灰色锂渣可以降低水泥胶砂复合材料的脆性；白色锂渣和锂矿粉都是掺量超过20%后才降低此阶段的水泥胶砂复合材料的脆性；硅灰石粉只有

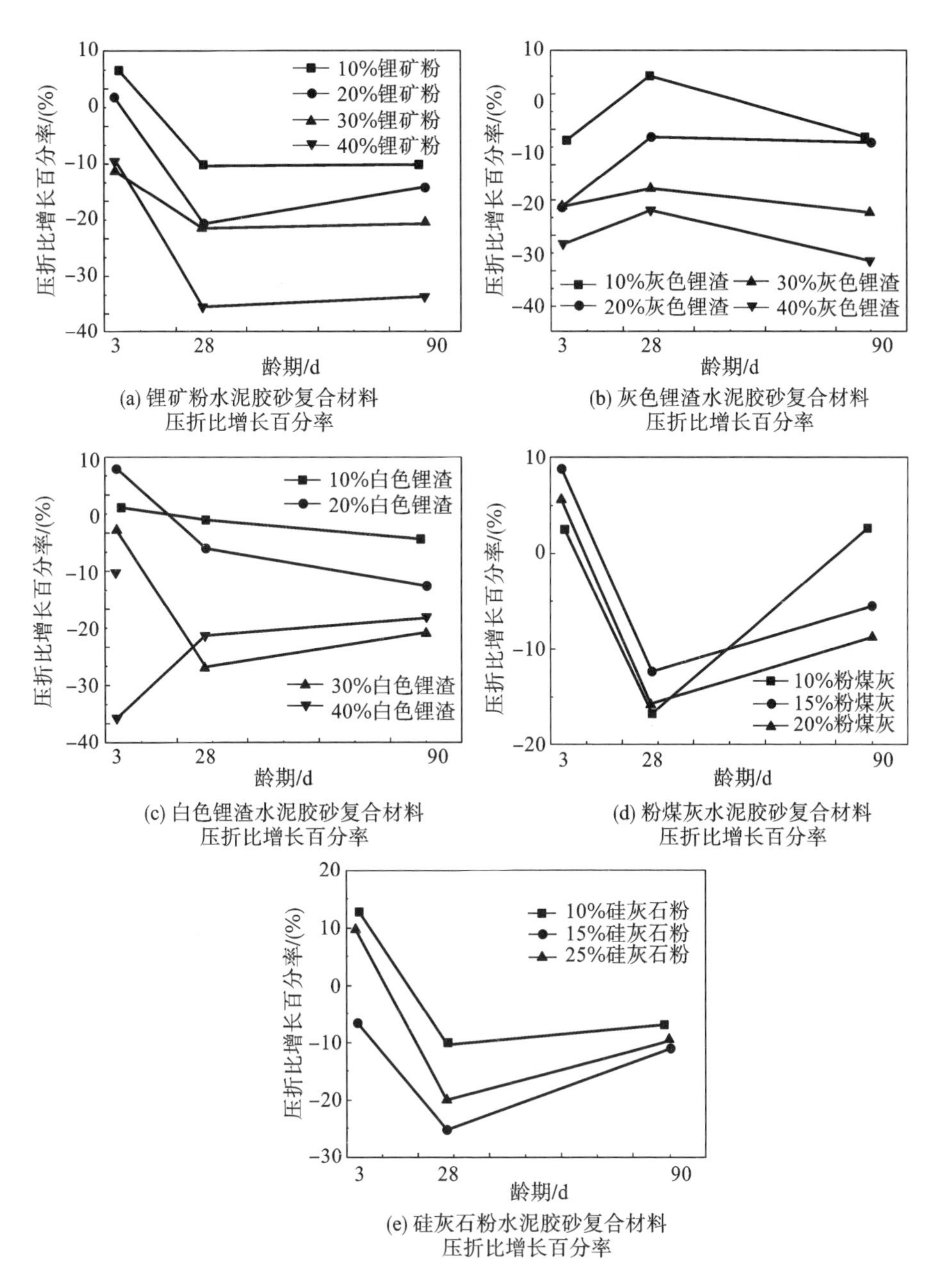

图 2.9　不同掺合料的水泥胶砂复合材料的压折比增长百分率

掺量为15%时才对水泥胶砂复合材料的脆性发展有改善;粉煤灰则会促进此阶段水泥胶砂复合材料脆性的发展。由图2.10(b)可知,3—28 d龄期内,灰色锂渣增强了水泥胶砂复合材料的脆性;白色锂渣掺量不超过30%时对水泥胶砂复合材料的脆性发展有改善;而锂矿粉、粉煤灰和硅灰石粉都可以降低水泥胶砂复合材料的脆性。由图2.10(c)所示,28—90 d龄期内,灰色锂渣可以降低水泥胶砂复合材料的脆性;白色锂渣只有掺量为30%时才会促进水泥胶砂复合材料脆性的发展;锂矿粉、粉煤灰和硅灰石粉都会促进水泥胶砂复合材料脆性的发展。总体上,灰色锂渣和白色锂渣对抑制早期和后期水泥胶砂复合材料的脆性有利,但是会促进中期水泥胶砂复合材料的脆性发展。

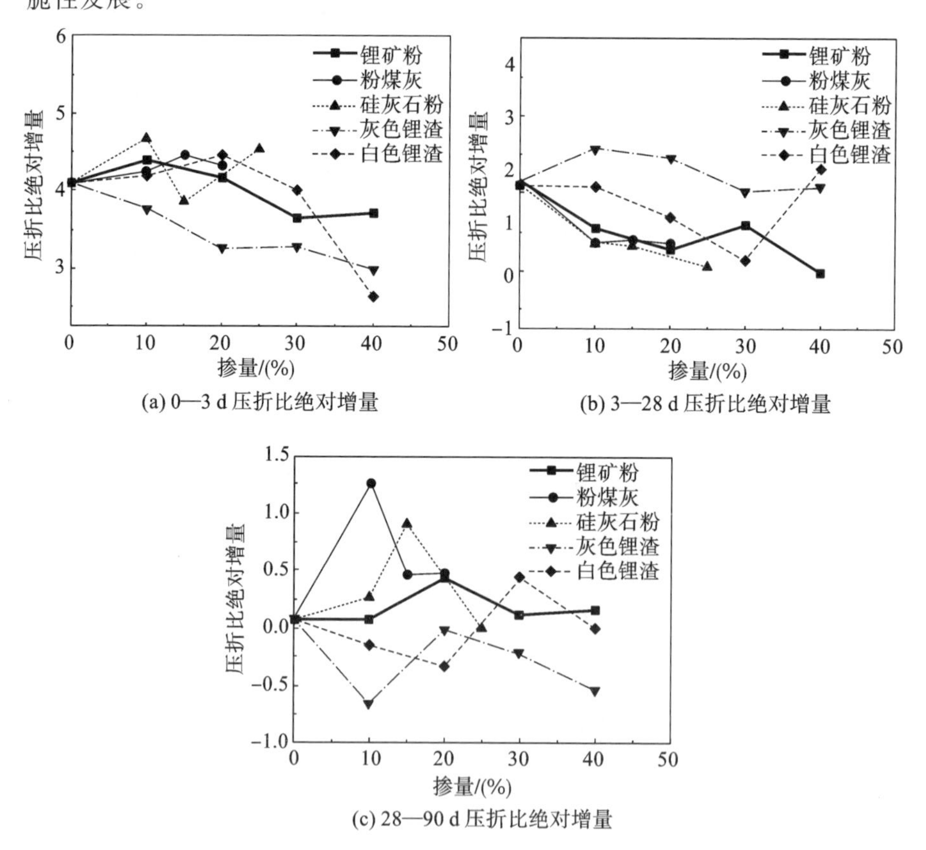

(a) 0—3 d压折比绝对增量

(b) 3—28 d压折比绝对增量

(c) 28—90 d压折比绝对增量

图2.10　不同掺合料的水泥胶砂复合材料的压折比在不同龄期段的绝对增量

2.3　本章小结

试验旨在探索新型矿物掺合料——宜春锂渣作为掺合料的可行性，通过试验结果分析可以得出以下结论。

(1) 总体上，水泥胶砂复合材料的抗折强度随着掺合料掺量的增加而降低。掺加 10%的灰色锂渣或 20%的白色锂渣对水泥胶砂复合材料抗折强度以及抗折强度发展的不利影响较小。掺加 15%粉煤灰的水泥胶砂复合材料的 90 d 抗折强度比普通水泥胶砂复合材料的抗折强度降低 6.4%。而掺加 10%的锂矿粉或硅灰石粉对水泥胶砂复合材料的早期抗折强度发展不利，但是后期与普通胶砂复合材料的抗折强度相差在 10%以内。大体上，本章所用掺合料不利于水泥胶砂复合材料 0—3 d 抗折强度的发展，但是当掺合料(除硅灰石粉、锂矿粉外)掺量不超过 20%时，对水泥胶砂复合材料 28—90 d 抗折强度的发展有利。

(2) 大体上，水泥胶砂复合材料的抗压强度随着掺合料掺量的增加而降低。综合分析 3 d、28 d 和 90 d 水泥胶砂复合材料的抗压强度，可知白色锂渣的表现最优。当白色锂渣掺量为 20%时，水泥胶砂复合材料的 3 d、28 d 和 90 d 的抗压强度增长百分率分别为－0.1%、－11.8%和－13.5%。当掺量小于等于 20%时，白色锂渣对水泥胶砂复合材料的 0—3 d 的抗压强度发展有利，并且高于粉煤灰的作用效应，但对水泥胶砂复合材料 28—90 d 抗压强度发展的贡献却不及粉煤灰和硅灰石粉。

(3) 水泥胶砂复合材料的压折比受掺合料种类、掺量与养护龄期多因素的影响。总体看，合适掺量的掺合料可以降低水泥胶砂复合材料的脆性。

(4) 以 3 d、28 d 和 90 d 的水泥胶砂复合材料的抗折强度和抗压强度为主要指标，以压折比为参考指标，可得出掺合料在水泥胶砂复合材料中的最优掺量如下：锂矿粉为 10%、灰色锂渣为 10%、白色锂渣为 20%、粉煤灰为 15%、硅灰石粉为 10%。

(5) 综合考虑水泥胶砂复合材料的早期强度和后期强度，可知白色锂渣可替代水泥作为掺合料应用；灰色锂渣也可作为掺合料，但其效果不及白色锂渣。

第 3 章　锂渣的加工工艺

锂渣含水率较高、结块严重，而且颗粒粒径较大，如果直接将锂渣掺入混凝土，将会影响锂渣作为混凝土掺合料效应的发挥。增大锂渣的细度不仅能改善矿物掺合料的活性[72]，还能促进矿物掺合料发挥“微集料效应”，因此，需要对锂渣进行预处理。本章首先采用不同的预处理工艺对锂渣进行加工，其次用预处理的锂渣替代部分水泥掺入混凝土进行锂渣混凝土强度试验，最后以混凝土的强度为指标得出最优的锂渣预处理工艺。

3.1　试验概况

3.1.1　原材料

水泥：江西亚东水泥有限公司生产的洋房牌 42.5 级普通硅酸盐水泥。

锂渣：使用第 2 章中提到的白色锂渣。

细骨料：赣江中砂。

粗骨料：单粒粒径为 10～20 mm 的粗骨料。

水：南昌市供自来水。

3.1.2　锂渣预处理工艺

本章探索了 5 种不同的锂渣预处理工艺。预处理工艺包括高低温干燥和球磨机粉磨，其中高低温干燥采用 300 ℃和 105 ℃两种温度（300 ℃高温干燥采用马弗炉，105 ℃低温干燥采用 101A-5 型电热-鼓风恒温干燥箱）；球磨机（SYMΦ500×500 水泥试验磨）粉磨分为添加水泥助磨剂粉磨与未添加水泥助磨剂粉磨，具体工艺如下。

工艺 1(低温干燥 24 h):原状锂渣在 105 ℃的低温干燥箱内干燥 24 h。

工艺 2(低温干燥 24 h+球磨 2 h):原状锂渣在 105 ℃的低温干燥箱内干燥 24 h,然后用球磨机粉磨 2 h。

工艺 3[低温干燥 24 h+球磨 2 h(循环 2 次)]:将采用工艺 2 预处理的锂渣进行低温干燥 24 h 后,再用球磨机粉磨 2 h。

工艺 4[低温干燥 24 h+球磨 2 h(加水泥助磨剂)]:原状锂渣在 105 ℃的低温干燥箱内干燥 24 h,然后加入水泥助磨剂并用球磨机粉磨 2 h。

工艺 5(低温干燥 24 h+高温干燥 2 h+球磨 2 h):原状锂渣在 105 ℃的低温干燥箱内干燥 24 h,再进行高温干燥 2 h,最后用球磨机粉磨 2 h。

对采用不同工艺预处理的锂渣进行 80 μm 和 45 μm 的方孔筛筛余量测试,以确定各工艺对锂渣细度的影响。

3.1.3 锂渣混凝土配合比

锂渣混凝土采用 C40 混凝土的配合比进行设计,1 m^3 混凝土各项材料用量见表 3.1。采用不同工艺预处理的锂渣混凝土的配合比一致。锂渣混凝土强度试验分 7 d、14 d、28 d 和 60 d 4 个龄期进行。

表 3.1　1 m^3 锂渣混凝土各项材料用量

锂渣/kg	水泥/kg	砂/kg	石/kg	水/kg
91.95	369.85	561.93	1142.24	284.03

3.2 预处理工艺对锂渣细度的影响

锂渣采用不同工艺预处理后的筛余量见表 3.2,具体分析如下。

工艺 1(低温干燥 24 h):如图 3.1(a)所示,锂渣在 105 ℃的低温干燥箱内干燥 24 h 后,明显失去了潮湿感,游离水分已基本烘干。由表 3.2 可知,此时 80 μm 和 45 μm 方孔筛的筛余量分别为 9.6%和 26.0%,为 5 种工艺中的最高筛余量。

工艺 2(低温干燥 24 h+球磨 2 h):如图 3.1(b)所示,经过球磨机粉磨之后

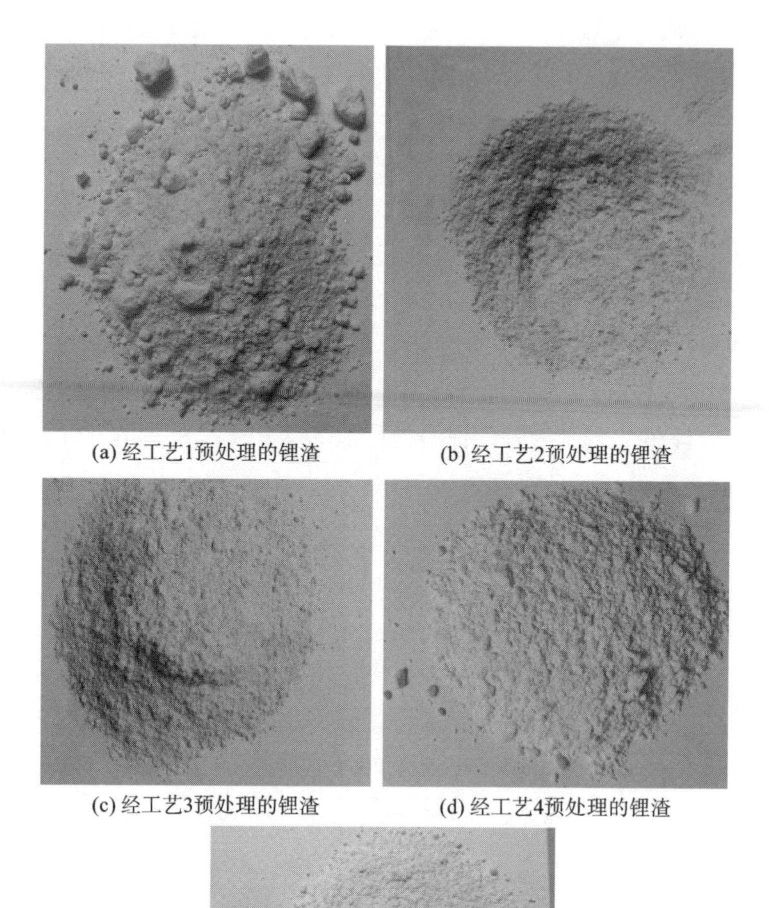

(a) 经工艺1预处理的锂渣　　(b) 经工艺2预处理的锂渣

(c) 经工艺3预处理的锂渣　　(d) 经工艺4预处理的锂渣

(e) 经工艺5预处理的锂渣

图 3.1　锂渣经不同工艺预处理后的锂渣外形

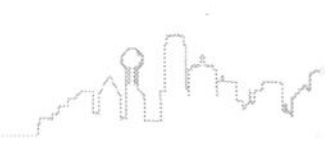

的锂渣虽然不再有结块现象，但预处理过程中发现有部分锂渣黏在了球磨机铁球上，这可能是由球磨机的机械作用分离了锂渣颗粒的结合水造成的[73]。由表 3.1 知，工艺 2 的筛余量较工艺 1 有所降低，但是效果不明显。

工艺 3[低温干燥 24 h＋球磨 2 h(循环 2 次)]：此工艺处理后锂渣的外形如图 3.1(c)所示。由表 3.2 可知，此次加工之后的锂渣，相对工艺 2 的筛余量下降得并不多，这可能是因为锂渣的颗粒形貌为圆形，而球磨机难以将圆形颗粒磨细。

工艺 4[低温干燥 24 h＋球磨 2 h(加水泥助磨剂)]：预处理后的锂渣的外形如图 3.1(d)所示。由表 3.2 可知，此次加工的锂渣与工艺 2 的筛余量相当，说明添加水泥助磨剂作用并不明显；水泥助磨剂的作用在于阻止粉磨过程中颗粒产生集聚[74-76]，但对改善锂渣颗粒的集聚状态作用不大。

工艺 5(低温干燥 24 h＋高温干燥 2 h＋球磨 2 h)：预处理后的锂渣的外形如图 3.1(e)所示。由表 3.2 可知，这种工艺可以明显降低锂渣的筛余量，其原因可能是高温改善了锂渣颗粒的集聚状态，更有利于研磨。

表 3.2　经过不同工艺预处理后锂渣的筛余量

工艺	工艺 1	工艺 2	工艺 3	工艺 4	工艺 5
45 μm 方孔筛筛余量/(%)	26.0	24.0	22.0	20.0	5.0
80 μm 方孔筛筛余量/(%)	9.6	8.3	7.4	5.2	0.0

3.3　预处理工艺对锂渣混凝土抗压强度的影响

图 3.2 为不同预处理工艺对锂渣混凝土不同龄期的抗压强度的影响。由图 3.2 可知，采用不同预处理工艺的锂渣混凝土的抗压强度都随着龄期的增长而提高。工艺 1、工艺 2、工艺 3 和工艺 4 对锂渣混凝土的抗压强度影响不大。和其他工艺相比，工艺 5 可以大幅度提高锂渣混凝土的抗压强度。

图 3.3 为不同预处理工艺对锂渣混凝土抗压强度增长百分率的影响(以工艺 1 为基准)。由图 3.3 可知，工艺 2、工艺 3 和工艺 4 对锂渣混凝土 7 d、

14 d、28 d 和 60 d 抗压强度的影响都在 10%以内。这说明低温干燥 24 h+球磨 2 h、低温干燥 24 h+球磨 2 h(循环 2 次)以及在研磨过程中加入水泥助磨剂对锂渣的形态和活性影响都不大。而工艺 5 相对工艺 1 而言,锂渣混凝土的 7 d、14 d、28 d 和 60 d 抗压强度分别提高了 36.2%、20.6%、30.8%和 38.4%。

图 3.4 为不同预处理工艺对锂渣混凝土抗压强度随龄期发展的影响。由图 3.4 可知,除经工艺 5 预处理的锂渣制备的混凝土外,其他锂渣混凝土抗压强度的绝对增量都随着龄期的增长而降低,这也符合混凝土强度发展的一般规律。工艺 5 处理过的锂渣对混凝土抗压强度的发展更为有利。前 4 种预处理工艺对锂渣没有起到明显改善性能的作用,可能是因为前 4 种预处理工艺没有明显降低锂渣的颗粒粒径,而较大颗粒粒径的锂渣不能很好地发挥矿物掺合料的微集料效应。

上述结论说明锂渣经过一定的处理之后能够改善混凝土的力学性能,原因有以下几点:

(1) 加工后的锂渣颗粒粒径较小,能够充分发挥微集料效应;

(2) 锂渣颗粒粒径的降低改善了锂渣的活性;

(3) 高温改善了锂渣的颗粒集聚状态;

(4) 球磨机粉磨对锂渣进行了机械激活。

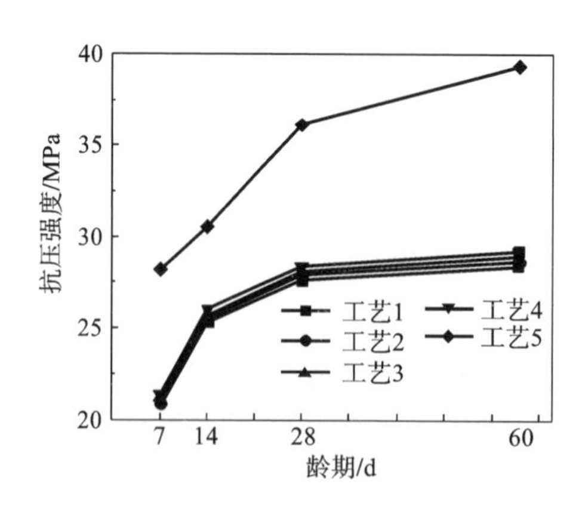

图 3.2 不同预处理工艺对锂渣混凝土不同龄期的抗压强度的影响

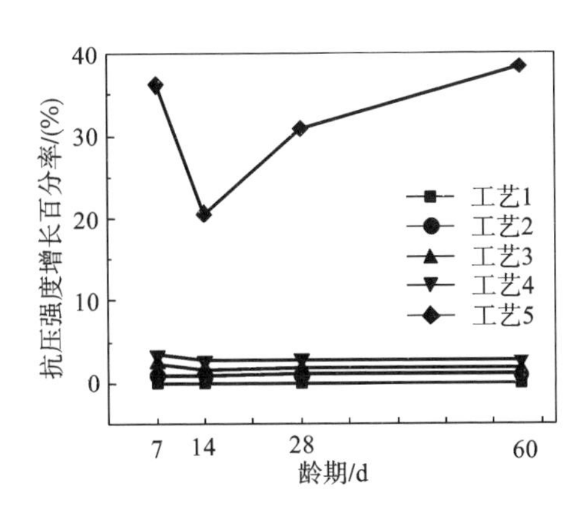

图 3.3　不同预处理工艺对锂渣混凝土抗压强度增长百分率的影响(以工艺 1 为基准)

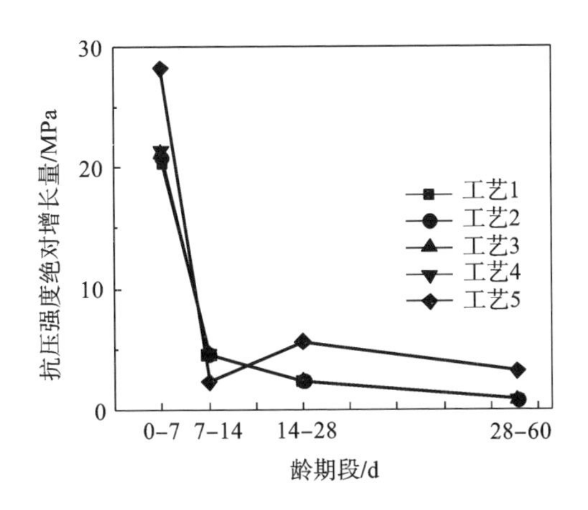

图 3.4　不同预处理工艺对锂渣混凝土抗压强度随龄期发展的影响

3.4　本章小结

通过 5 种不同的工艺对锂渣进行预处理，并测试处理后锂渣的细度，测量不同预处理工艺制备的锂渣混凝土 7 d、14 d、28 d 和 60 d 的抗压强度，得出如下结论。

(1) 采用工艺 1～5 处理后，锂渣的 45 μm 方孔筛筛余量分别为26.0%、24.0%、22.0%、20.0%和 5.0%。对比不同的工艺可知，锂渣的预处理工艺中 300 ℃高温干燥 2 h 起着非常重要的作用。

(2) 工艺 1～4 对锂渣混凝土各个龄期的抗压强度影响不大，而工艺 5 可以大幅度提高锂渣混凝土的抗压强度。以工艺 1 为基准，工艺 5 处理后制备的锂渣混凝土 7 d、14 d、28 d 和 60 d 的抗压强度分别提高了 36.2%、20.6%、30.8%和 38.4%。工艺 5 对锂渣混凝土抗压强度的发展更为有利。

(3) 以锂渣细度和锂渣混凝土的抗压强度为比较指标可知，本章中最优的锂渣处理工艺为工艺 5，即“低温干燥 24 h＋高温干燥 2 h＋球磨 2 h”。

第4章　锂渣混凝土配合比和基本力学性能

依据正交性原理，在总体试验中采用部分有代表性的试验方案进行试验的方法为正交试验设计法。它是一种科学方法，不仅可以分析试验结果，也能进行多因素试验，可以采用相对较少的试验经过分析后得到各因素对试验指标的影响情况，确定出各因素的影响次序，从而找出较优的生产条件或最佳的参数组合，具有“均匀分散、整齐可比”的特点。

因此，本章采用正交试验设计法，以水胶比、锂渣掺量和锂渣细度为影响因素，不同龄期的锂渣混凝土抗压强度为指标，探究各因素对锂渣混凝土抗压强度的影响规律，确定锂渣混凝土的最优配合比和锂渣掺合料的最优掺量。

4.1　正交试验设计

4.1.1　影响因数选择

无论是在混凝土力学性能还是耐久性方面，水胶比都是影响混凝土性能的重要因素。目前，高性能混凝土的研究较为普遍，其水胶比一般在0.35以下；但实际工程对普通混凝土的需求也很大，其水胶比一般为0.4～0.45，有时也会提高到0.5～0.55。综合考虑，本试验选用的水胶比范围为0.342～0.530。根据锂渣混凝土的有关研究，锂渣掺量选用10%、20%和30%。此外，锂渣的细度也可能会影响混凝土的抗压强度，本章选用的锂渣细度为过45 μm方孔筛筛余量小于12%，具体为5.5%、7.5%、9.0%、11.68%。

4.1.2　试验方案

正交试验考虑3个试验因素：水胶比、锂渣掺量和锂渣细度。每个因素有 4 个水平，试验因素-水平表见表 4.1。不考虑各因素间交互作用的影响，采用正交表 $L_{16}(4^3)$，见表 4.2。其中锂渣掺量是锂渣占胶凝材料的质量百分比，采用等量取代方式。试验指标是 7 d、28 d 和 60 d 3 个龄期的抗压强度，试块尺寸为 100 mm×100 mm×100 mm。混凝土抗压强度试验依据《混凝土力学性能试验方法标准》(GB/T 50081—2019)测定。

表 4.1 试验因素-水平表

水平	A 水胶比	B 锂渣掺量/(%)	C 锂渣细度/(%)
1	0.342	0	5.50
2	0.404	10	7.50
3	0.466	20	9.00
4	0.530	30	11.68

注：锂渣细度以过 45 μm 方孔筛筛余量表示。

表 4.2 正交表

试验编号	因素		
	A	B	C
1	0.342	0	5.50
2	0.342	10	7.50
3	0.342	20	9.00
4	0.342	30	11.68
5	0.404	0	7.50
6	0.404	10	5.50
7	0.404	20	11.68
8	0.404	30	9.00
9	0.466	0	9.00
10	0.466	10	11.68
11	0.466	20	5.50
12	0.466	30	7.50
13	0.530	0	11.68

续表

试验编号	因素		
	A	B	C
14	0.530	10	9.00
15	0.530	20	7.50
16	0.530	30	5.50

4.2　正交试验结果与分析

根据正交表 4.2，分别设计 16 组试验的配合比，成型混凝土试件如图 4.1所示。经养护后，测定各组混凝土试件不同龄期(7 d、28 d 和 60 d)的单轴抗压强度。各组试件的配合比及抗压强度见表 4.3，其中抗压强度值是乘以尺寸调整系数后的值，即抗压强度标准值。

表 4.3　锂渣混凝土试件的配合比及抗压强度值

编号	A	B	C	1 m^3混凝土各项材料用量/kg						抗压强度/MPa		
				水泥	锂渣	水	砂	石	减水剂	7 d	28 d	60 d
1	1	1	1	511.00	0.00	174.82	694.28	1041.42	4.088	45.665	60.873	67.341
2	1	2	2	459.90	51.10	174.82	694.28	1041.42	5.110	47.557	65.614	68.182
3	1	3	3	408.80	102.20	174.82	694.28	1041.42	7.154	39.188	59.148	69.047
4	1	4	4	357.70	153.30	174.82	694.28	1041.42	8.585	36.300	60.867	64.407
5	2	1	2	438.00	0.00	176.85	759.65	1049.05	4.380	34.159	46.012	47.366
6	2	2	1	394.20	43.80	176.85	759.65	1049.05	5.256	31.325	45.807	51.392
7	2	3	4	350.40	87.60	176.85	759.65	1049.05	6.132	34.704	59.567	63.301
8	2	4	3	306.60	131.40	176.85	759.65	1049.05	7.753	31.741	54.662	56.825
9	3	1	3	383.25	0.00	178.72	819.92	1043.53	3.066	30.049	42.692	47.698
10	3	2	4	344.92	38.33	178.72	819.92	1043.53	3.833	30.479	49.789	54.189
11	3	3	1	306.60	76.65	178.72	819.92	1043.53	5.366	33.231	50.274	58.796
12	3	4	2	268.27	114.98	178.72	819.92	1043.53	6.324	30.251	49.766	58.310

续表

编号	A	B	C	1 m³混凝土各项材料用量/kg						抗压强度/MPa		
				水泥	锂渣	水	砂	石	减水剂	7 d	28 d	60 d
13	4	1	4	340.67	0.00	180.48	876.78	1029.26	2.419	27.699	37.271	43.082
14	4	2	3	306.60	34.07	180.48	876.78	1029.26	3.271	29.094	36.301	46.456
15	4	3	2	272.54	68.13	180.48	876.78	1029.26	3.611	38.668	55.093	63.179
16	4	4	1	238.47	102.20	180.48	876.78	1029.26	4.395	20.371	37.614	44.721

图 4.1　正交试验的成型混凝土试件

4.2.1　极差分析

根据表 4.3 的结果，利用正交分析法分别计算出水胶比、锂渣掺量、锂渣细度对锂渣混凝土 7 d、28 d 和 60 d 抗压强度影响的极差值，并进行极差分析，结果见表 4.4。表 4.4 中，各因素的 K_i 表示该因素在 i 水平下，对应的同龄期混凝土抗压强度之和；U_i 表示 K_i 的平均值，而极差值是 U_i 中最大值与最小值的差值。

由表 4.4 可知，对于 3 个龄期的抗压强度指标，A 因素（水胶比）的极差值均为最大、B 因素（锂渣掺量）极差值次之，C 因素（锂渣细度）极差值均为最小。因此，各因素对混凝土抗压强度的影响由大到小为水胶比、锂渣掺量、锂渣细度。同时，各因素的 K 值中最大值对应的水平，即为该因素的最

优水平，由此可知最优方案是 A1B3C2，即最优的配合比是，水胶比为 0.342，锂渣掺量为 20%，锂渣细度为 7.5%。

另外，由表 4.4 中的 7 d 龄期抗压强度分析数据可知，B 因素（锂渣掺量）和 C 因素（锂渣细度）两者的极差值比较接近，即两者对混凝土 7 d 抗压强度的影响比较接近；而由 28 d、60 d 抗压强度数据分析可知，两者的影响差距逐渐拉大。可见，随着混凝土龄期的增长，锂渣细度对混凝土抗压强度的影响逐渐减小，而锂渣掺量的影响逐渐明显，尤其对混凝土后期强度的影响较为显著。

表 4.4　锂渣混凝土试件抗压强度极差分析

参数	7 d 抗压强度/MPa			28 d 抗压强度/MPa			60 d 抗压强度/MPa		
	A	B	C	A	B	C	A	B	C
K_1	168.710	137.572	130.592	246.502	186.848	194.568	268.977	205.487	222.250
K_2	131.929	138.455	150.635	206.048	197.511	216.485	218.884	220.219	237.037
K_3	124.010	145.791	130.072	192.521	224.082	192.803	218.993	254.323	220.026
K_4	115.832	118.663	129.182	166.279	202.909	207.494	197.438	224.263	224.979
U_1	42.178	34.393	32.648	61.626	46.712	48.642	67.244	51.372	55.563
U_2	32.982	34.614	37.659	51.512	49.378	54.121	54.721	55.055	59.259
U_3	31.003	36.448	32.518	48.130	56.021	48.201	54.748	63.581	55.007
U_4	28.958	29.666	32.296	41.570	50.727	51.874	49.360	56.066	56.245
极差值	13.220	6.782	5.363	20.056	9.309	5.921	17.885	12.209	4.253
最优水平	A1	B3	C2	A1	B3	C2	A1	B3	C2

4.2.2　方差分析

为了弥补极差分析的单一性，证实各因素对抗压强度的影响顺序，区分各因素水平变化和误差引起的数据波动，因此，对锂渣混凝土的正交试验结果进行方差分析，结果见表 4.5。

在表 4.5 中，将各指标的 F 值与临界值进行比较可知，A 因素（水胶比）对混凝土各龄期强度有显著影响，从 28 d 抗压强度指标看，A 因素的 F 值增加，而从 60 d 抗压强度指标看，其 F 值增长缓慢，与 28 d 时的相当；但与 B 因素（锂渣掺量）和 C 因素（锂渣细度）相比，其影响仍然显著。从 7 d 和 28 d 抗压强度指标看，B 因素（锂渣掺量）对混凝土抗压强度的影响相对不显著，但到 60 d 时，其 F 值增大，表明其对混凝土抗压强度的影响有所增加。C 因素（锂渣细度）对混凝土抗压强度的影响从前期到后期都十分不显著，其 F 值随着龄期的增加反而越来越小。因此，从 F 值可以看出，A 因素（水胶比）对混凝土强度的影响最为显著，其次是 B 因素（锂渣掺量）和 C 因素（锂渣细度）；同时，锂渣掺量对混凝土后期抗压强度的影响比较显著，锂渣细度对混凝土各龄期抗压强度的影响都不显著。

表 4.5　锂渣混凝土试件抗压强度方差分析

指标	方差来源	离差平方和 S	自由度	平均离差平方和 MS	F 值	显著性	纯离差平方和	贡献率/(%)
7 d 抗压强度	A	408.482	3	136.161	9.21987	*	319.873	47.18
	B	100.459	3	33.486	2.26747		11.850	1.75
	C	80.490	3	26.830	1.81674		−8.119	−1.20
	误差	88.609	6	14.768			354.436	52.27
	总和	678.041	15					
28 d 抗压强度	A	839.962	3	279.987	10.05599	**	672.905	52.36
	B	183.842	3	61.281	2.20095		16.785	1.31
	C	94.253	3	31.418	1.12840		−72.804	−5.67
	误差	167.057	6	27.843			668.229	52.00
	总和	1285.115	15					
60 d 抗压强度	A	690.631	3	230.210	10.09428	**	553.795	46.72
	B	314.848	3	104.949	4.60182		178.012	15.02
	C	43.147	3	14.382	0.63064		−93.689	−7.90
	误差	136.836	6	22.806			547.344	46.17
	总和	1185.462	15					

注：$F_{0.01}(3,6)=9.78$；$F_{0.05}(3,6)=4.76$。$F_{0.01}(3,6)>F(3,6)>F_{0.05}(3,6)$时，表示影响一般，用“*”表示；当$F(3,6)>F_{0.01}(3,6)$时，表示影响显著，用“**”表示。

另外，观察表 4.5 中纯离差平方和与贡献率可知，水胶比对各龄期抗压强度的影响最大，水胶比变化引起的数据波动在总的纯离差平方和中所占比例大于其他影响因素，即水胶比的贡献率大于锂渣掺量和锂渣细度的贡献率。对于 7 d 抗压强度，水胶比的贡献率小于误差引起的数据波动；对于 28 d 抗压强度和 60 d 抗压强度，其贡献率均略大于误差引起的数据波动，水胶比变化引起的数据波动是误差的 1.01 倍。可见，水胶比对锂渣混凝土前期抗压强度的影响不大，随着龄期的增加，水胶比的影响逐渐增大；当龄期增加到一定时间后，水胶比对锂渣混凝土抗压强度的影响幅度增长缓慢，趋于稳定。

在各龄期的抗压强度中，锂渣掺量变化引起的数据波动远小于误差引起的数据波动，说明锂渣掺量产生的影响被误差所掩盖。但是锂渣掺量变化引起的 28 d 抗压强度的数据波动大于 7 d 抗压强度的数据波动，锂渣掺量变化引起的 60 d 抗压强度的数据波动远大于 28 d 抗压强度的数据波动。可见，在 28 d 龄期时锂渣掺量的影响开始显现，在 60 d 龄期时锂渣掺量对混凝土强度的影响已相对显著。

在各龄期的抗压强度中，锂渣细度变化引起的数据波动均为负数，远小于误差引起的数据波动，说明本章设计范围内锂渣细度产生的影响已经被误差所掩盖。随着龄期的增加，其水平变化引起的数据波动值逐渐减小，可见锂渣细度对混凝土强度的影响逐渐消失，也说明本研究中设定的锂渣细度水平变化范围较为狭窄，对锂渣混凝土抗压强度基本没有影响，可以适当扩大锂渣细度范围进一步研究其影响情况。

由试验结论可知，水胶比是影响锂渣混凝土抗压强度的主要因素；锂渣掺量次之，并且其影响在后期逐步明显；在本试验设计范围内锂渣细度对锂渣混凝土抗压强度几乎没有影响。

4.2.3　最优配合比

由极差分析和方差分析可得最优方案是 A1B3C2，但该方案不在正交表的 16 组试验中。而从试验结果看，16 组试验中的最优方案是 A1B3C3，不同于分析所得到的最优方案。为了确定真正的最优方案，利用正交试验设计中的效应计算分析方法[77-79]，对分析的最优方案进行其指标值的预估计，将此指标预估计值和试验最优方案的指标值进行比较，确定真正的最优方案。

1. 最优方案指标值的点估计

由极差分析和方差分析得到的最优方案是 A1B3C2，A 是最重要的因素，取 A1，B 是次要因素，取 B3，C 基本没有影响，略去因素 C。根据正交试验的数学模型和效应计算式，可得该方案的指标值点估计的表达式(4.1)：

$$\hat{\mu}_{优} = \overline{A}_1 + \overline{B}_3 - \overline{x} \tag{4.1}$$

式中，$\hat{\mu}_{优}$ ——最优方案下指标值 μ 的点估计值；

$\overline{A}_1$ ——A 在 1 水平时对应指标值的平均值；

$\overline{B}_3$ ——B 在 3 水平时对应指标值的平均值；

$\overline{x}$ ——试验指标值的平均值。

依据表 4.3、表 4.4 的数据，分别计算 $\overline{x}$ 、$\overline{A}_1$ 、$\overline{B}_3$ ，再根据式(4.1)计算得出 $\hat{\mu}_{优}$，计算结果见表 4.6。

由表 4.6 可知，试验最优的 3 个指标值均小于分析的最优方案指标值的估计值，所以初步判定由极差分析和方差分析得到的最优方案更优，即最佳方案为 A1B3C2。

表 4.6　最优点估计

参数	7 d	28 d	60 d
$\overline{x}$	33.780	50.709	56.518
$\overline{A}_1$	42.178	61.626	67.244
$\overline{B}_3$	36.448	56.021	63.581
$\hat{\mu}_{优}$	44.846	66.938	74.307
试验最优指标值	39.188	59.148	69.047

2. 最优方案指标值的区间估计

真正的指标值 μ 和指标估计值 $\hat{\mu}$ 之间是有差异的，它们满足以下关系：

$$\mu - \hat{\mu} = \pm \delta$$

即，

$$\mu = \hat{\mu} \pm \delta(\delta > 0)$$

因此，

$$\hat{\mu} - \delta \leqslant \mu \leqslant \hat{\mu} + \delta$$

$$(\underline{\mu}, \overline{\mu}) = (\hat{\mu} - \delta, \hat{\mu} + \delta) \tag{4.2}$$

式中，$\underline{\mu}$ —— μ 的估计区间的下限；

$\overline{\mu}$ —— μ 的估计区间的上限；

δ ——偏差，$\delta > 0$。

根据 $F = \frac{(\mu - \hat{\mu})^2}{MS_E} \times n_e \sim F(1, f_E)$，得 δ 的计算式如下：

$$\delta = \sqrt{\frac{F_\alpha(1, f_E) MS_E}{n_e}} \tag{4.3}$$

式中，n_e——试验的有效重复数；

f_E——误差的自由度；

$F_\alpha(1, f_E)$ ——检验水平下的 F 分布临界值，本书 α 取 0.05；

MS_E——误差的平均离差平方和。

计算中将 C 因素的离差平方和并入误差，相应的误差自由度 $f_E = f_e + f_C$，其中 f_e 是原误差自由度，f_C 是 C 因素的自由度，即 $f_E = 6 + 3 = 9$。相应的误差的平均离差平方和 $MS_E = (S_e + S_C)/f_E$，其中 S_e 是原误差的离差平方和，S_C 是 C 因素的离差平方和。

根据表 4.5 分别计算 n_e、f_E、MS_E、$F_\alpha(1, f_E)$，并依次代入式(4.3)，再结合表 4.6 和式(4.2)求得 $\underline{\mu}$ 和 $\overline{\mu}$，计算结果见表 4.7。

表 4.7　最优区间估计

参数	7 d	28 d	60 d
n_e	4	4	4
f_E	9	9	9
MS_E	18.788	29.034	19.998
$F_{0.05}(1, f_E)$	5.120	5.120	5.120
δ	4.904	6.096	5.059
$\underline{\mu}$	39.942	60.841	69.248

续表

参数	7 d	28 d	60 d
$\bar{\mu}$	49.750	73.033	79.366
试验最优指标值	39.188	59.148	69.047

表 4.7 显示了分析的最优方案的各指标值的区间估计。由表 4.7 可知，试验最优指标值均未落在估计的区间内，并且均小于估计区间的下限。由此表明，分析的最优方案为 A1B3C2。

综合最优方案指标值的点估计和区间估计，最终得到该试验的最优方案是 A1B3C2，即水胶比为 0.342，锂渣掺量为 20%，锂渣细度为 7.5%。

4.3 锂渣混凝土抗压强度

根据上述分析和表 4.3 的试验结果，进一步分析水胶比、锂渣掺量和锂渣细度对锂渣混凝土抗压强度的影响规律。

4.3.1 水胶比对锂渣混凝土抗压强度的影响

水胶比对锂渣混凝土抗压强度的影响如图 4.2 所示。由图 4.2 可知，随着水胶比的增大，不同锂渣掺量混凝土的 7 d、28 d 和 60 d 抗压强度基本上都随之降低。这是因为水胶比越大，混凝土中的水越多，而混凝土硬化后，多余的水分蒸发会使混凝土的孔隙增多，增加混凝土的孔隙率，从而影响混凝土的密实度，导致混凝土强度降低。

依据表 4.3 的试验数据，以混凝土的 7 d 抗压强度值为基准，分别计算各组混凝土的 28 d 抗压强度增长率和 60 d 抗压强度增长率，如图 4.3 和图 4.4 所示。由图 4.3 和图 4.4 可知，随着水胶比的增大，各组混凝土的 28 d 和 60 d 抗压强度增长率基本上呈现先增大后减小的特点；其中锂渣掺量为 30%的混凝土的变化趋势略有差异，其 28 d 抗压强度增长率随着水胶比的增大呈现先增大后减小，然后又增大的规律；60 d 抗压强度增长率则随着水胶比的增大而增大。

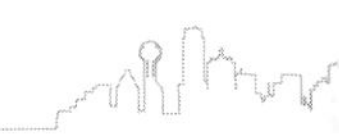

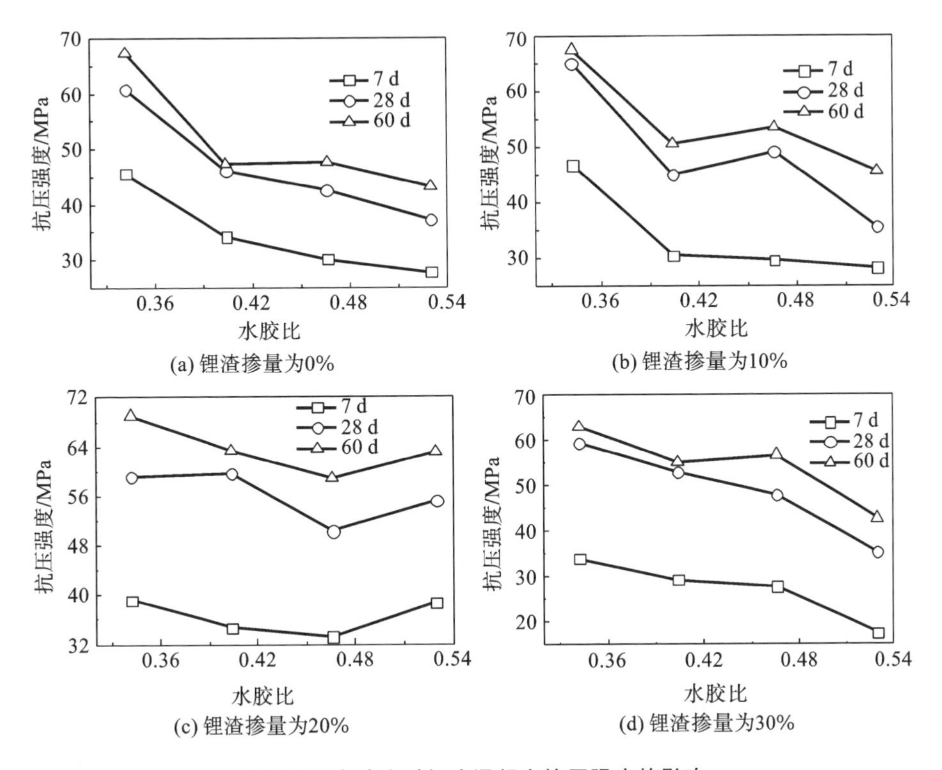

图 4.2　水胶比对锂渣混凝土抗压强度的影响

通过图 4.3 和图 4.4 可得，锂渣掺量为 10%的混凝土在水胶比为 0.466 时，28 d 和 60 d 抗压强度增长率最大，其 28 d 和 60 d 抗压强度增长率分别为 63.36%和 77.79%，而锂渣掺量为 0%的对照组混凝土的 28 d 和 60 d 抗压强度增长率分别为 42.07%和 58.73%。可以看出，当水胶比相同时，锂渣掺量为 10%的混凝土抗压强度的增长率比对照组混凝土大。这是因为锂渣是多孔结构，吸水性强，所以锂渣混凝土的有效水胶比减小[82]，混凝土抗压强度升高。

锂渣掺量为 20%的混凝土在水胶比为 0.404 时，其 28 d 和 60 d 抗压强度增长率最大，增长率分别为 71.65%和 82.41%；当水胶比为 0.466 时，其 28 d 和 60 d 抗压强度增长率分别为 51.29%和 76.93%。可见，水胶比为 0.466时的 60 d 抗压强度增长率与水胶比为 0.404 时的 60 d 抗压强度增长率相差不大。若从锂渣混凝土强度的长期发展角度考虑，水胶比为 0.466 和

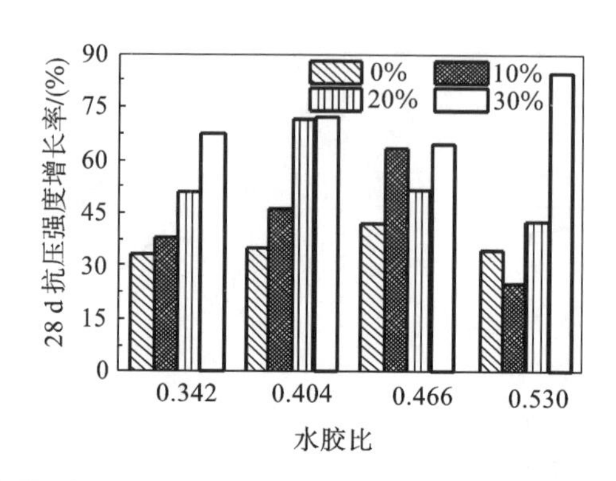

图 4.3 锂渣混凝土的 28 d 抗压强度增长率

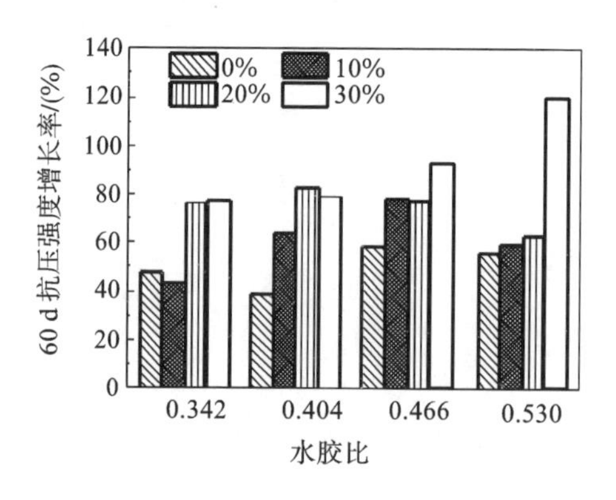

图 4.4 锂渣混凝土的 60 d 抗压强度增长率

0.404 均可基本满足锂渣掺量为 20%的混凝土的水化反应需求。

锂渣掺量为 30%的混凝土在水胶比为 0.530 时，其 28 d 和 60 d 抗压强度增长率最大，分别为 84.65%和 119.54%。可见，该水胶比能基本满足锂渣掺量为 30%的混凝土的水化反应需求。

综上所述，当水胶比分别为 0.466 和 0.404(0.466)时，锂渣掺量为 10%、20%时的混凝土的抗压强度增长率最大；当水胶比为 0.530 时，锂渣掺量为 30%的混凝土的抗压强度增长率最大。

4.3.2 锂渣掺量对混凝土抗压强度的影响

锂渣掺量对混凝土抗压强度的影响如图 4.5 所示。由图 4.5 可知，随着龄期的持续增长,混凝土的抗压强度也随之增加;锂渣混凝土前期抗压强度较低,后期抗压强度总体上高于空白对照组。随着锂渣掺量的增大,各龄期的混凝土抗压强度基本上表现出先升高后降低的特点。当锂渣掺量为 20% 时,不同水胶比的锂渣混凝土各龄期的抗压强度基本上为最大值。

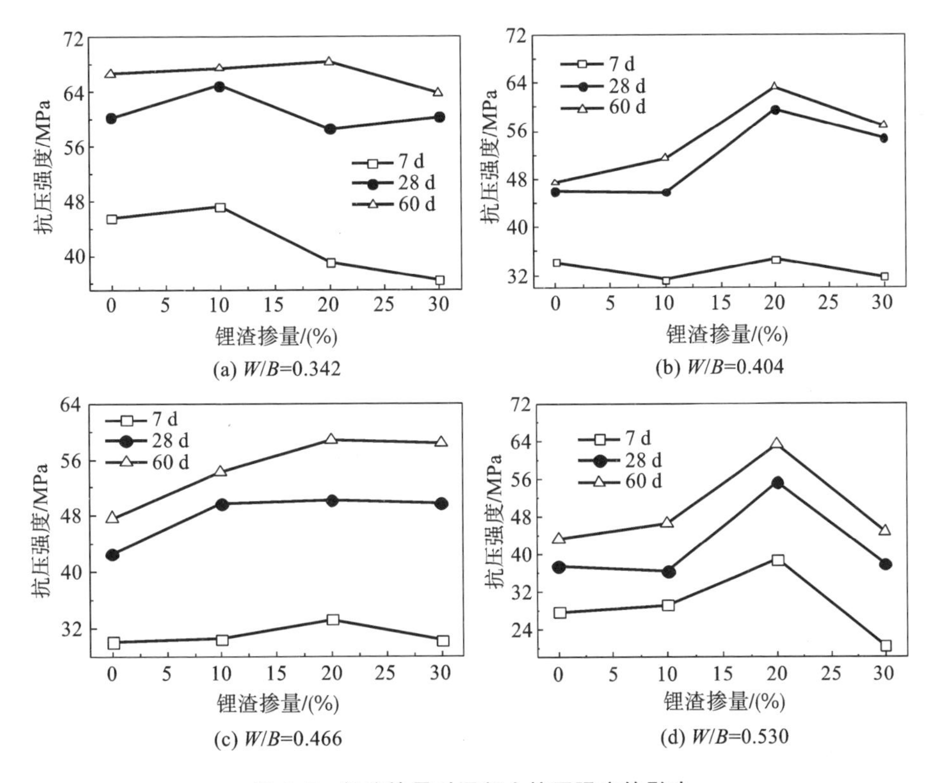

图 4.5　锂渣掺量对混凝土抗压强度的影响

不同水胶比下,锂渣混凝土前期(7 d 内)抗压强度随着锂渣掺量的增大,其强度变化趋势有所不同,但锂渣混凝土前期抗压强度基本上低于空白对照组或与其相当。由于混凝土强度主要是由水泥水化反应生成的胶凝性产物——水化硅酸钙凝胶提供[40],而且水泥硬化早期的反应产物数量主要取决于与水反应的水泥颗粒的面积[80]。当锂渣取代水泥后,水泥的用量减少,相应的水泥颗粒的面积也减少,所以锂渣混凝土硬化初期水泥水化的反应产物较少。同时锂渣的水化反应非常缓慢,在水泥硬化初期只起微集料填充作用,因此锂渣混凝土前期抗压强度较低。

不同水胶比下,锂渣混凝土 28 d 和 60 d 抗压强度随着锂渣掺量的增大,基本表现出先升高后降低的特点。当锂渣掺量小于 20%时,锂渣掺量越大,混凝土抗压强度基本上也越高;当锂渣掺量大于 20%时,混凝土抗压强度则呈降低趋势。这是因为锂渣的无定形二氧化硅会与水泥的水化产物氢氧化钙发生反应,生成水化硅酸钙凝胶,促进水泥的进一步水化;当锂渣掺量不大时,该反应如此循环往复,会生成大量的水化硅酸钙凝胶,填充混凝土孔隙并避免氢氧化钙晶体的定向排列,增强混凝土的密实度,进而提高混凝土的强度[81,82]。当锂渣掺量越大时,水泥的量就越少,水泥水化反应产物的数量将不能满足锂渣的水化反应需求,从而会存在大量未水化的锂渣;过量的锂渣就只能起到集料填充的作用,且这种作用远小于锂渣的化学作用,所以当锂渣掺量较大时,锂渣混凝土的抗压强度会有所降低。因此,以锂渣混凝土的抗压强度为指标时,锂渣的最优掺量为 20%。

4.3.3 锂渣细度对锂渣混凝土抗压强度的影响

本研究中,锂渣细度的范围为过 45 μm 方孔筛的筛余量在 5.5%～11.68%之间,相应的比表面积为 452～1002 m^2/kg。依据上述极差分析和方差分析可知,在本试验范围内,锂渣细度对锂渣混凝土的抗压强度的影响非常小,可以忽略不计。该结论与相关文献[83,84]的结论基本一致。研究认为,不同锂渣细度的混凝土,其不同龄期的混凝土抗压强度增长幅度相差不大;锂渣细度是影响锂渣混凝土抗压强度的因素之一,但对混凝土整体抗压强度影响不大。因此,本章不深入探讨锂渣细度对锂渣混凝土抗压强度的影响规律。

4.4 本章小结

本章通过正交试验设计方法探究了水胶比、锂渣掺量和锂渣细度对锂渣混凝土抗压强度的影响,并利用极差分析法、方差分析法等对试验数据进行分析,得到各因素对锂渣混凝土抗压强度的影响强弱顺序、锂渣混凝土的

最优配合比以及不同影响因素下锂渣混凝土抗压强度的变化规律。通过试验研究，得出以下结论。

(1) 各因素对锂渣混凝土抗压强度的影响由大到小为：水胶比、锂渣掺量、锂渣细度。

(2) 锂渣混凝土的最优配合比如下：水胶比为 0.342，锂渣掺量为 20%，锂渣细度为 7.5%。

(3) 锂渣混凝土前期抗压强度基本上低于空白对照组或与其相当，后期抗压强度总体上高于空白对照组。随着锂渣掺量的增大，混凝土的抗压强度基本是先升高后降低；当锂渣掺量为 20%时，不同水胶比的锂渣混凝土抗压强度基本为最大值。

(4) 当水胶比分别为 0.466 和 0.404(0.466)时，锂渣掺量为 10%和 20%的混凝土的抗压强度增长率最大；当水胶比为 0.530 时，锂渣掺量为 30%的混凝土的抗压强度增长率最大。

(5) 在本章研究的锂渣细度范围(5.5%～11.68%)内，锂渣细度对锂渣混凝土的抗压强度几乎没有影响。

第5章 锂渣混凝土抗压强度预测模型

目前,锂渣混凝土的研究主要侧重于混凝土基本力学性能及抗裂性能等方面,而在混凝土强度预测方面的研究尚少。建立混凝土强度预测模型十分必要,这不仅可以为锂渣混凝土配合比设计提供参考,还能为后期施工安排提供帮助。通常,混凝土强度预测模型采用线性回归分析法,但现代混凝土的成分繁杂,影响混凝土强度的因素也复杂多样,所以简单的线性回归分析方法不再适用于建立现代混凝土的强度预测模型。目前,已有学者对混凝土强度预测模型进行了研究。混凝土强度预测模型多为非线性形式[85-87],预测方法有SPSS回归分析法[88]、神经网络法[89]、遗传运算树[90]等。神经网络法准确度高,但不能形成明确的方程;遗传运算树能构建出强度模型,但编程复杂;SPSS回归分析方法多样、操作简单,能建立出明确的强度模型,准确度高,能对各回归系数及整个回归方程分别进行显著性检验,能避免变量的增加对方程判定系数的影响。

本研究以现有混凝土强度模型为参考,主要采用SPSS逐步回归分析法和非线性回归法,建立锂渣混凝土的抗压强度预测模型;模型形式有多元线性和非线性形式,通过比较各模型,确定出锂渣混凝土抗压强度的最优预测模型。

5.1 建模方法与模型评价原则

5.1.1 SPSS逐步回归分析法和非线性回归法

1. SPSS逐步回归分析法

逐步回归分析法[91]是线性回归中决定备选自变量取舍的一种回归分析

方法，即：假如一个备选的自变量所对应的 F 统计量的值大于等于（或 F 统计量值的相伴概率 P 小于等于）预先确定的“纳入标准”，则这个自变量将被纳入模型；假如一个备选的自变量所对应的 F 统计量的值小于等于（或 F 统计量值的相伴概率 P 大于等于）预先确定的“剔出标准”，则该自变量将被逐出模型。从模型中有零个自变量开始，每个变量依次按照“纳入标准”和“剔出标准”进行取舍，直到按两标准均没有备选自变量能够被纳入或逐出模型为止。

F 统计量值的“纳入标准”的系统默认值为3.84，其“剔出标准”的系统默认值为2.71；F 统计量值的相伴概率 P 的“纳入标准”的系统默认值为0.05，其“剔出标准”的系统默认值为0.10。

逐步回归分析法可以依据标准自动选取自变量，这样可以避免遗漏某些重要的自变量，也可以避免纳入某些不重要的自变量，确定出影响因变量的重要因素，更快捷地建立模型。

逐步回归分析法需要在多次迭代后完成，自变量数量越多，迭代步骤就越多，因此必须借助统计软件才能有效地完成。

2. 非线性回归法

SPSS的非线性回归法有两种，一种是利用广义线性回归法建立非线性回归模型，另一种是直接输入事先确定的模型形式进行非线性回归。广义线性回归法如下。

设狭义的线性回归模型如式（5.1）所示：

$$Y=\beta_0+\beta_1 X_1+\beta_2 X_2+\cdots+\beta_p X_p+\varepsilon \tag{5.1}$$

则广义的线性回归模型如式（5.2）所示：

$$Y=\beta_0+\beta_1 Z_1+\beta_2 Z_2+\cdots+\beta_q Z_q+\varepsilon \tag{5.2}$$

其中，Y 为因变量；$X_1, X_2, \cdots, X_p (p\geqslant 1)$ 为狭义的线性回归模型的自变量；$Z_1, Z_2, \cdots, Z_q (q\geqslant 1)$ 为广义的线性回归模型的自变量；$\beta_0, \beta_1, \beta_2, \cdots, \beta_p(\beta_q)$ 为自变量参数；ε 为残差。

式（5.2）中，每一个自变量（$Z_1, Z_2, \cdots, Z_q$）都是最初的自变量（$X_1, X_2, \cdots, X_p$）的函数，譬如：$Z_1=X_1^2, Z_2=X_2^3, Z_3=\log X_3, Z_4=X_2 X_3$ 等。这种函数关系的最简单的形式是 $Z_1=X_1, Z_2=X_2, \cdots, Z_q=X_p$，此时，广义的线性回归

模型就还原为狭义的线性模型。

广义线性回归方法对非线性模型进行线性化处理，可以直接用于线性回归分析，进而可以利用逐步回归分析法决定应取舍的自变量，从而回归出满足要求的非线性预测模型。

5.1.2 数据排异准则和评价模型方法

1. 数据排异准则

异常值是数据集中过大或过小的观测值，异常值的存在对于回归分析的结果有很大影响。所以，在实际问题中首先要做的就是检测数据中的异常值。异常值的检测方法可以采用高杠杆率点法、库克距离法、标准化残差法和学生化删除残差法，其中标准化残差法和学生化删除残差法的精确度高，是最基本的排异方法。

高杠杆率点是指一个自变量的观测值是极端值的样本点，当某一样本点的杠杆率超过 $3(p+1)/n$ 时，该样本点将被判别为高杠杆率点。其中 p 指自变量个数，n 指样本点个数或观测点个数。

库克距离是用于检测有影响的样本点的统计量，用 D_i 表示。其经验准则为：如果 $D_i>1$，则第 i 次观测值可以被确定为有影响的观测值。D_i 的计算复杂，可借助统计软件包计算。

标准化残差法是较精确的识别方法，通常情况下，若某一观测值的标准化的残差小于 -2 或大于 2，那么它将被识别为异常值。该方法较多运用于简单的线性回归。

学生化删除残差法的精确度高于标准化残差，其判别标准和标准化残差相同，即若某一观测值的标准化残差小于 -2 或大于 2，那么它将被识别为异常值。

以上指标都可由 SPSS 直接计算得出。本研究首先对试验数据进行异常值检测，把异常值排除后再进行模型预测。

2. 评价模型方法

模型由 SPSS 软件完成，SPSS 软件可利用最小平方法得到估计的回归

方程。本研究从以下 3 个方面评价模型的拟合优度。①通过分析各模型残差图、预测值与实际试验值的趋势对比图进行评价。②采用相对误差和预测误差的评价指标——均方根误差(RMSE)、平均绝对误差(MAE)和平均绝对百分比误差(MAPE)评价模型,且 RMSE、MAE、MAPE 各值均能很好地反映出模型预测的精确度,各值越小说明预测值与实际试验值差别越小,模型越精确。③采用可决系数 R^2 评价模型对样本数据拟合效果的优劣。

相对误差和预测误差的评价指标 RMSE、MAE 和 MAPE 的具体计算公式分别如式(5.3)、式(5.4)和式(5.5)所示：

$$\text{RMSE} = \sqrt{\frac{1}{n}\sum_{j=1}^{n}(y_j - \hat{y}_j)^2} \tag{5.3}$$

$$\text{MAE} = \frac{1}{n}\sum_{j=1}^{n}|y_j - \hat{y}_j| \tag{5.4}$$

$$\text{MAPE} = \frac{1}{n}\sum_{j=1}^{n}\left|\frac{y_j - \hat{y}_j}{y_j}\right| \times 100\% \tag{5.5}$$

式中,RMSE——均方根误差；

MAE——平均绝对误差；

MAPE——平均绝对百分比误差；

y_j——混凝土抗压强度实际值(本文为锂渣混凝土 28 d 抗压强度实测值)；

$\hat{y}_j$——混凝土抗压强度预测值(本文为锂渣混凝土 28 d 抗压强度预测值)；

$j=1,2,\cdots,n$(n 是样本总量)。

5.2　锂渣混凝土抗压强度预测模型

5.2.1　试验数据

依据锂渣混凝土配合比和抗压强度的试验数据(见表 4.3),结合有关锂渣混凝土的文献资料,提取出锂渣混凝土抗压强度和配合比的有效数据。锂渣混凝土抗压强度预测模型的输入变量设为水泥强度、胶水比、水的用量、水泥用量、锂渣掺量、砂率、锂渣细度(比表面积)、减水剂掺量、胶水比的 n 次方、锂渣掺量的 n 次方和减水剂掺量的 n 次方($n=2,3,4$;n 值越大,回归方程拟合优度越差),输出变量设为锂渣混凝土 28 d 抗压强度。数据参数见表 5.1。

锂渣属于一种新型的矿物掺合料,虽然搜集的锂渣混凝土配合比数据较少,但该数据量已基本满足模型预测的要求。由表 5.1 可知,52.5 级水泥类型的数据较少,其中水胶比主要在 0.26 左右,很大部分都小于 0.3,并且锂渣掺量主要为 15%和 20%,掺量分布过于集中。经回归分析可得,现有的 52.5 级水泥类型的锂渣混凝土数据无法形成准确的回归模型,所以搜集的 52.5 级水泥类型的数据不具有代表性。因此,本研究中锂渣混凝土抗压强度预测模型仅适用于使用 42.5 级普通硅酸盐水泥的锂渣混凝土抗压强度的预测。

表 5.1 数据参数

序号	水泥类型	数据个数	水胶比	胶水比	锂渣掺量/(%)	锂渣比表面积/(m^2/kg)	减水剂掺量/(%)	锂渣产地	混凝土 28 d 抗压强度/MPa	数据来源
1	P・O42.5	101	0.25~0.53	1.89~4.00	5~70	320~1280	0.0~4.0	新疆 四川 江西	34.7~99.0	[38, 40, 47, 56, 58, 70, 78, 83, 92-100]
2	P・O42.5R	37	0.27~0.42	2.38~3.70	15~60	400~1280	0.47~1.5		37.0~86.0	[53, 69]
3	P・Ⅱ52.5 P・O52.5R	69	0.23~0.34	2.94~4.35	5~40	320~1512	0.80~1.75		64.5~126.0	[33, 44, 45, 54, 55, 84, 101-104]

表 5.1 中 42.5 级普通硅酸盐水泥类型的数据是建模使用的所有数据,从中随机抽选约 73%(101 个数据)的数据作为训练集用于回归拟合,约 27%(37 个)的数据作为测试集用于验证模型,检验其普适性。

5.2.2 模型形式

依据 5.2.1 节所述的自变量、因变量信息和表 5.1 中的数据参数,经过

不同组合建立预测模型后可知，胶水比、锂渣掺量和减水剂掺量对锂渣混凝土的抗压强度有显著影响，经过多次比较，初步确定以下模型形式。

模型 1：$y = a_0 + a_1 \dfrac{B}{W} + a_2\omega_{\text{Li}} + a_3\omega_{减}$

模型 2：$y = b_0 + b_1 \dfrac{B}{W} + b_2\omega_{\text{Li}}^2 + b_3\omega_{减}$

模型 3：$y = c_0 + c_1 \left(\dfrac{B}{W}\right)^2 + c_2\omega_{\text{Li}} + c_3\omega_{减}$

模型 4：$y = d_0 + d_1 \left(\dfrac{B}{W}\right)^2 + d_2\omega_{\text{Li}}^2 + d_3\omega_{减}$

模型 5：$y = af_{\text{b}}\left(\dfrac{B}{W} + b\right) + c\omega_{\text{Li}} + d\omega_{减} + e$

其中，y 是锂渣混凝土 28 d 抗压强度预测值（MPa）；$\dfrac{B}{W}$ 是胶水比；ω_{Li} 是锂渣掺量，以其占胶凝材料的质量分数计（%）；$\omega_{减}$ 是减水剂掺量，以其占胶凝材料的质量分数计（%）；f_{b} 是水泥 28 d 抗压强度（MPa）；a_i、b_i、c_i、d_i（$i = 0,1,2,3$）和 a、b、c、d、e 分别为模型 1～5 的变量参数，其值为常数。

5.2.3　各模型结果与分析

1. 模型 1 的结果与分析

经 SPSS 统计软件回归，模型 1 的数学表达式如式(5.6)所示[105]：

$$y = 7.643 + 19.648\frac{B}{W} - 0.432\omega_{\text{Li}} + 5.251\omega_{减} \quad R^2 = 0.907 \tag{5.6}$$

式中，y——锂渣混凝土 28 d 抗压强度预测值（MPa）；$\dfrac{B}{W}$——胶水比；ω_{Li}——锂渣掺量（%）；$\omega_{减}$——减水剂掺量（%）。各变量值代入方程时，只需将其数值代入方程即可。

图 5.1 为模型 1 残差图。由图 5.1 可知，残差随机地散落在 0 值周围，未呈现出某种规律或变化趋势。可见，模型 1 可用于预测混凝土抗压强度。此外，分析测试集的残差分布可得，预测值的相对误差最大约 15%，在测试结果可接受范围内。

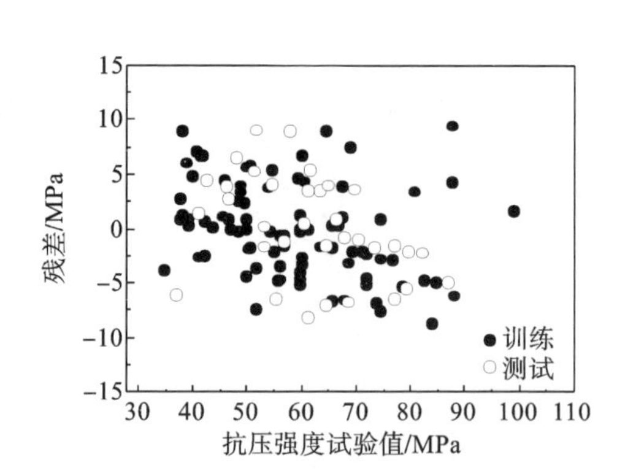

图 5.1　模型 1 残差图

利用模型 1 方程分别拟合训练集和测试集的数据，将拟合得到的各数据集的预测值与相应的试验值进行比较。模型 1 训练集和测试集的抗压强度预测值与试验值的散点图如图 5.2 所示。由图 5.2 可知，不论是训练集还是测试集，数据均分布在一条斜直线上，直线的斜率约为 1，即预测值能较准确地估计试验值。

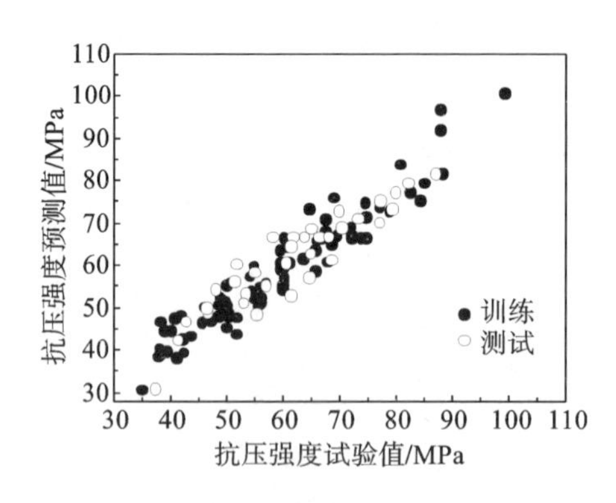

图 5.2　模型 1 训练集和测试集的抗压强度预测值与试验值的散点图

图 5.3 为模型 1 的训练集抗压强度预测值与试验值关系图。图 5.4 为模型 1 的测试集抗压强度预测值与试验值关系图。两图中的虚线均为 95% 预测值区间边界线，即期望的实际响应的范围。在图 5.3 中，拟合直线的斜率为 1，可决系数(R^2=0.909)较大；在图 5.4 中，拟合直线的斜率为 1.0088，非常接近于 1，且方程的可决系数(R^2=0.850)也较大。此外，两图中大多数的点均聚集在拟合直线附近，各点均落在 95% 预测值区间内。可见，模型 1

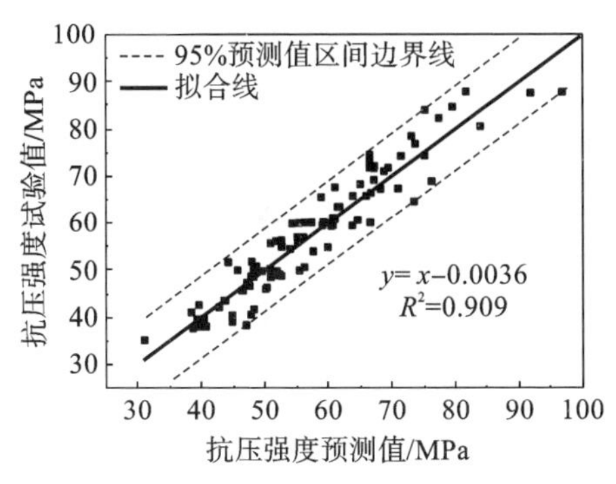

图 5.3　模型 1 的训练集抗压强度预测值与试验值关系图

图 5.4　模型 1 的测试集抗压强度预测值与试验值关系图

的精确度较高。

2. 模型 2 的结果与分析

模型 2 的数学表达式如式(5.7)所示：

$$y = -1.249 + 20.33\frac{B}{W} - 0.006\omega_{\mathrm{Li}}^{2} + 5.418\omega_{减} \quad R^2 = 0.901 \tag{5.7}$$

式中各变量的含义同式(5.6)。

图 5.5 为模型 2 残差图。同模型 1 残差图一样，残差随机地散落在 0 值周围；观察可知，训练集和测试集均有类似的特点。分析测试集的残差分布可得，预测值的相对误差最大约 15%，在测试结果可接受范围内。所以，模型 2 可用于预测混凝土抗压强度。

图 5.6 为模型 2 训练集和测试集的抗压强度预测值与试验值的散点图，与模型 1 所示图形相似，斜直线趋势明显。图 5.7 为模型 2 的训练集抗压强度预测值与试验值关系图，其中拟合直线的斜率为 0.9883，$R^2=0.903$，并且所有数据都落在 95%预测值区间内。图 5.8 为模型 2 的测试集抗压强度预测值与试验值关系图，其中拟合直线的斜率为 0.9625，$R^2=0.838$，同时所有数据都落在 95%预测值区间内；可见，模型 2 的精确度也较高。

3. 模型 3 的结果与分析

模型 3 的数学表达式如式(5.8)所示：

$$y = 36.438 + 3.099\left(\frac{B}{W}\right)^2 - 0.410\omega_{\mathrm{Li}} + 5.518\omega_{减} \quad R^2 = 0.884 \tag{5.8}$$

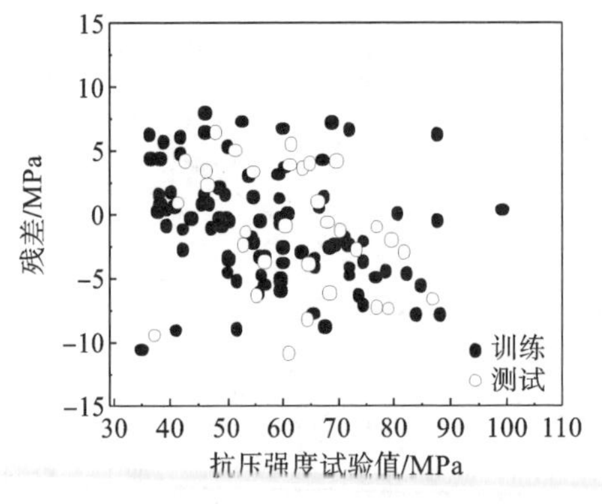

图 5.5　模型 2 残差图

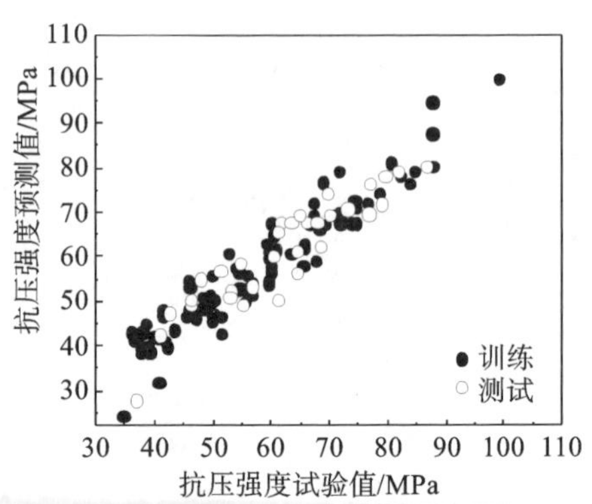

图 5.6　模型 2 训练集和测试集的抗压强度预测值与试验值的散点图

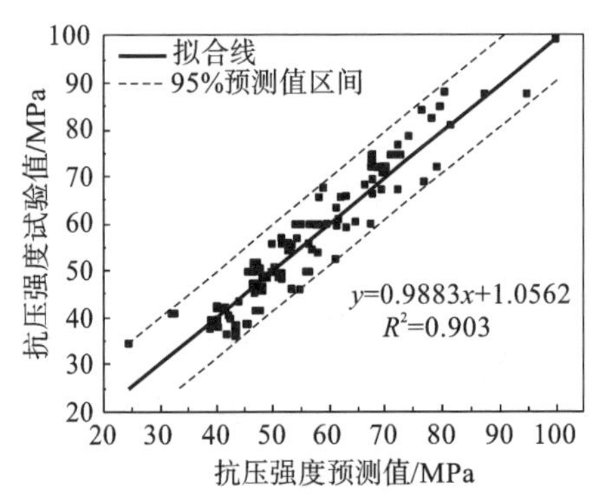

图 5.7　模型 2 的训练集抗压强度预测值与试验值关系图

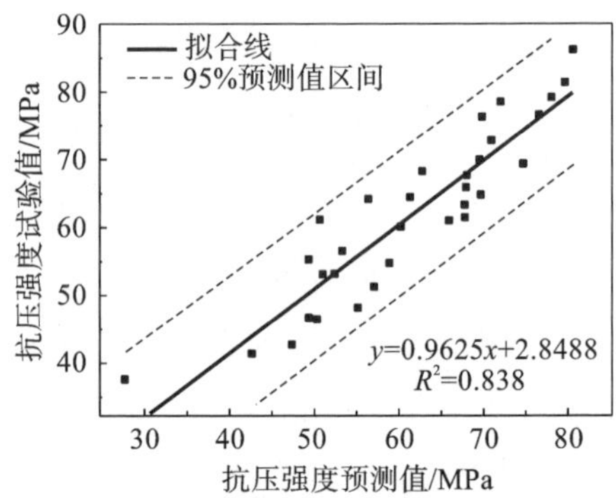

图 5.8　模型 2 的测试集抗压强度预测值与试验值关系图

式中各变量的含义同式(5.6)。

图 5.9 为模型 3 残差图。由图 5.9 可知，所有数据的残差均随机地散落在 0 值周围，但该模型的残差分布比模型 1 和模型 2 分散。可见，虽然模型 3 能用于预测混凝土抗压强度，但其精确度低于模型 1 和模型 2。分析测试集的残差分布可知，预测值的相对误差都小于 15%。

模型 3 的训练集和测试集的抗压强度预测值与试验值的散点图如图 5.10所示。与模型 1 和模型 2 相同，不论是训练集还是测试集，模型 3 的预测值与试验值均呈线性关系。图 5.11 为模型 3 的训练集抗压强度预测值与

试验值关系图。经拟合可知，两者呈线性关系，所有数据都落在 95％预测值区间内，证实了模型 3 具有较高的精确度。但模型 3 的可决系数 $R^2=0.887$ 却明显低于模型 1 和模型 2 的 R^2 值，所以模型 3 的拟合优度低于模型 1 和模型 2。图 5.12 为模型 3 的测试集抗压强度预测值与试验值关系图，该模型预测值与试验值也呈线性关系，可决系数 $R^2=0.849$，略大于模型 2 的 R^2 值，但与模型 1 的 R^2 值相当。因为训练集和测试集的数据都是相互独立且随机分配的，所以训练集结果与测试集结果会有所差异。

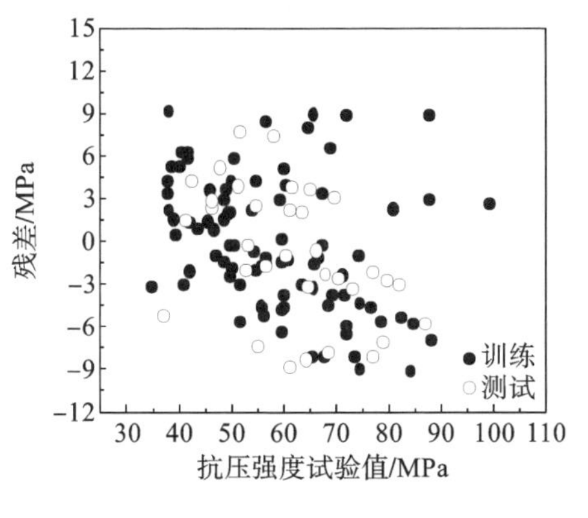

图 5.9　模型 3 残差图

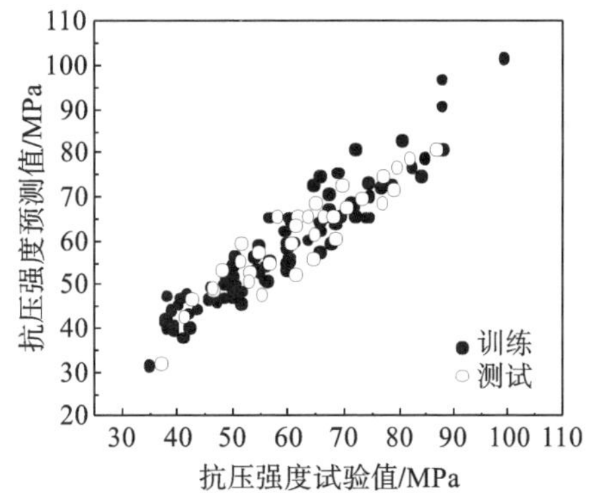

图 5.10　模型 3 训练集和测试集的抗压强度预测值与试验值的散点图

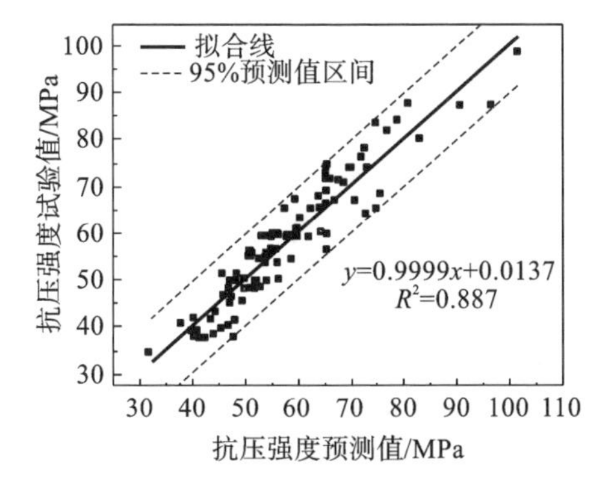

图 5.11　模型 3 的训练集抗压强度预测值与试验值关系图

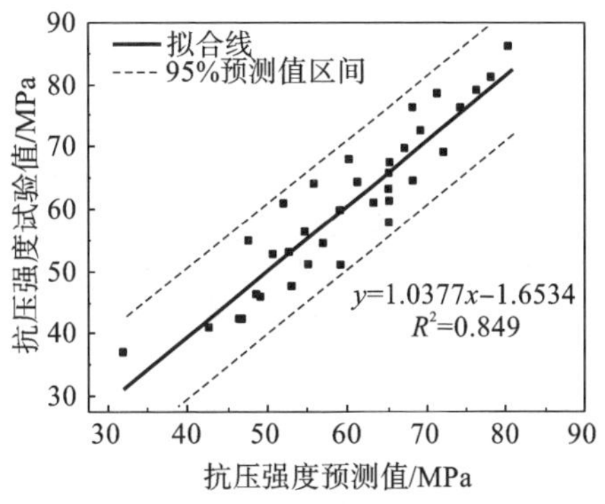

图 5.12　模型 3 的测试集抗压强度预测值与试验值关系图

4. 模型 4 的结果与分析

模型 4 的数学表达式如式(5.9)所示：

$$y = 27.818 + 3.431\left(\frac{B}{W}\right)^2 - 0.006\omega_{\mathrm{Li}}^2 + 5.173\omega_{减} \quad R^2 = 0.895 \qquad (5.9)$$

式中各变量的含义同式(5.6)。

图 5.13 为模型 4 残差图。模型 4 残差图与模型 3 残差图相似，残差随机地散落在 0 值周围，绝对残差小于 10，但残差分布较为分散，可见模型 4 的精确度低于模型 1 和模型 2，与模型 3 相当。分析测试集的残差分布可知，预测值的相对误差也小于 15%。

图 5.14 为模型 4 训练集和测试集的抗压强度预测值与试验值的散点图，与以上所述模型的图形相似，说明模型 4 能较好地预测混凝土抗压强度。图 5.15 和图 5.16 分别是模型 4 的训练集和测试集抗压强度预测值与试验值关系图。在图 5.15 中，拟合直线的斜率为 0.9857，小于 1，可决系数 $R^2=0.896$。在图 5.16 中，拟合直线的斜率为 0.9427，小于 1，$R^2=0.841$。可见，模型 4 的拟合优度有所降低，不仅预测值与试验值的拟合直线斜率小于 1，R^2 值也明显降低。所以，模型 4 的精确度要低于模型 1、模型 2 和模型 3。

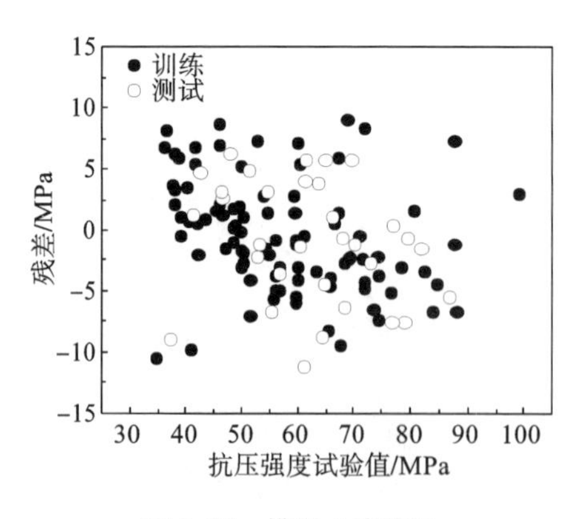

图 5.13 模型 4 残差图

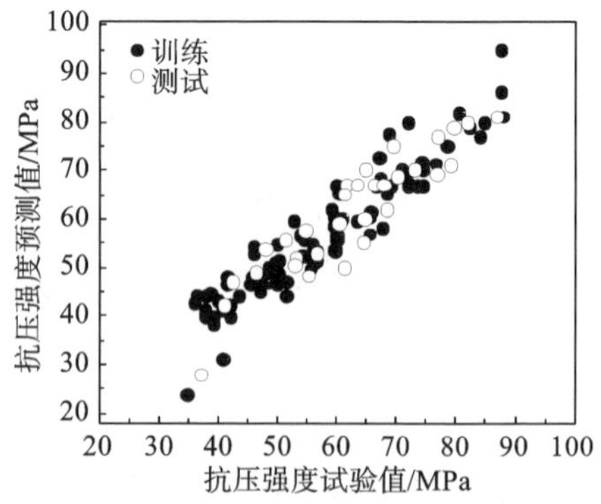

图 5.14 模型 4 训练集和测试集的抗压强度预测值与试验值的散点图

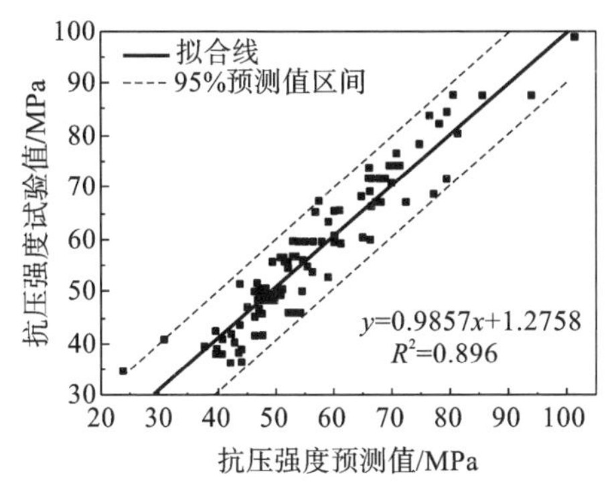

图 5.15　模型 4 的训练集抗压强度预测值与试验值关系图

拟合线
95%预测值区间
y=0.9427x+4.3711
R^2=0.841
抗压强度试验值/MPa
抗压强度预测值/MPa

图 5.16　模型 4 的测试集抗压强度预测值与试验值关系图

5. 模型 5 的结果与分析

模型 5 的数学表达式如式(5.10)所示：

$$y = 0.419 f_b \left(\frac{B}{W} - 1.032\right) - 0.445\omega_{Li} + 4.205\omega_{减} + 26.548 \quad R^2 = 0.920 \tag{5.10}$$

式中，f_b——水泥 28 d 抗压强度(MPa)；其余各变量的含义同式(5.6)。

图 5.17 为模型 5 残差图。残差随机地散落在 0 值周围，且分布程度较为密集，残差绝对值中，只有一个接近于 10，其余均小于 8，并且模型 5 的相对误差最大约 15%。所以模型 5 的精确度较高，可以预测锂渣混凝土的抗压强度。

图 5.18 为模型 5 训练集和测试集的抗压强度预测值与试验值的散点图。由图 5.18 可知，预测值与试验值呈现出线性增长趋势，与以上所述模型的图形相似，说明模型 5 能较好地预测试验值。图 5.19 和图 5.20 分别为模型 5 的训练集和测试集抗压强度预测值与试验值关系图。由图 5.19 和图 5.20可知，数据均落在 95%预测值区间内，预测值与试验值拟合直线的斜率几乎等于 1、截距接近于 0，并且该拟合方程的可决系数 R^2 均大于 0.9。所以，模型 5 的精确度最高。

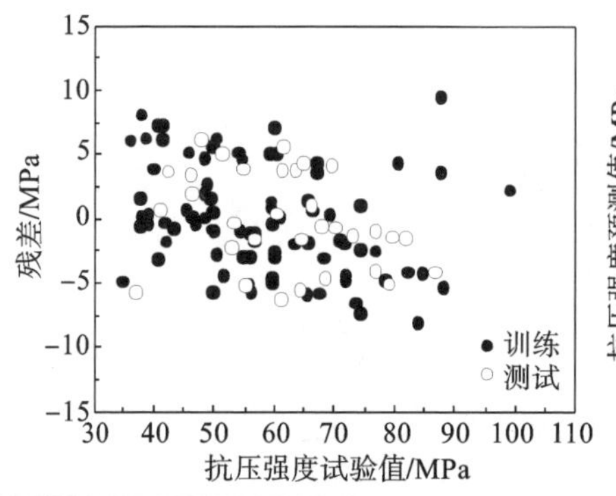

图 5.17 模型 5 残差图

图 5.18 模型 5 训练集和测试集的抗压强度预测值与试验值的散点图

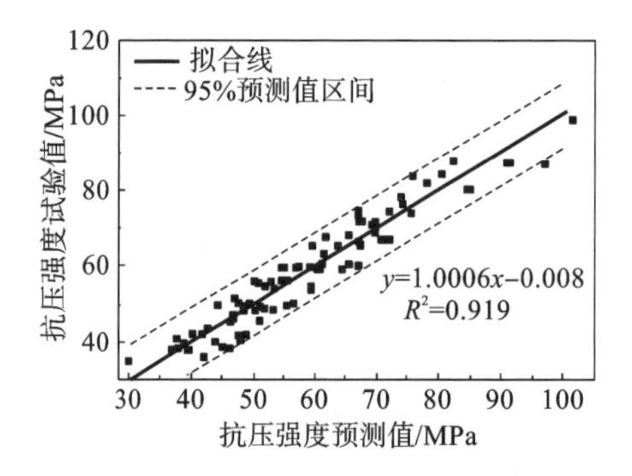

图 5.19 模型 5 的训练集抗压强度预测值与试验值关系图

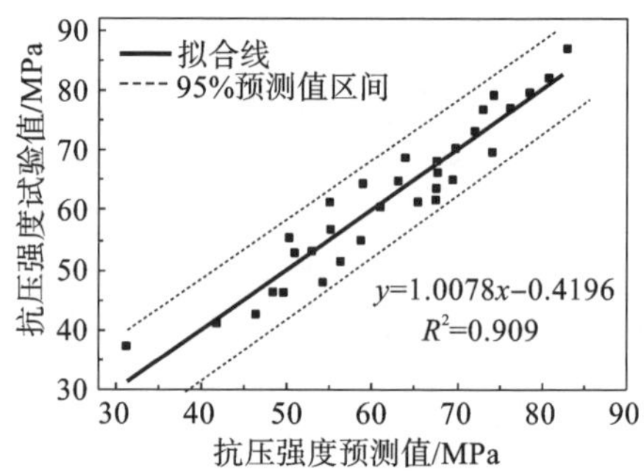

图 5.20 模型 5 的测试集抗压强度预测值与试验值关系图

5.2.4 最优模型

由模型 1～5 的残差图可知,残差均随机分布在 0 值周围,说明各模型可以较好地预测试验值。同时,由模型 1～5 的训练集和测试集的抗压强度预测值与试验值的散点图可知,各模型随着试验数据的变化趋势基本相同,没有存在系统性的离散。所以,模型 1～5 都可以预测锂渣混凝土的抗压强度,但各模型的精确度有所差异。

为了选出较优模型,本章主要使用 3 种性能评价指标比较上述各模型。3 种性能评价指标分别是:均方根误差 RMSE、平均绝对误差 MAE 和平均

绝对百分比误差 MAPE。各模型的性能评价结果及其对比图分别见表 5.2 和图 5.21。

表 5.2　各模型的性能评价结果

模型类型	R^2	训练集			测试集		
		RMSE /MPa	MAE /MPa	MAPE /(%)	RMSE /MPa	MAE /MPa	MAPE /(%)
模型 1	0.907	4.268	3.47	6.15	4.666	3.92	6.79
模型 2	0.901	4.475	3.61	6.63	4.974	4.19	7.24
模型 3	0.884	4.713	3.95	6.90	4.735	4.03	6.80
模型 4	0.895	4.628	3.81	7.03	5.009	4.19	7.18
模型 5	0.920	4.108	3.37	6.06	3.684	3.15	5.44

根据表 5.2 和图 5.21 可知：

(1) 对于可决系数 R^2 值，模型 1、模型 2 和模型 5 从大到小依次为模型 5、模型 1、模型 2，其中模型 5 的 R^2 值最大，$R^2=0.920$。

(2) 对于 RMSE 指标值，依据训练集结果，模型 1、模型 2 和模型 5 的 RMSE 值较小，从小到大依次为模型 5、模型 1、模型 2；依据测试集结果，模型 1、模型 3 和模型 5 的 RMSE 值较小，从小到大依次为模型 5、模型 1、模型 3；综合评价，模型 5 的 RMSE 值最小，模型 1 次之。

(3) 对于 MAE 指标值，依据训练集结果，模型 1、模型 2 和模型 5 的 MAE 值较小，从小到大依次为模型 5、模型 1、模型 2；依据测试集结果，模型 1、模型 3 和模型 5 的 MAE 值较小，从小到大依次为模型 5、模型 1、模型 3；综合评价，模型 5 的 MAE 值最小，模型 1 次之。

(4) 对于 MAPE 指标值，依据训练集结果，模型 1、模型 2 和模型 5 的 MAPE 值较小，从小到大依次为模型 5、模型 1、模型 2；依据测试集结果，模型 1、模型 3 和模型 5 的 MAPE 值较小，从小到大依次为模型 5、模型 1、模型 3；综合评价，模型 5 的 MAPE 值最小，模型 1 次之。

综上所述，作为锂渣混凝土 28 d 抗压强度预测模型，模型 5 最优，模型 1 次之。

以上模型中虽然没有包含粗骨料、细骨料、锂渣细度等因素，但是这并

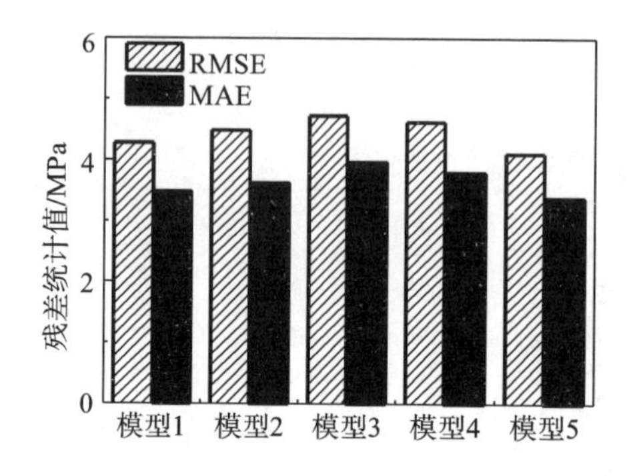

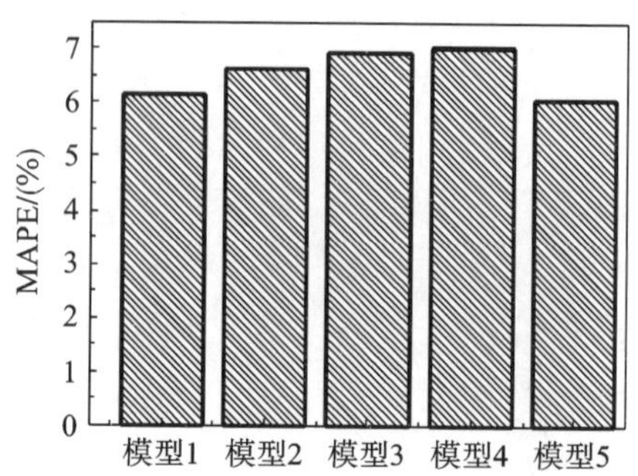

(a) 训练集

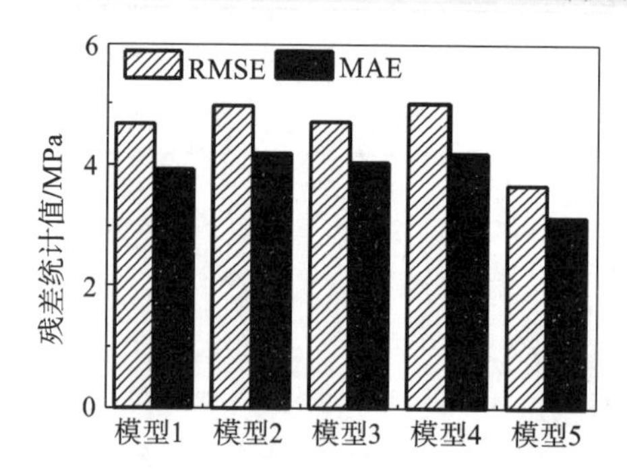

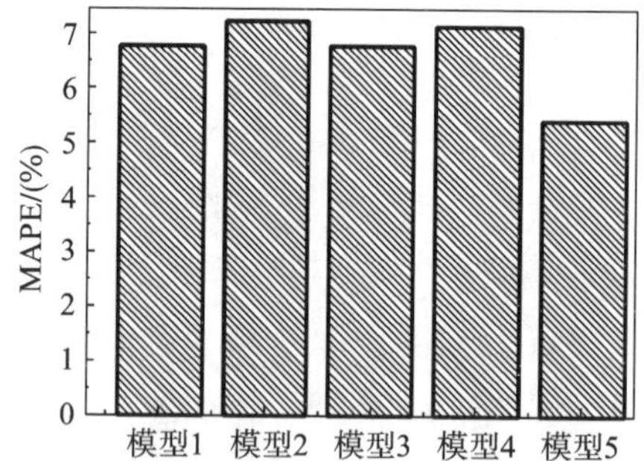

(b) 测试集

图 5.21　各模型的性能评价结果对比图

不意味着它们对锂渣混凝土抗压强度没有影响，只是因为它们对锂渣混凝土抗压强度的影响不太显著，所以没有出现在该强度模型中。

5.3　本章小结

本章利用 SPSS 软件的逐步回归分析法、多元线性回归和非线性回归法建立了锂渣混凝土的抗压强度预测模型，分析了各模型的残差图、抗压强度预测值与试验值的散点图和关系图，利用 RMSE、MAE 和 MAPE 评价各模型的精确度，确定出最优的锂渣混凝土抗压强度预测模型。主要结论如下。

(1) 胶水比、锂渣掺量和减水剂掺量对锂渣混凝土抗压强度的影响非常

显著。

(2) 各模型的残差均随机散落在 0 值周围，预测值的最高相对误差值约为 15%，预测值数据均落在 95%预测值区间内，预测值与试验值均呈线性关系，拟合优度良好，且 R^2 值均大于 0.83。各模型都具有良好的精确度，均可用于锂渣混凝土的抗压强度预测。

(3) 经均方根误差、平均绝对误差和平均绝对百分比误差以及可决系数 R^2 值等指标的综合评价后，得出模型 5（$y=0.419f_b\left(\frac{B}{W}-1.032\right)-0.445\omega_{Li}+4.205\omega_{减}+26.548$）为最优的锂渣混凝土抗压强度预测模型。

当然，建立的锂渣混凝土抗压强度的非线性预测模型存在一定的局限，其有效性还有待更多试验数据检验。且适用 52.5 级普通硅酸盐水泥的锂渣混凝土抗压强度预测模型也有待进一步研究。

第6章 冻融循环作用下锂渣混凝土的耐久性

现今，不少混凝土结构因耐久性不足，而提早失效。混凝土材料的耐久性是研究混凝土结构耐久性的基础，所以先从混凝土材料层面进行耐久性研究非常必要。冻融破坏是影响混凝土耐久性的主要原因之一。目前，很多学者就矿渣、粉煤灰等活性掺合料对海工混凝土冻融耐久性的影响进行了研究，并获得了很多成果。而锂渣作为一种新型掺合料，关于它对混凝土冻融耐久性影响方面的研究还较少。

为了研究锂渣对混凝土冻融耐久性的影响，本章设计清水和盐溶液两种冻融介质，采用0%、20%和40%三种锂渣掺量的混凝土，分别讨论锂渣掺量和冻融介质对混凝土抗冻性能的影响，研究混凝土的质量、动弹性模量和抗压强度的变化规律。通过扫描电镜观察冻融循环作用下的不同锂渣掺量的混凝土试件，并对其进行微观分析，获得锂渣对混凝土冻融耐久性影响的机理。

6.1 混凝土冻融破坏的机理

混凝土冻融耐久性的研究始于20世纪30年代，各国学者从各方面做了许多工作，逐渐形成了较为完整的基础理论。又因混凝土冻融破坏的机理非常复杂，所以至今还没有形成统一的观点，其中美国学者Powers提出的静水压和渗透压理论被广泛接受。

静水压理论[106]认为，混凝土的冻害是由混凝土中的水结冰时膨胀产生的静水压力引起的。水结冰时体积会膨胀约9%，使得毛细孔中的含水率增大。当其超出某一临界值(91.7%)时，孔隙中的未冻水将被迫向外迁移，这样的水流移动将产生静水压力，并作用在水泥石上，造成冻害。此压力的大小与毛细孔的含水率、冻结速率、水迁移路径长度、水泥石渗透性以及气孔间距系数有关。当气孔间距足够小时，此静水压力将不会对水泥石造成破

坏。Powers 认为该静水压力作用在整个水泥石上，当最大静水压力大于水泥石抗拉强度时，则会产生裂缝。

渗透压理论[106]认为，水泥石体系由硬化水泥凝胶体和大的裂缝、稍小的毛细孔和更小的凝胶孔组成，这些孔中都含有弱碱性溶液。当温度逐渐降低时，水泥石中的大孔先开始结冰，孔隙中生成了许多冰晶体从而造成其中的未冻水溶液浓度升高，并与其他较小孔中未冻水溶液形成了浓度差，这样碱离子和水分子都开始渗透。由于水和碱离子在流经水泥石时，受到阻碍的程度不同，二者渗透速率也就不同，大孔中的水将增多，渗透压便随即产生。此外，当毛细孔中的水结冰时，凝胶孔水将成过冷水，又因相同温度下过冷水的饱和蒸汽压大于冰的压强，促使凝胶孔水向冰面渗透，直到处于平衡状态。

当混凝土受冻时，两种压力均会作用于混凝土，并破坏混凝土的内部结构。但只有经历多次的冻融循环之后，损伤逐渐累积增大，混凝土中的裂缝才会互相连通，进而使得混凝土强度逐步下降，甚至彻底丧失。

当混凝土处于海水环境或在其表面洒有除冰盐，且有冻融循环作用时，混凝土会出现盐冻剥蚀破坏。盐冻剥蚀破坏的速率远高于混凝土的水冻融损伤速率，其主要破坏现象有起皮、剥落、开裂等。盐冻作用时，盐的正负效应会影响混凝土的冻融损伤。盐会降低溶液冰点，但也会提高混凝土饱水度，形成浓度梯度从而产生应力差。盐过饱和会产生结晶压等，进而增大渗透压和结冰压，加剧混凝土的损伤与破坏[107,108]。

6.2　试验概况

6.2.1　配合比及试件分组

冻融试验设计两种冻融介质：清水和盐溶液（用于模拟海水）。其中盐溶液采用质量分数为 3.5%的氯化钠溶液。在每种冻融介质情况下，均考虑锂渣掺量为 0%、20%和 40%的 3 种混凝土，锂渣等量取代水泥，锂渣掺量以其占胶凝材料的质量百分率计。各种混凝土的配合比及基本性能见表 6.1。

表 6.1 各种混凝土的配合比及基本性能

水胶比	锂渣掺量/(%)	1 m^3混凝土各原材料的质量/kg					砂率/(%)	减水剂掺量/(%)	坍落度/mm	28 d 抗压强度/MPa	110 d 抗压强度/MPa
		水泥	锂渣	水	砂	石					
	0	383.25	0.00	178.72	819.92	1043.53		0.80	41	45.96	48.56
0.466	20	306.60	76.65	178.72	819.92	1043.53	44	1.40	42	48.13	58.41
	40	229.95	153.30	178.72	819.92	1043.53		1.85	40	47.64	55.06

本研究设计 6 组 18 个尺寸为 100 mm×100 mm×400 mm 的棱柱体试件和 33 组 99 个尺寸为 100 mm×100 mm×100 mm 的立方体试件。棱柱体试件用于测定试件冻融前和每冻融循环(清水冻和盐溶液冻)25 次后试件的质量和动弹性模量,检测试件的抗冻性;立方体试件用于测定冻融前和每冻融循环(清水冻和盐溶液冻)50 次后试件的抗压强度。具体试件的设计与分组见表 6.2。表 6.2 中各试验组分别用编号 AD(BD)-x 或 A(B)-x 表示,其中 A 指清水冻融循环,B 指盐溶液冻融循环,x 表示锂渣掺量(%),D 表示棱柱体。如 AD-20 表示锂渣掺量为 20%的棱柱体试件在水中冻融的试验组;BD-20 表示锂渣掺量为 20%的棱柱体试件在盐溶液中冻融的试验组;A-40 表示锂渣掺量为 40%的立方体试件在水中冻融的试验组;B-40 表示锂渣掺量为 40%的立方体试件在盐溶液中冻融的试验组。

表 6.2 试件的设计与分组

类型	冻融介质	编号	试件尺寸/mm×mm×mm	试件数量/个	锂渣掺量/(%)	测定内容	养护龄期/d
抗冻性试件	清水	AD-0	100×100×400	3	0	测定冻融前和每冻融循环 25 次后试件的质量、动弹性模量	110 d(30 d 标准养护+76 d 自然养护+4 d 水中浸泡)
		AD-20		3	20		
		AD-40		3	40		
	盐溶液(3.5% NaCl)	BD-0	100×100×400	3	0		
		BD-20		3	20		
		BD-40		3	40		

续表

类型	冻融介质	编号	试件尺寸/mm×mm×mm	试件数量/个	锂渣掺量/(%)	测定内容	养护龄期/d
抗压试件	清水	A-0	100×100×100	3×6=18	0	测定冻融前和每冻融循环 50 次后试件的抗压强度 冻融循环次数:0 次(清水与盐溶液冻融共用)、50 次、100 次、150 次、200 次和 250 次	110 d(30 d 标准养护+76 d 自然养护+4 d 水中浸泡)
		A-20		3×6=18	20		
		A-40		3×6=18	40		
	盐溶液(3.5% NaCl)	B-0	100×100×100	3×5=15	0		
		B-20		3×5=15	20		
		B-40		3×5=15	40		

6.2.2　试验方法

冻融试验所用设备和仪器如图 6.1 所示，分别为北京三思行测控技术有限公司 KDR-28V 型号的混凝土快速冻融试验机和 DT-18 型号的动弹仪，以及珠恒电子有限公司生产的 H7 电子计重秤，电子计重秤的最大量程为 10 kg、灵敏度为 0.1 g。快速冻融试验依照《普通混凝土长期性能和耐久性能试验方法标准》(GB/T 50082—2009)进行测试，具体步骤如下。

(1) 达到养护龄期后，将试件放入水中浸泡 4 d，水温为(20±2)℃，浸泡水面至少超出试件顶面 20 mm。

(2) 达到试验龄期后进行冻融试验。首先取出试件并擦干其表面水分，然后对试件进行编号，测定质量和弹性模量，记录相应横向基频作为初始值。

(3) 将试件放在橡胶盒中，并向盒中添加清水或盐溶液，再缓慢地将橡胶盒放进冻融箱内的试件架中。在试验过程中，橡胶盒中的水面高度要一直保持在试件顶面 5 mm 以上。

(4) 冻融箱的中央放置测温试件。

(5) 冻融试验中，试验温度和循环制度还应满足如下要求，本试验的实

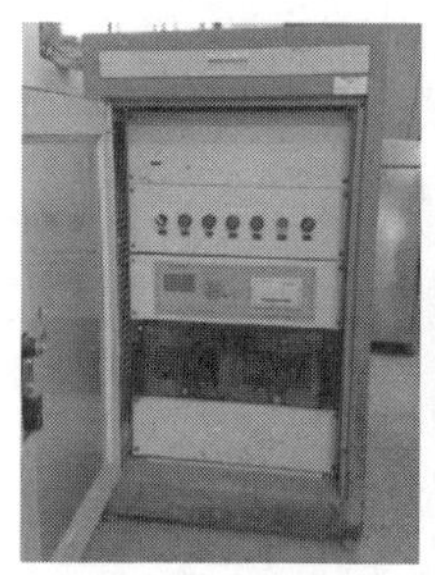

(a) 混凝土快速冻融试验机

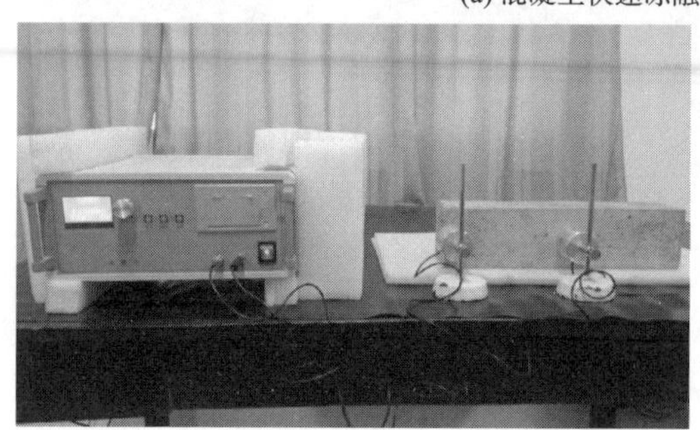

(b) 动弹仪

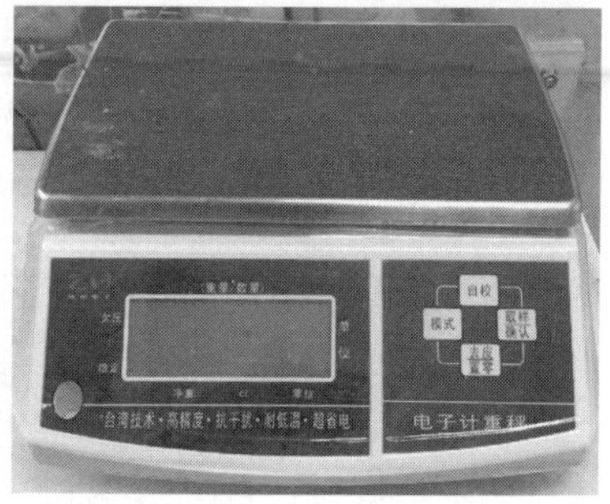

(c) 电子计重秤

图 6.1　冻融试验所用设备和仪器

时温度曲线如图 6.2 所示。

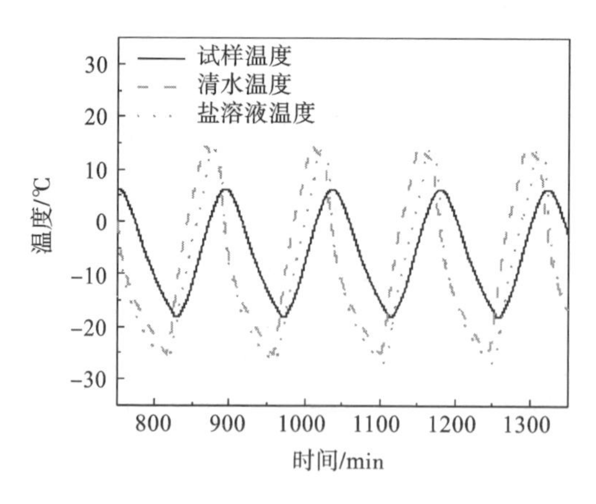

图 6.2　冻融试验实时温度曲线

①冻融循环 1 次的时间应为 2～4 h,其中融化时间应占冻融循环一周所用时间的 1/4 以上。

②冷冻过程中试件的中心最低温度应为－20～－16 ℃;而融化过程中试件的中心最高温度应为 3～7 ℃。

③每个试件从 3 ℃降到－16 ℃所用时间应大于冻结时间的 1/2;每个试样从－16 ℃上升到 3 ℃所用时间应大于融化时间的 1/2,试件内外温度差应小于等于 28 ℃。

④冻融转换应在 10 min 内完成。

(6) 每冻融循环 25 次测量一次试件的横向基频。测量前清洗试件表面的剥落物并擦去表面水分,而后检查试件外观情况并称量。

(7) 当有试件破坏停止试验的,取出该试件并用干砂填充橡胶盒,保持冻融液高度不变。

(8) 若出现如下任何一种情况时,即可停止试验:

①已达到 300 次循环;

②相对动弹性模量下降到 60%;

③质量损失率达 5%。

6.2.3　评价指标

1. 相对动弹性模量

每冻融循环 25 次后,清洗试件表面剥落物并擦去试件表面水分,称重后测定试件的动弹性模量,并记录横向基频,计算出相对动弹性模量。用 3 个试件的平均值作为一组混凝土试件冻融循环后的相对动弹性模量值。参照冻融试验标准,其相对动弹性模量下降到 60%即为失效。单个试件相对动弹性模量和每组试件的相对动弹性模量分别按式(6.1)和式(6.2)进行计算:

$$P_{N,i}=\frac{f_{N,i}^{2}}{f_{0,i}^{2}}\times 100 \tag{6.1}$$

式中,$P_{N,i}$ ——第 i 个混凝土试件在冻融循环 N 次后的相对动弹性模量(%);

$f_{N,i}$——第 i 个混凝土试件在冻融循环 N 次后的横向基频(Hz)；

$f_{0,i}$——第 i 个混凝土试件冻融循环前的横向基频(Hz)。

$$P_N = \frac{1}{3}\sum_{i=1}^{3} P_{N,i} \tag{6.2}$$

式中，P_N ——一组混凝土试件在冻融循环 N 次后的相对动弹性模量(%)。

2. 质量损失率

每冻融循环25次后，清洗试件表面剥落物并擦去试件表面水分，然后称重测定试件的质量，计算质量损失率。用3个试件质量损失率的平均值作为一组混凝土试件冻融循环后的质量损失率。参照冻融试验标准，其质量损失率达到5%即为失效。单个试件的质量损失率按式(6.3)进行计算：

$$\Delta W_{N,i} = \frac{W_{0,i} - W_{N,i}}{W_{0,i}} \times 100 \tag{6.3}$$

式中，$\Delta W_{N,i}$ ——第 i 个混凝土试件在冻融循环 N 次后的质量损失率(%)；

$W_{0,i}$——第 i 个混凝土试件在冻融循环前的质量(g)；

$W_{N,i}$——第 i 个混凝土试件在冻融循环 N 次后的质量(g)。

一组试件的质量损失率按式(6.4)计算：

$$\Delta W_N = \frac{\sum_{i=1}^{3} \Delta W_{N,i}}{3} \times 100 \tag{6.4}$$

式中，ΔW_N ——一组试件在冻融循环 N 次后的质量损失率(%)。

3. 抗压强度损失率

每冻融循环50次后取出试件晾干，测定各组试件的抗压强度值，计算出相应冻融循环后各组试件的抗压强度损失率。不同冻融循环次数后，混凝土试件的抗压强度损失率按式(6.5)计算：

$$\Delta f_{c,N} = \frac{f_{c,0} - f_{c,N}}{f_{c,0}} \times 100 \tag{6.5}$$

式中，$\Delta f_{c,N}$——混凝土试件在冻融循环 N 次后的抗压强度损失率(%)；

$f_{c,0}$ ——一组混凝土试件在冻融循环前的抗压强度测定值(MPa)；

$f_{c,N}$ ——一组混凝土试件在冻融循环 N 次后的抗压强度测定值(MPa)。

6.3　冻融循环作用下锂渣混凝土的表现与机理

6.3.1　锂渣混凝土的外观形态

1. 在清水中的冻融循环作用下，锂渣混凝土试件的外观形态

图 6.3 为不同锂渣掺量的混凝土试件在清水中冻融循环的外观形态。由图 6.3 可知，3 组试件的外观形态完整，试件表面均无粗骨料裸露和严重的剥落现象。其中试件 AD-40 的表面砂浆剥蚀较为严重，依稀可见到内部骨料；试件 AD-0 和 AD-20 的表面仍较为光滑，局部有少量的砂浆剥蚀现象。同时，试件 AD-0 冻融 300 次的外观形态与试件 AD-20 和 AD-40 冻融 200 次的外观形态相似；在冻融 200 次作用下，试件 AD-20 的外观形态较试件 AD-40 完整。可见，在相同次数的清水冻融循环作用下，锂渣掺量为 40％的混凝土的外观损伤比锂渣掺量为 20％的混凝土严重；未掺锂渣的普通混凝土的外观损伤比锂渣混凝土低。

(a) AD-0(冻融循环 300 次)

(b) AD-20(冻融循环 200 次)

(c) AD-40(冻融循环 200 次)

图 6.3　不同锂渣掺量的混凝土试件在清水中冻融循环的外观形态

2. 在盐溶液中的冻融循环作用下，锂渣混凝土试件的外观形态

图 6.4 为不同锂渣掺量的混凝土试件在盐溶液中冻融循环的外观形态。由图 6.4 可知，试件 BD-40 的表面剥蚀最严重，试件 BD-0 和试件 BD-20 表面剥蚀程度较轻。试件 BD-40 的表面砂浆基本全部剥落，石子裸露，试件中部的混凝土已冻裂掉落，整体损伤严重，手轻轻碰触就会有石子掉落。试件 BD-0 和 BD-20 的表面砂浆剥落，部分石子裸露，表面凹凸不平，但整体完整。图中，在盐溶液中，试件 BD-20 冻融循环 300 次的外观形态优于试件

BD-40 冻融循环 200 次的外观形态。可见，冻融循环次数较多时，锂渣掺量小于 40%的混凝土外观损伤仍较小。所以，在盐溶液冻融循环作用下，锂渣掺量越大，锂渣混凝土的外观损伤越严重。

(a) BD-0(冻融循环 300 次)

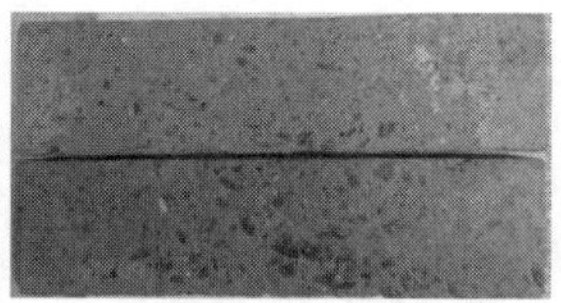
(b) BD-20(冻融循环 300 次)

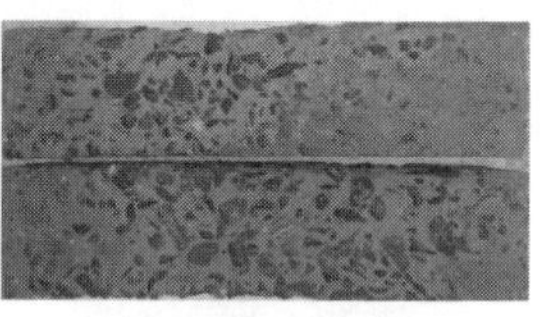
(c) BD-40(冻融循环 200 次)

图 6.4　不同锂渣掺量的混凝土试件在盐溶液中冻融循环的外观形态

6.3.2　锂渣混凝土的质量

将棱柱体试件 AD(BD)-x 在清水中和盐溶液中进行冻融循环试验，测定冻融循环 0 次、每冻融循环 25 次后试件的质量，计算出冻融循环后试件的质量损失率。根据计算结果，探究锂渣掺量和冻融介质对混凝土质量损失的影响规律。

1. 在清水中的冻融循环作用下，锂渣混凝土试件的质量损失

图 6.5 为在清水中的冻融循环作用下，不同锂渣掺量混凝土的质量变化规律。由图 6.5 可以看出，随着在清水中冻融循环次数的增加，各组试件的质量逐渐变大，质量损失率逐渐减小。在冻融循环 50 次之前，AD-20 组试件的质量增长缓慢；在冻融循环 50 次以后，其质量损失率开始迅速下降并逐渐趋于稳定，试件质量也迅速增加并逐渐趋于平稳。在冻融循环 225 次时，质量增加了 1.27%。

在冻融循环 50 次之前，AD-40 组试件质量损失率下降缓慢，即质量增长缓慢；在冻融循环 50 次后，其质量损失率迅速下降，质量快速增长直至最后稳定。在冻融循环 225 次时，质量增加了 1.18%。

与 AD-20 组试件的质量损失率变化规律对比可知，在冻融循环 50 次之前，AD-40 组试件的质量损失率大于 AD-20 组试件，即在冻融循环初期 AD-40组试件质量增加缓慢，且由图 6.5 中的混凝土质量变化曲线可知，该阶段 AD-40 组试件的质量增加量与 AD-20 组试件相差不大。在冻融循环

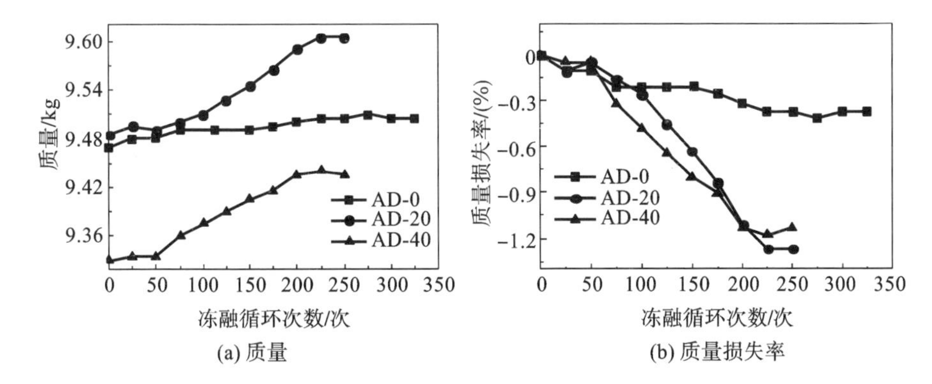

(a) 质量　　(b) 质量损失率

图 6.5　在清水中的冻融循环作用下，不同锂渣掺量混凝土的质量变化规律

50～200 次时，AD-40 组试件的质量损失率迅速降低并小于 AD-20 组试件。在冻融循环 200 次后，AD-40 组试件的质量损失率下降缓慢并逐渐趋于稳定，其质量增加总量小于 AD-20 组试件。

普通混凝土 AD-0 组试件在清水中的冻融循环作用下，抗冻性良好。随着冻融循环次数的增加，AD-0 组试件的质量损失率缓慢降低，相应地，质量也缓慢增长。在冻融循环 300 次时，试件的质量增加了 0.37%。

在清水中的冻融循环作用下，各组混凝土试件的质量逐渐增大。因为在清水中的冻融循环作用下，低温下的水分因体积膨胀产生的膨胀应力和因迁移引起的压力都会导致混凝土内部出现微裂缝，微裂缝吸水饱和后，发生冻胀破坏，并有许多无害的微裂缝在混凝土的内部生成，新生成的微裂缝继续吸水饱和，所以混凝土试件的质量有所增加。而锂渣在混凝土中主要发挥微集料填充作用和火山灰作用，当锂渣混凝土出现微裂缝时，大量的水分会进入混凝土中，促进锂渣的二次水化反应，增加 C-S-H 凝胶量。所以，在清水中的冻融循环作用下，锂渣混凝土的质量增加率大于普通混凝土。

2. 在盐溶液中的冻融循环作用下，锂渣混凝土试件的质量损失

图 6.6 为在盐溶液中的冻融循环作用下，不同锂渣掺量的混凝土质量变化规律。由图 6.6 可知，各组试件的质量随着冻融循环次数的增加而逐渐降低，并随着锂渣掺量的增大，混凝土的质量损失率逐渐增大。在冻融循环初期，BD-20 组试件的质量损失率增长非常缓慢；当冻融循环达到 100 次时，混

凝土表面开始出现冻融裂缝，并伴有少许砂浆层剥落，质量损失开始显现，并缓慢增大；当冻融循环 200 次时，BD-20 组试件的质量损失率仅为0.58%；冻融循环 200 次后，BD-20 组的质量损失率迅速增加，冻融循环为 250 次时，其质量损失率增加至 2.38%，但仍小于 5.00%。与在盐溶液中的冻融循环作用下的 BD-20 组试件的质量损失率相比，盐溶液加剧了混凝土的表面剥蚀，增大了混凝土的质量损失率。

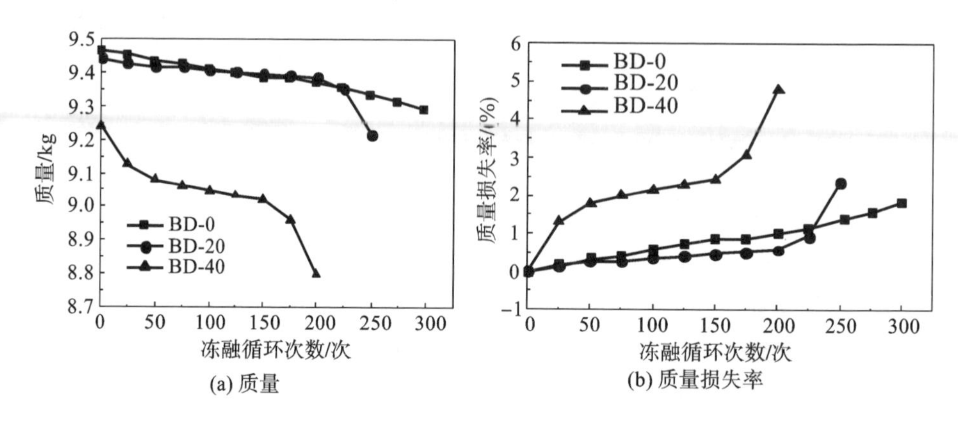

图 6.6　在盐溶液中的冻融循环作用下，不同锂渣掺量的混凝土质量变化规律

BD-40 组试件在冻融循环初期，其质量损失率迅速增大；当冻融循环 50～150 次时，试件质量和质量损失率都处于相对平缓的阶段；当冻融循环 150 次后，试件的质量损失率迅速增长，至冻融循环 200 次时，试件的质量损失率为 4.81%，接近于 5%，试件的表面剥蚀已接近破坏程度。与 BD-20 组试件相比，BD-40 组试件的质量损失率较大，表面剥蚀严重。

普通混凝土 BD-0 组试件在盐溶液中抗冻性良好，随着冻融循环次数的增加，试件的质量缓慢下降，其质量损失率均匀增加，增长速率较大。在相同冻融循环次数下，BD-0 组的质量损失率高于 BD-20 组，试件表面剥蚀量较大，但至冻融循环 300 次时，其质量损失率也仅为 1.85%。可见，冻融循环次数较多时，BD-0 组试件的质量损失率小于 BD-20 和 BD-40 组试件的质量损失率。总体来看，普通混凝土 BD-0 组试件的表面剥蚀较锂渣混凝土的表面剥蚀量少。

在盐溶液中的冻融循环作用下，各组试件的质量损失率逐渐增加，是因

为盐溶液中的氯盐增加了混凝土的饱水度，而且混凝土中的氢氧化钙在氯盐溶液中的溶解度大，造成混凝土中氢氧化钙析出和 Ca^{2+} 流失，同时部分水化硅酸钙会分解以维持水泥石中氢氧化钙的浓度[109, 110]，从而使得细骨料剥落、水泥石破坏，混凝土出现酥碎掉渣、溃烂等现象，最终表现为混凝土质量下降。在盐溶液中的冻融循环作用下，随着锂渣掺量的增大，锂渣混凝土的质量损失率随之增加[111]。因为混凝土中掺入锂渣能改善混凝土的内部结构、细化孔径，也会提高其抗渗性能，使得毛细孔更加弯曲复杂，导致过冷水的迁移路径延长，从而增大了静水压力，所以随着冻融循环次数的增加，锂渣掺量为 20%的混凝土的表层浆体脱落逐渐严重。而当锂渣掺量较大时，混凝土内的孔隙率增大，硬化浆体中的孔隙结构变差，浆体中可冻水增加，静水压力增大，在盐溶液冻融循环作用下混凝土表层浆体剥落严重，使混凝土的质量损失速度加快。所以，锂渣掺量为 40%的混凝土试件的质量损失率较大，表面剥蚀严重。而在盐溶液冻融循环中，氯盐会提高混凝土的饱水度，混凝土产生的渗透压和结冰压增大，加剧冻融破坏，使混凝土剥落量增大。

6.3.3　锂渣混凝土的动弹性模量

将棱柱体试件 AD(BD)-x 在清水中和盐溶液中进行冻融试验，测定冻融前、每冻融循环 25 次后试件的动弹性模量并记录其横向基频，计算相应冻融循环后混凝土的相对动弹性模量。根据计算结果，分别探究锂渣掺量和冻融介质对混凝土动弹性模量的影响规律。

1. 在清水中的冻融循环作用下，锂渣混凝土试件的动弹性模量

图 6.7 为在清水中的冻融循环作用下，不同锂渣掺量混凝土的动弹性模量变化规律。由图 6.7 可知，在清水中的冻融循环作用下，各组试件的动弹性模量及相对动弹性模量均随冻融循环次数的增加而降低。

在冻融循环 100 次之前，AD-20 组试件的动弹性模量和相对动弹性模量下降缓慢，至冻融循环 100 次后，试件的动弹性模量和相对动弹性模量迅速降低。AD-20 组试件在冻融循环 250 次时，其相对动弹性模量为 60.3%，质量增加了 0.45%。可知，AD-20 组试件的冻融破坏源于内部损伤，非表面

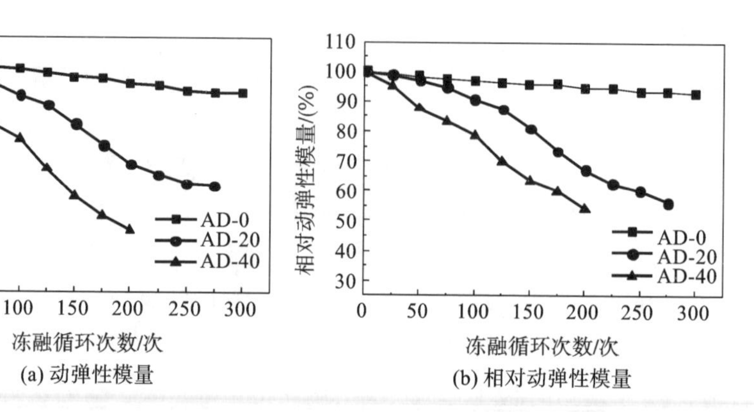

图 6.7 在清水中的冻融循环作用下,不同锂渣掺量混凝土的动弹性模量变化规律

剥蚀,锂渣掺量为 20%的混凝土试件抗水冻等级为 250 次。

AD-40 组试件在冻融循环初期,其相对动弹性模量先迅速下降,而后下降逐渐减慢。在冻融循环 100 次后,试件的相对动弹性模量又开始迅速下降。AD-40 组试件在冻融循环 175 次后,其相对动弹性模量降低至 60.1%,质量增加了 0.32%。可知,AD-40 组试件的冻融破坏源于内部损伤,非表面剥蚀;依据冻融循环失效标准,锂渣掺量为 40%的混凝土试件的抗水冻等级为 175 次。

普通混凝土 AD-0 组试件在清水中的冻融循环作用下,其抗冻性良好。随着冻融循环次数的增加,AD-0 组试件的相对动弹性模量缓慢下降。当冻融循环 300 次时,相对动弹性模量约为 93%,质量增加了 0.37%。

2. 在盐溶液中的冻融循环作用下,锂渣混凝土试件的动弹性模量

图 6.8 为在盐溶液中的冻融循环作用下,不同锂渣掺量混凝土的动弹性模量变化规律。由图 6.8 可知,各组试件的动弹性模量和相对动弹性模量均随冻融循环次数的增加而降低;并且随着锂渣掺量的增大,混凝土的动弹性模量和相对动弹性模量也逐渐降低。

普通混凝土 BD-0 组试件在盐溶液中抗冻性良好,随着冻融循环次数增多,其动弹性模量和相对动弹性模量匀速缓慢下降。当冻融循环 300 次时,其相对动弹性模量仍有 90%,质量损失率为 1.85%。普通混凝土在盐溶液中的冻融循环作用下的剥落量大于在清水中的冻融循环作用下的剥落量,

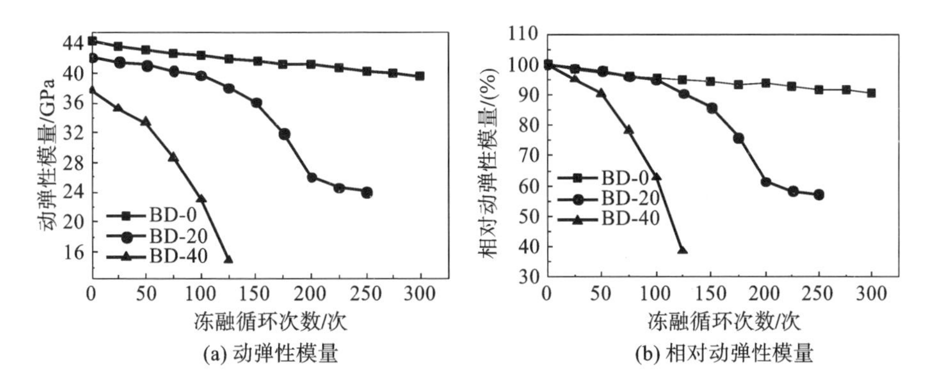

(a) 动弹性模量　　(b) 相对动弹性模量

图 6.8　在盐溶液中的冻融循环作用下，不同锂渣掺量混凝土的动弹性模量变化规律

相对动弹性模量则相差不大。在本试验条件下，盐溶液对普通混凝土的抗冻性的影响并不明显，普通混凝土的抗水冻性略优于抗盐冻性。

BD-20 组试件的动弹性模量和相对动弹性模量均先缓慢下降，而当冻融循环次数达 100 次后，其动弹性模量和相对动弹性模量加速下降，当冻融循环次数达到 200 次后，其动弹性模量和相对动弹性模量降低速率放缓。在冻融循环 200 次时，BD-20 组试件的相对动弹性模量为 61.5%，其质量损失率仅有 0.58%。可见，锂渣掺量为 20%的混凝土试件在盐溶液中的冻融破坏源于内部的微裂缝扩展，而非表面剥蚀，锂渣掺量为 20%的混凝土试件的抗盐冻等级为 200 次。

BD-40 组试件的动弹性模量和相对动弹性模量先缓慢降低，冻融循环 50 次后，其动弹性模量和相对动弹性模量下降速率加快。至冻融循环 100 次时，BD-40 组试件的相对动弹性模量为 62.7%，其质量损失率仅有 2.16%。可见，锂渣掺量为 40%的混凝土在盐溶液中的冻融破坏也源于内部的微裂缝扩展，而非表面剥蚀。依据冻融失效标准，锂渣掺量为 40%的混凝土试件的抗盐冻等级为 100 次。与锂渣掺量为 20%的混凝土相比，其质量损失率较大，冻融循环次数减少，抗盐冻性较差。

与清水中的冻融循环相比，锂渣掺量为 20%的混凝土试件在盐溶液中的抗冻融循环次数减少了 50 次，锂渣掺量为 40%的混凝土在盐溶液中的抗冻融循环次数减少了 75 次。可见，盐溶液加剧了锂渣混凝土的冻融损伤与失效速度，锂渣混凝土的抗水冻性优于抗盐冻性。因为在盐溶液的冻融循环作用下，氯盐会提高混凝土的饱水度，增加混凝土的渗透压和结冰压，加剧冻融破坏，使混凝土剥蚀量增大。另外，氯离子会与混凝土中的铝相反应生成 Friedel 盐，Friedel 盐结晶体产生的膨胀压力会使混凝土内部的裂缝贯通，加速氯离子渗透[112]，使内部结构劣化，造成混凝土的相对动弹性模量大幅度下降。

在冻融初期各组试件的相对动弹性模量降低较慢，是因为试件原生微裂缝在冻融循环作用下初期扩张较小、没有连通形成微缺陷群，所以初始冻融损伤较小[113]。而后，锂渣掺量为 20%的混凝土比锂渣掺量为 40%的混凝土的相对动弹性模量下降缓慢，这主要是因为锂渣具有很好的火山灰效应，能与氢氧化钙发生二次水化效应[114]，并且其微集料效应弥补了部分微裂缝增长产生的损伤。当锂渣掺量较大时，混凝土的胶凝材料体系中有很多未水化的锂渣颗粒，此时锂渣主要起微集料效应。但随着冻融循环次数的增加，混凝土中的微裂缝逐渐连通，为水分流动提供通道，使得更多的水进入混凝土中参与冻融破坏。在冻融循环作用下，锂渣掺量为 20%的混凝土因每次循环产生的损伤造成混凝土内部微观结构损伤不断累积，混凝土内部微裂纹不断扩大、开展，混凝土性能逐渐劣化直至被破坏。锂渣掺量为 40%的混凝土因内部未水化颗粒较多，颗粒之间的黏结力不大，混凝土强度下降较快，造成混凝土性能迅速劣化直至被破坏，因此，在冻融循环 50 次后其相对动弹性模量迅速下降。混凝土中掺加锂渣会改变其孔隙结构，当锂渣掺量较大时，混凝土浆体孔隙结构较差，孔隙增多，孔隙率增大，在盐冻环境中，损伤率将显著加快[108]。而普通混凝土内部孔隙结构稳定，孔隙分布均匀，且孔径小，有利于抗冻性能。经上述分析可知，锂渣的掺入在一定程度上降低了混凝土在盐溶液中的抗冻性；在盐溶液冻融循环作用下，锂渣掺量越大，混凝土的抗冻性越差。锂渣掺量为 20%时，其抗盐冻等级为 200 次，该抗盐冻等级可以满足在微寒地区中度饱水环境下使用 30 年。

6.3.4 锂渣混凝土的抗压强度

将立方体试件 A(B)-x 在清水中和盐溶液中进行冻融循环试验，经过 0 次、50 次、100 次、150 次、200 次和 250 次冻融循环后，测定混凝土的抗压强度。在抗压强度测试过程当中，观察混凝土试件的破坏过程和破坏形态。根据抗压强度试验结果，计算出混凝土经历各冻融循环次数后的抗压强度损失率，分别探究锂渣掺量和冻融介质对混凝土抗压强度损失的影响情况。

本试验选用尺寸为 100 mm×100 mm×100 mm 的立方体试件，该规格不符合标准试件尺寸的规定，依据《普通混凝土力学性能试验方法》(GB/T 50081—2019)中的单轴抗压强度试验要求，试验所得的强度值须乘以尺寸换算系数 0.95 转化为试件的抗压强度标准值。进而，计算出混凝土在不同冻融循环次数后的抗压强度损失率。

1. 在清水中的冻融循环作用下，锂渣混凝土试件的抗压强度

图 6.9 为在清水中的冻融循环作用下，不同锂渣掺量混凝土的抗压强度变化规律。由图 6.9 可知，在清水中的冻融循环作用下，不同锂渣掺量混凝土的抗压强度的变化规律基本相同。随着冻融循环次数的增加，混凝土的抗压强度不断降低，抗压强度损失率也不断增大。在冻融前期(冻融循环 50 次之前)，各组混凝土的抗压强度迅速降低，抗压强度损失率快速增长，该阶段称为下降阶段；冻融循环 50 次后，各组混凝土抗压强度降低缓慢，并有增加的趋势，抗压强度损失率增长缓慢，也有下降现象出现，该阶段称为缓冲阶段；当冻融循环 150 次后，混凝土的抗压强度继续降低，抗压强度损失率继续增长；至冻融循环 250 次时，混凝土抗压强度损失率超过 40%，混凝土试件达到破坏状态，该阶段称为破坏阶段。

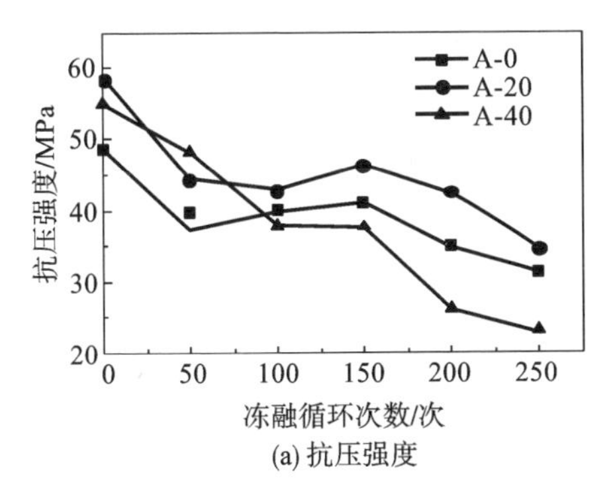

(a) 抗压强度

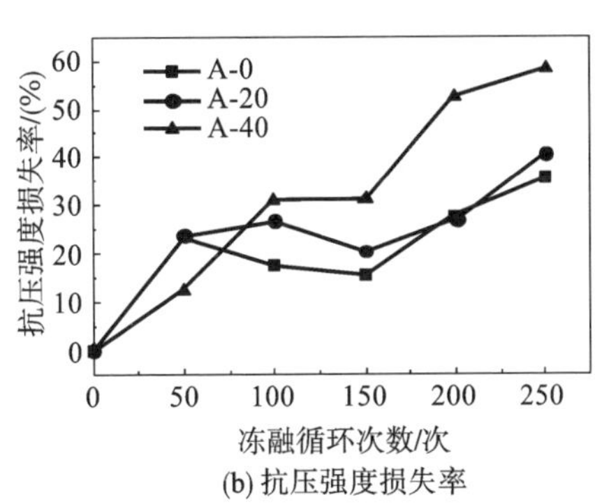

(b) 抗压强度损失率

图 6.9　在清水中的冻融循环作用下，不同锂渣掺量混凝土的抗压强度变化规律

第一阶段,下降阶段。冻融前,锂渣掺量为20%和40%的混凝土的抗压强度都高于普通混凝土;在清水中冻融循环前50次,各混凝土抗压强度均有不同程度的降低,其中锂渣掺量为20%的混凝土抗压强度下降最多;当冻融循环50次时,锂渣掺量为40%的混凝土的抗压强度大于掺量为20%的锂渣混凝土,并且两者都高于普通混凝土;普通混凝土的抗压强度损失率是22.95%,锂渣掺量为20%的混凝土的抗压强度损失率为23.81%,锂渣掺量为40%的混凝土的抗压强度损失率是12.32%。可见,冻融初期,混凝土试件在冻融循环作用下表面原生微裂缝彼此发育、连通,形成了不同程度的损伤。

第二阶段,缓冲阶段。随着冻融循环次数的增加,不同锂渣掺量的混凝土抗压强度降低缓慢。至冻融循环150次之前,随着冻融循环次数的增加,锂渣掺量为40%的混凝土的抗压强度损失率先快速增大而后逐渐变缓;锂渣掺量为20%的混凝土抗压强度损失率先增大后降低;普通混凝土的抗压强度损失率也有所下降。当冻融循环150次时,锂渣掺量为20%的混凝土的抗压强度大于掺量为40%的锂渣混凝土和普通混凝土的抗压强度。普通混凝土、锂渣掺量为20%的混凝土和锂渣掺量为40%的混凝土抗压强度损失率分别为15.54%、20.45%和31.37%。

与第一阶段相比,锂渣掺量为20%的混凝土抗压强度损失率降低,锂渣掺量为40%的混凝土抗压强度损失率增大。因为锂渣具有火山灰效应和微集料填充效应,可以弥补部分微裂缝增长产生的损伤,所以锂渣掺量为20%的混凝土抗压强度损失率较小。但当锂渣掺量较大时,混凝土内部的未水化锂渣颗粒较多,颗粒间的黏结力小、孔隙多,为水分进入提供了更多的通道,从而加剧了冻融破坏。所以,锂渣掺量为40%的混凝土抗压强度损失率增大。

第三阶段,破坏阶段。冻融循环150次后,各组混凝土试件的抗压强度继续降低,且下降速率明显加快,其抗压强度损失率也迅速增长。可见试件结构内外部损伤较为严重,结构越来越疏松。当冻融循环250次时,锂渣掺量为40%的混凝土抗压强度损失率为58.26%,抗压强度下降至22.98 MPa,说明混凝土试件已发生破坏,无法再保证强度的可靠性。普通混凝土

的抗压强度损失率为 35.62%，抗压强度下降至 31.27 MPa；锂渣掺量为 20%的混凝土的抗压强度损失率为 40.84%，抗压强度为 34.55 MPa，仍高于普通混凝土和锂渣掺量为 40%的混凝土。

同时，在该阶段，锂渣掺量越大，混凝土的抗压强度损失率越大。将抗压强度由大到小排序为 A-20 组试件、A-0 组试件、A-40 组试件，即清水中的冻融循环作用下，锂渣掺量为 20%的混凝土抗压强度最大，普通混凝土次之，锂渣掺量为 40%的混凝土抗压强度最小。

2. 在盐溶液中的冻融循环作用下，锂渣混凝土试件的抗压强度

图 6.10 为在盐溶液中的冻融循环作用下，不同锂渣掺量混凝土的抗压强度变化规律。由图 6.10 可知，在盐溶液中的冻融循环作用下混凝土的抗压强度总体变化趋势基本相同。随着冻融循环次数的增加混凝土抗压强度不断降低，抗压强度损失率也不断增大。其中，在盐溶液中的冻融循环作用与在清水中的相比，锂渣掺量为 20%和 40%的混凝土抗压强度变化趋势均基本相似；随着在盐溶液中冻融循环次数的增加，锂渣混凝土的抗压强度经历了迅速降低、缓慢降低、迅速降低的变化过程。而普通混凝土的抗压强度变化曲线不存在缓冲阶段，其抗压强度随在盐溶液中冻融循环次数的增加基本呈直线下降。

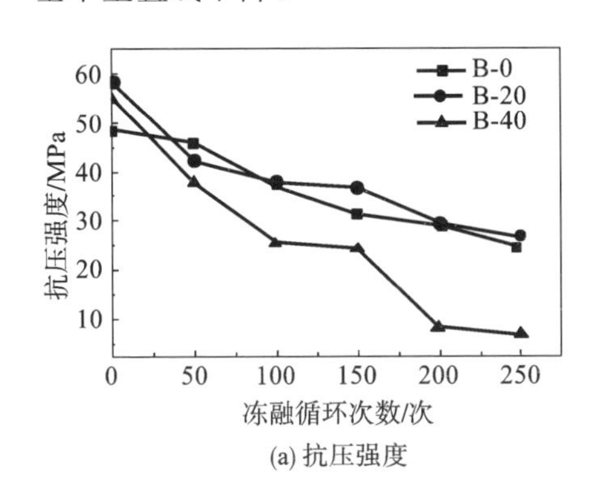

(a) 抗压强度

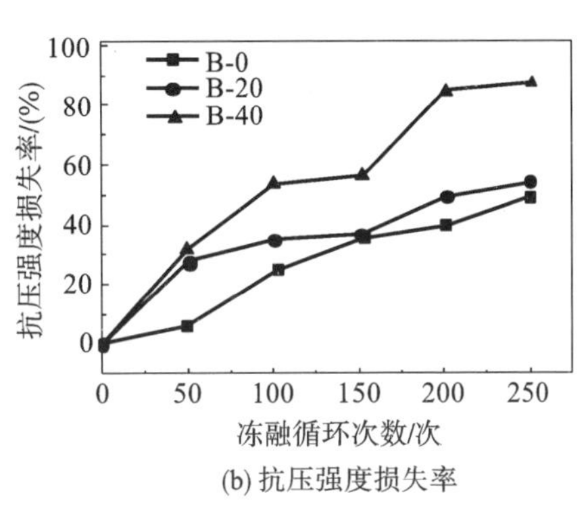

(b) 抗压强度损失率

图 6.10　在盐溶液中的冻融循环作用下，不同锂渣掺量混凝土的抗压强度变化规律

在盐溶液中冻融循环 50 次时，普通混凝土的抗压强度损失率是5.32%，其抗压强度下降幅度较小；锂渣掺量为 20%和 40%的混凝土抗压强度损失率分别为27.41%和31.44%，与在清水中冻融循环的情况相比，锂渣混凝土的抗压强度损失率增大，即在盐溶液中冻融循环初期，锂渣混凝土抗压强度下降较大。

在盐溶液中冻融循环150次时，普通混凝土抗压强度损失率为34.9%，锂渣掺量为20%和40%的混凝土抗压强度损失率分别为36.5%和55.9%。可见，经过150次盐溶液冻融循环，普通混凝土抗压强度的下降速度增大，强度损失率与锂渣掺量为20%的混凝土相当，而锂渣掺量为40%的混凝土抗压强度损失率显著增加。冻融循环次数大于150次后，各混凝土试件的抗压强度下降速率明显加快，其抗压强度损失率也迅速增加。

在盐溶液中冻融循环250次后，普通混凝土抗压强度为24.7 MPa；锂渣掺量为20%的混凝土抗压强度为26.7 MPa；锂渣掺量为40%的混凝土抗压强度为6.9 MPa，其抗压强度基本丧失。将在盐溶液冻融循环作用后的混凝土抗压强度与在清水冻融循环作用后的混凝土抗压强度进行对比可知，普通混凝土前者抗压强度是后者抗压强度的78.9%，锂渣掺量为20%的混凝土前者抗压强度是后者抗压强度的77.0%，锂渣掺量为40%的混凝土前者抗压强度是后者抗压强度的29.8%。

同时，将混凝土抗压强度损失率小于40%的冻融循环次数作为混凝土抗压强度失效的临界冻融次数。依据图6.9和图6.10的数据可知，A-0、A-20和A-40试件抗压强度失效的临界冻融次数分别为250次、200次、150次；B-0、B-20和B-40试件抗压强度失效的临界冻融次数分别为200次、150次、50次。对比可知，盐溶液与冻融的耦合作用会加剧混凝土抗压强度的退化。

综上所述，盐溶液与冻融的耦合作用对混凝土抗压强度的影响较大，盐溶液冻融循环作用下的混凝土抗压强度均低于清水冻融循环作用下的混凝土抗压强度。因为冻融循环使混凝土产生大量的微裂缝，为水分进入提供通道，从而导致混凝土的抗渗性能逐渐降低，使氯盐更容易渗透到混凝土中，加剧了氯盐的腐蚀。同时，氯盐会提高混凝土的饱水度，进而提高渗透压和结冰压，另外，氯盐结晶会产生膨胀压力。由氯盐作用形成的不稳定状态的过冷水，其形成的冻结应力会增加破坏作用，从而加剧冻融破坏。因

此，在氯离子与冻融循环耦合作用下，混凝土的力学性能显著降低。

6.3.5　机理分析

1. 不同锂渣掺量的混凝土微观分析

冻融前，分别对锂渣掺量为 0%、20% 和 40% 的混凝土试件制取扫描电镜试样，观察分析试件内部的微观形貌和水化产物等。图 6.11～图 6.13 是不同锂渣掺量混凝土试件的微观结构图。

图 6.11 是锂渣掺量为 0% 的混凝土试件微观结构图。由图 6.11 可知，普通混凝土的微观结构比较疏松，为孔隙较大的骨架网状结构。普通混凝土内部二级界面的微观结构不均匀、致密，不利于混凝土的耐久性[115]。

图 6.12 是锂渣掺量为 20% 的混凝土试件微观结构图。从图 6.12 可以看出，锂渣掺量为 20% 的混凝土微观结构比较密实，有较多的絮凝状 C-S-H 凝胶生成，微观结构较均匀、致密。

图 6.11　锂渣掺量为 0% 的混凝土试件微观结构

图 6.12　锂渣掺量为 20% 的混凝土试件微观结构

图 6.13 是锂渣掺量为 40% 的混凝土试件微观结构图。由图 6.13 可知，锂渣掺量为 40% 的混凝土微观结构疏松，内部结构孔较多，裂缝宽大。锂渣具有多孔结构和强吸水性，因此，当水胶比一定时，锂渣掺量较大的混凝土较干硬，内部未水化程度较高。这种情况下形成的内部结构不利于混凝土的耐久性能。

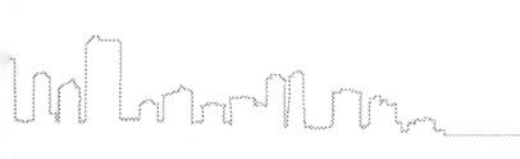

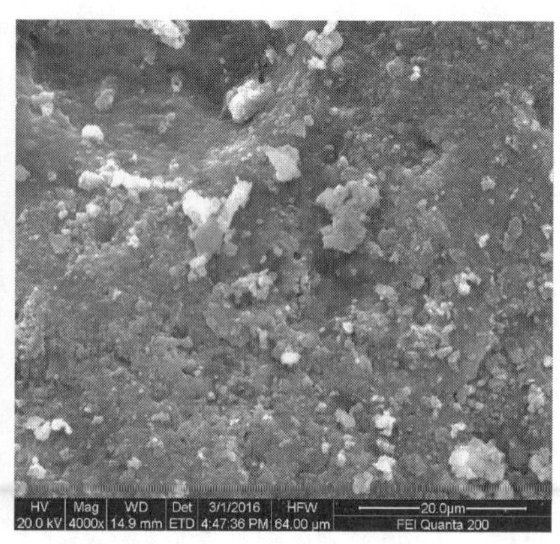

图 6.13　锂渣掺量为 40%的混凝土试件微观结构

2. 不同冻融环境下锂渣混凝土的微观分析

锂渣掺量为 20%的混凝土在清水中或盐溶液中冻融破坏后，分别利用其抗压试件制取扫描电镜试样，在距表面深度为 10～20 mm 处的孔洞和裂缝区域取样，然后对试件内部的形貌和水化产物进行观察和分析。

图 6.14 是在清水中的冻融循环作用下，锂渣掺量为 20%的混凝土微观结构图。由图 6.14 可知，在清水中的冻融循环作用下，锂渣混凝土中的裂缝明显增多，在裂缝和孔洞周围有较多的水化产物和针棒状的钙矾石。

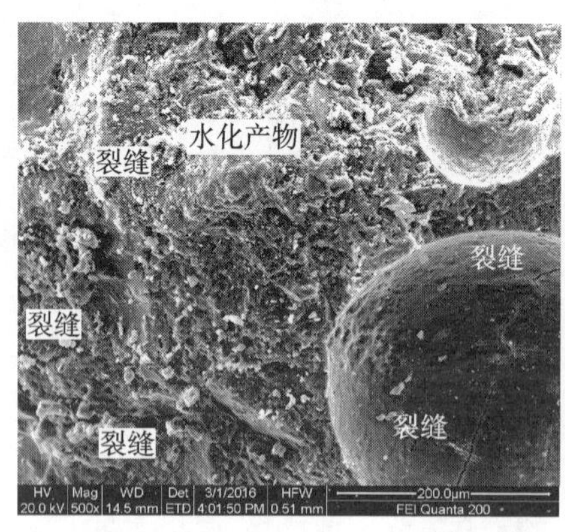

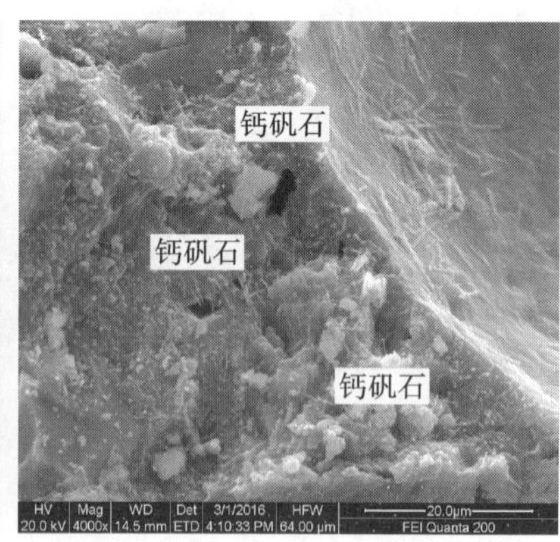

图 6.14　在清水中的冻融循环作用下，锂渣掺量为 20%的混凝土微观结构

在低温环境下，混凝土中的毛细水结冰后，体积膨胀 9%，形成的膨胀压力

作用在毛细孔壁上，当膨胀压力大于混凝土抗拉强度时，毛细孔的四周就会出现微裂纹[116]。这些裂纹将为外部水分提供新通道，加剧冻融循环的破坏作用，从而导致混凝土相对动弹性模量下降[117]，混凝土抗水冻性随之降低。

图 6.15 是在盐溶液中的冻融循环作用下，锂渣掺量为 20%的混凝土微观结构图。由图 6.15 可知，在盐溶液中的冻融循环作用下，锂渣混凝土结构较致密、孔洞较少，内部有贯通裂缝，为氯离子的渗透提供了新途径。随着冻融循环次数的增加，氯盐结晶体的膨胀压力也会造成混凝土内部损伤，从而导致锂渣混凝土抗盐冻性降低。

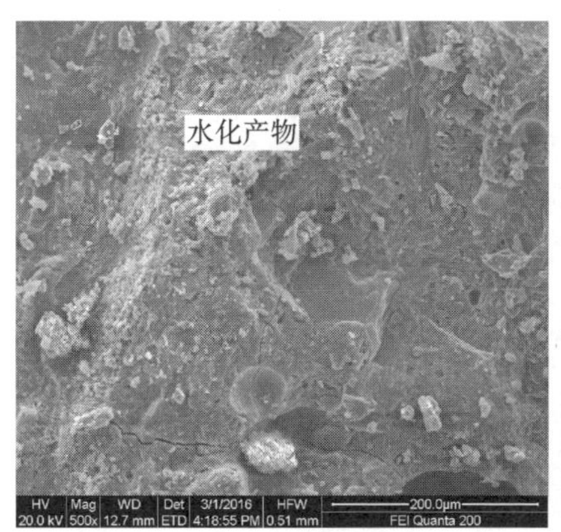

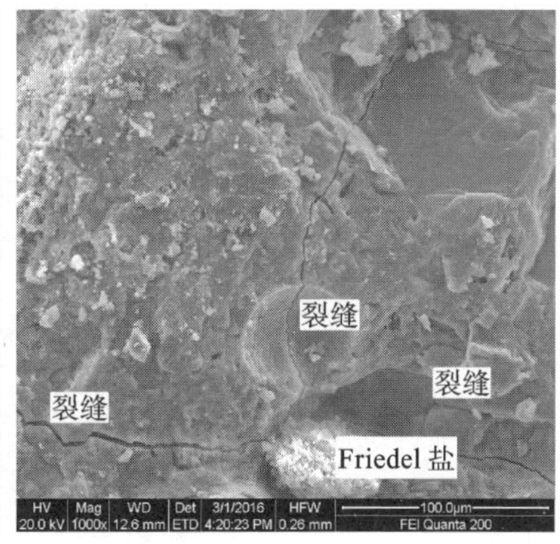

图 6.15　在盐溶液中的冻融循环作用下，锂渣掺量为 20%的混凝土微观结构

锂渣内含量较高的无定形氧化铝及其二次水化产物 C-S-H 凝胶对氯离子有物理、化学吸附作用，它们都有利于降低混凝土中氯离子的渗透率，进而改善氯盐在冻融作用下对混凝土产生的不利影响[112,118,119]。所以，在盐溶液中的冻融循环作用下，锂渣混凝土裂缝数量较少。但随着冻融循环次数的增加，氯盐结晶体产生的膨胀压力也会造成混凝土内部损伤，从而又加速氯离子的渗透，导致锂渣混凝土抗盐冻性逐渐降低。

6.4　本章小结

本章通过混凝土室内快速冻融试验进行了锂渣掺量和冻融介质对混凝土抗冻性能的影响研究，分析试验结果得出了不同冻融环境下混凝土的质

量、动弹性模量和抗压强度的变化规律；并结合扫描电镜的微观分析，进一步解释宏观现象和作用机理。通过试验研究，得到以下结论。

（1）冻融循环作用下，混凝土中掺入锂渣对其质量变化和相对动弹性模量有较大影响，锂渣掺量越大，外观损伤越严重，抗冻性越差。锂渣掺量为20％的混凝土试件的抗水冻和抗盐冻等级分别为250次和200次；锂渣掺量为40％的混凝土试件的抗水冻和抗盐冻等级分别为175次和100次。

（2）冻融循环作用下，混凝土中掺入锂渣对其抗压强度有一定的影响，锂渣的掺量不宜超过40％；在长期的冻融循环作用下，锂渣掺量为20％的混凝土抗压强度最佳，其强度大于普通混凝土；锂渣掺量大于20％时，锂渣混凝土抗压强度小于普通混凝土。

（3）盐溶液与冻融循环的耦合作用会加剧混凝土的剥蚀现象和冻融损伤，锂渣混凝土的抗盐冻性较抗水冻性差。普通混凝土的抗水冻性优于其抗盐冻性。盐溶液与冻融循环的耦合作用对混凝土的抗压强度有较大的影响，在盐溶液中的冻融循环作用下的混凝土抗压强度均小于在清水中的冻融循环作用下的混凝土抗压强度。

第7章 碳化作用下锂渣混凝土的耐久性

近年来，随着大气环境的不断恶化，混凝土服役环境越来越恶劣，大气环境中的二氧化碳引起的混凝土耐久性问题已成为研究的热点。混凝土的碳化是指环境中的二氧化碳或酸性气体扩散到混凝土中，与混凝土内的碱性物质发生反应生成碳酸钙等其他物质，造成混凝土碱性降低的多相物理化学过程。碳化作用使得混凝土碱性降低并趋于中性，进而增加钢筋发生锈蚀的概率。因此，探究锂渣对混凝土碳化耐久性的影响非常必要。

为了研究锂渣对混凝土碳化耐久性的影响，本章采用0%、20%和40%三种锂渣掺量的混凝土，分别讨论碳化龄期和锂渣掺量对混凝土抗碳化性能的影响，分析混凝土质量、动弹性模量、劈裂抗拉强度和碳化深度的变化规律。结合扫描电镜对碳化作用下的锂渣混凝土进行微观分析，进一步解释其作用机理。

7.1 混凝土碳化机理

普通硅酸盐水泥的主要矿物成分有：硅酸三钙(C_3S)、硅酸二钙(C_2S)、铁铝酸四钙(C_4AF)和铝酸三钙(C_3A)。普通硅酸盐水泥的主要水化产物[120]有氢氧化钙、水化硅酸钙(C-S-H)凝胶、水化铝酸钙和水化硫铝酸钙(单硫型AFm、高硫型AFt)等。二氧化碳可与氢氧化钙、C-S-H凝胶、AFm、AFt以及未水化的水泥颗粒中的矿物成分C_2S和C_3S发生碳化反应[120]，反应式如式(7.1)～式(7.6)所示：

$$Ca(OH)_2 + CO_2 \rightarrow CaCO_3 + H_2O \tag{7.1}$$

$$3CaO \cdot 2SiO_2 \cdot 3H_2O + 3CO_2 \rightarrow 3CaCO_3 + 2SiO_2 \cdot 3H_2O \tag{7.2}$$

$$\begin{aligned} 3CaO \cdot Al_2O_3 \cdot 3CaSO_4 \cdot 32H_2O + 3CO_2 \rightarrow\ & Al_2O_3 \cdot xH_2O \\ & + 3(CaSO_4 \cdot 2H_2O) + 3CaCO_3 + (26 - x)H_2O \end{aligned} \tag{7.3}$$

$$3CaO \cdot Al_2O_3 \cdot CaSO_4 \cdot 18H_2O + 3CO_2 \rightarrow Al_2O_3 \cdot xH_2O + CaSO_4 \cdot 2H_2O + 3CaCO_3 + (16-x)H_2O \quad (7.4)$$

$$2CaO \cdot SiO_2 + 2CO_2 + \mu H_2O \rightarrow 2CaCO_3 + SiO_2 \cdot \mu H_2O \quad (7.5)$$

$$3CaO \cdot SiO_2 + 3CO_2 + \mu H_2O \rightarrow 3CaCO_3 + SiO_2 \cdot \mu H_2O \quad (7.6)$$

碳化反应的主要产物是碳酸钙，属于不溶性钙盐，体积约是原反应物的1.17倍[121]。所以，反应生成的碳化产物会堵塞混凝土的凝胶孔和少量毛细孔，提高混凝土的密实度和强度，二氧化碳等气体向混凝土内部的扩散因此也在一定程度上受到了阻碍。与此同时，毛细孔周围的氢氧化钙也会及时溶解出 Ca^{2+} 和 OH^- 并扩散到孔隙液中与二氧化碳发生反应，使得混凝土的pH值逐渐降低，直至完全碳化为止[122]。

7.2 试验概况

7.2.1 配合比及试件分组

碳化试验考虑锂渣掺量为0%、20%和40%的三种混凝土，锂渣等量取代水泥，锂渣掺量以其占胶凝材料的质量分数计。各种混凝土的配合比及基本性能同表6.1。

试验碳化龄期设计为0 d、7 d、14 d、21 d和28 d，设计了3组共9个尺寸为100 mm×100 mm×400 mm的棱柱体，测定不同碳化龄期时各组试件的质量和动弹性模量；设计了15组共45个尺寸为150 mm×150 mm×150 mm的立方体试件，测定不同碳化龄期时各组试件的劈裂抗拉强度和碳化深度。具体试件的设计与分组见表7.1。其中碳化深度试验是将劈裂抗拉试件经劈拉后在其劈裂面上进行碳化深度测试。表7.1中各试验组分别用编号TD-x或T-x表示，其中T指碳化作用，D表示棱柱体，x表示锂渣掺量。如TD-20表示锂渣掺量为20%的棱柱体碳化试验组；T-40表示锂渣掺量为40%的立方体试件碳化试验组。

表 7.1　试件的设计与分组

类型	编号	锂渣掺量/(%)	试件尺寸/mm×mm×mm	试件数量/个 0 d	7 d	14 d	21 d	28 d	测定内容	养护龄期/d
质量、动弹性模量试件	TD-0	0	100×100×400			3			测定各碳化龄期时试件的质量、动弹性模量	110 d(30 d 标准养护＋78 d 自然养护＋2 d 烘箱 60 ℃烘干)
	TD-20	20				3				
	TD-40	40				3				
劈裂抗拉强度、碳化深度试件	T-0	0	150×150×150	3	3	3	3	3	测定各碳化龄期时试件的劈裂抗拉强度、碳化深度	
	T-20	20		3	3	3	3	3		
	T-40	40		3	3	3	3	3		

7.2.2　碳化试验方法

试验采用 150 mm 的立方体试件，先将试件进行碳化试验，达到碳化龄期后进行劈裂抗拉试验，然后在试件的劈裂面上测定碳化深度。碳化试验依照《普通混凝土长期性能和耐久性能试验方法标准》(GB/T 50082—2009)进行测定。试验设备主要采用上海路达实验仪器有限公司的 JDH-70A 混凝土碳化试验箱、上海光地仪器设备有限公司的 101-1 型电热鼓风恒温干燥箱和上海宝工工具有限公司的电子游标卡尺。游标卡尺测量范围为 0～150 mm/0～6″，精度为±0.02 mm/0.001″(＜100 mm)，±0.03 mm/0.001″(＞100 mm)。碳化试验设备及仪器如图 7.1 所示。

碳化试验的具体步骤如下。

(1) 碳化试验的前 2 d，取出试件放入干燥箱中，在 60 ℃下烘 48 h。

(2) 试件烘干后，在试件 4 个侧面上作出垂直于成型面的间距为 10 mm 的平行线，作为碳化深度的预测点。

(3) 处理后的试件应放在碳化试验箱支架上，试件间应间隔至少 50 mm。

(4) 试件放入碳化试验箱后，开启碳化试验箱并调整控制面板，使其二

(a) 碳化试验箱

(b) 恒温干燥箱

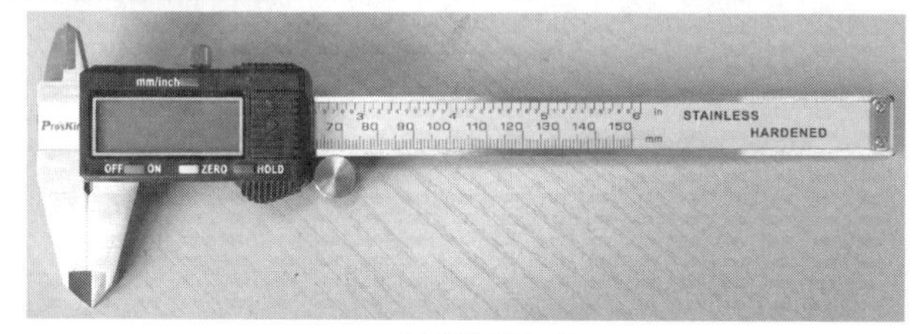

(c) 电子游标卡尺

图 7.1　碳化试验设备及仪器

氧化碳浓度为(20±3)%、相对湿度为(70±5)%,温度保持在(20±2) ℃。

(5) 在 7 d、14 d、21 d、28 d 碳化龄期时分别取出试件,将试件进行劈裂抗拉试验。

(6) 在已劈裂破坏的试件的劈裂面上测量碳化深度。先清除试件劈裂面上残余的杂质,经清洗烘干后喷洒 1%浓度的酚酞酒精溶液。大约 30 s 后,根据原始标记,每 10 mm 测点用游标卡尺测量碳化深度。若某测点处的碳化界线上刚好有粗骨料颗粒,以该骨料双侧碳化深度的平均值为该点的深度值。碳化深度测量应精确至 0.5 mm。

7.2.3　评价指标

1. 质量变化率

每到碳化龄期后,将试件从碳化试验箱中取出,称重后测定试件的质量。用 3 个试件的质量变化率的平均值作为一组混凝土试件碳化作用后的

质量变化率。单个试件的质量变化率按式(7.7)进行计算：

$$\Delta W_{N,i}=\frac{W_{N,i}-W_{0,i}}{W_{0,i}}\times 100 \tag{7.7}$$

式中，$\Delta W_{N,i}$——第 i 个混凝土试件经 N 天碳化作用后的质量变化率(%)；

$W_{0,i}$——第 i 个混凝土试件碳化作用前的质量(g)；

$W_{N,i}$——第 i 个混凝土试件碳化 N 天后的质量(g)。

每组混凝土试件的质量变化率按式(7.8)进行计算：

$$\Delta W_{N}=\frac{\sum_{i=1}^{3}\Delta W_{N,i}}{3}\times 100 \tag{7.8}$$

式中，ΔW_{N}——一组混凝土试件经 N 天碳化作用后的质量变化率(%)。

2. 相对动弹性模量

每到碳化龄期后，将试件从碳化试验箱中取出，称重后测定试件动弹性模量和横向基频，计算相对动弹性模量。单个试件的相对动弹性模量按式(7.9)进行计算，用 3 个试件的相对动弹性模量的平均值作为一组混凝土试件碳化后的相对动弹性模量值，按式(7.10)进行计算：

$$P_{N,i}=\frac{f_{N,i}^{2}}{f_{0,i}^{2}}\times 100 \tag{7.9}$$

式中，$P_{N,i}$——第 i 个混凝土试件经 N 天碳化作用后的相对动弹性模量(%)；

$f_{N,i}$——第 i 个混凝土试件碳化 N 天后的横向基频(Hz)；

$f_{0,i}$——第 i 个混凝土试件碳化作用前的横向基频(Hz)。

$$P_{N}=\frac{1}{3}\sum_{i=1}^{3}P_{N,i} \tag{7.10}$$

式中，P_{N}——一组混凝土试件经 N 天碳化作用后的相对动弹性模量(%)。

3. 劈裂抗拉强度损失率

每到碳化龄期后，将试件从碳化试验箱中取出，测定试件的劈裂抗拉强度，先计算单个试件的劈裂抗拉强度损失率。单个试件的劈裂抗拉强度损失率按式(7.11)计算。用 3 个试件的劈裂抗拉强度损失率的平均值作为一组混凝土试件碳化作用后的劈裂抗拉强度损失率。

$$\Delta f_{\mathrm{st},N,i}=\frac{f_{\mathrm{st},0,i}-f_{\mathrm{st},N,i}}{f_{\mathrm{st},0,i}}\times 100 \tag{7.11}$$

式中，$\Delta f_{\mathrm{st},N,i}$ ——第 i 个混凝土试件经 N 天碳化作用后的劈裂抗拉强度损失率(%)；

$f_{\mathrm{st},0,i}$ ——第 i 个混凝土试件碳化作用前的劈裂抗拉强度测定值(MPa)；

$f_{\mathrm{st},N,i}$ ——第 i 个混凝土试件碳化 N 天后的劈裂抗拉强度测定值(MPa)。

4. 碳化深度

每到碳化龄期后，在劈裂抗拉试件的劈裂面上进行碳化深度测试。单个试件的平均碳化深度应按式(7.12)计算。用 3 个试件的碳化深度的平均值作为一组混凝土试件碳化作用后的碳化深度。

$$\overline{d_{N,i}}=\frac{1}{m}\sum_{j=1}^{m}d_{i,j} \tag{7.12}$$

式中，$\overline{d_{N,i}}$ ——第 i 个混凝土试件经 N 天碳化作用后的平均碳化深度(mm)；

$d_{i,j}$ ——第 i 个试件上第 j 个测点的碳化深度(mm)；

m ——测点总数。

7.3 碳化作用下混凝土的表现与机理

7.3.1 锂渣混凝土的质量

质量变化在一定程度上反映了试样的碳化程度，也有助于进一步研究混凝土碳化机理。所以，本章以锂渣掺量和碳化龄期为影响因素，研究各因素对碳化作用下混凝土质量的影响情况。

碳化作用下不同锂渣掺量混凝土的质量变化规律如图 7.2 所示。由图 7.2 可知，随着碳化龄期的增加，不同锂渣掺量混凝土的质量均随之增大，质量变化率均大于 0。在碳化初期，各组混凝土的质量增长迅速，质量变化率呈线性增长的趋势。随着碳化龄期的增加，各组混凝土的质量增长速率逐渐变小，质量增加量逐渐降低，各组混凝土的质量变化曲线逐渐趋于平缓。因为在碳化早期，二氧化碳扩散到混凝土中与其水化产物发生反应生成大量碳酸钙和硅胶等，这些碳化产物将填充混凝土的孔隙、增强混凝土的密实性，所以混凝土的质量有所增加。而随着碳化龄期的增加，碳化产物逐渐增多，二氧化碳进入混凝土的通道逐渐减少，其扩散阻力增大，与水化产物的反应逐渐减缓，所以混凝土的质量也随着碳化龄期的增加而增长缓慢。

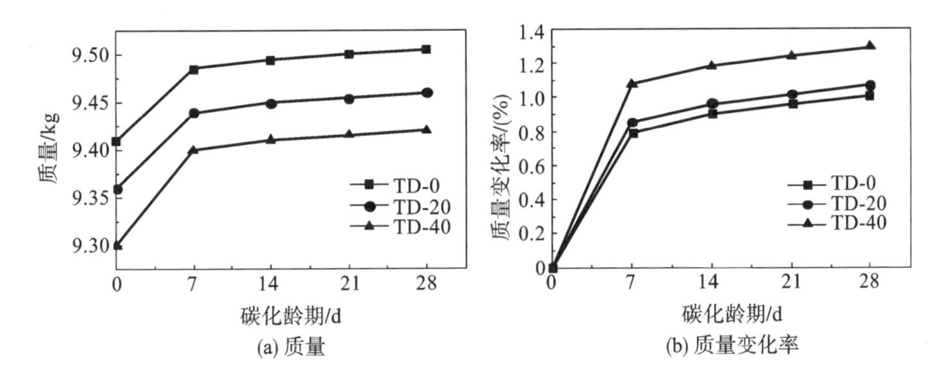

图7.2　碳化作用下不同锂渣掺量混凝土的质量变化规律

同时，由图7.2可知，锂渣掺量为20%和40%的混凝土质量均小于普通混凝土的质量，其中锂渣掺量为40%的混凝土质量最小，但其质量增长率均比同龄期普通混凝土的质量增长率高，其中锂渣掺量为40%的混凝土质量增长率最大。说明在碳化作用下，锂渣掺量越大，混凝土的质量增长率越大。主要原因如下。①锂渣取代水泥后，混凝土中水化产物氢氧化钙含量减少，又因锂渣的火山灰效应，锂渣中的氧化硅会与氢氧化钙反应生成C-S-H凝胶，所以随着二次水化反应的进行，混凝土中C-S-H凝胶含量会有所增加。②碳化反应生成的碳酸钙会覆盖在氢氧化钙颗粒的表面，阻碍二氧化碳的进一步扩散和氢氧化钙的进一步反应；而C-S-H凝胶与二氧化碳的反应一直稳定地进行[123,124]，并且火山灰反应生成的C-S-H凝胶易与二氧化碳发生反应[125,126]。③混凝土孔隙中填充大量的碳酸钙晶体和硅胶可减少混凝土的孔隙率，提高混凝土的密实度。因此，锂渣混凝土的质量增长率大于普通混凝土，并且锂渣掺量越大锂渣混凝土的质量增长率越大。

7.3.2 锂渣混凝土的动弹性模量

碳化作用下不同锂渣掺量混凝土动弹性模量变化规律如图 7.3 所示。由图 7.3 可知，随着碳化龄期的增加，锂渣掺量为 20%的混凝土和普通混凝土的动弹性模量和相对动弹性模量均随之增大，而锂渣掺量为 40%的混凝土的动弹性模量和相对动弹性模量均随之减小。

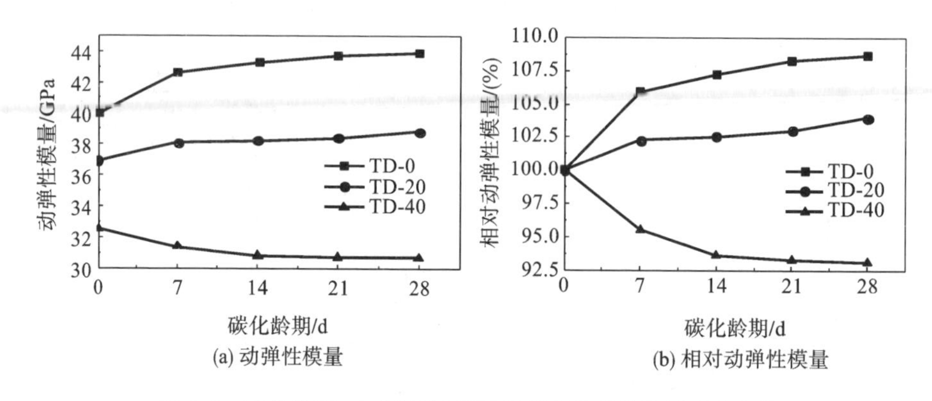

图 7.3 碳化作用下不同锂渣掺量混凝土动弹性模量变化规律

在碳化初期，锂渣掺量为 20%的混凝土和普通混凝土的动弹性模量增长迅速，相对动弹性模量呈线性增长。而锂渣掺量为 40%的混凝土动弹性模量迅速下降，其相对动弹性模量下降速率和幅度均较大。随着碳化龄期的增加，锂渣掺量为 20%的混凝土和普通混凝土的动弹性模量的增长速率减慢，相对动弹性模量的增长速率也变小；锂渣掺量为 40%的混凝土动弹性模量和相对动弹性模量均下降缓慢，并逐渐趋于稳定。可见，碳化龄期对混凝土动弹性模量和相对动弹性模量有一定的影响：碳化前期，其影响较大；随着碳化龄期的增加，其影响逐渐减弱。

由图 7.3 可知，在相同碳化龄期时，不同锂渣掺量的混凝土的动弹性模量和相对动弹性模量有所不同。在相同碳化龄期时，普通混凝土的动弹性模量和相对动弹性模量均高于锂渣混凝土，而锂渣掺量为 40%的混凝土动弹性模量和相对动弹性模量小于锂渣掺量为 20%的混凝土。可见，随着锂渣掺量的增大，混凝土的动弹性模量和相对动弹性模量都随之降低。

7.3.3　锂渣混凝土的劈裂抗拉强度

劈裂抗拉强度是混凝土基本的力学性能，研究碳化作用下锂渣混凝土的劈裂抗拉强度，可以了解混凝土碳化作用后的力学性能变化情况。所以，在不同碳化龄期后，对不同锂渣掺量混凝土的劈裂抗拉强度进行测试，以探讨碳化龄期和锂渣掺量对混凝土的劈裂抗拉强度的影响。

1. 劈裂抗拉试验破坏现象

在碳化试验前后，分别对不同锂渣掺量的混凝土进行劈裂抗拉强度试验，各试件破坏前后的形态分别如图 7.4 和图 7.5 所示。

碳化前不同锂渣掺量混凝土的劈裂破坏试件如图 7.4 所示。由图 7.4 可知，碳化前，锂渣掺量为 0%的混凝土试件劈裂破坏后，两个劈裂面上存在石子和水泥石脱离的现象；可以看出，未碳化时，普通混凝土试件劈裂破坏主要发生在粗骨料与水泥石的界面过渡区。锂渣掺量为 20%和 40%的混凝土试件劈裂破坏后，两个劈裂面上石子与水泥石脱离的现象不明显，主要产生了粗骨料对称劈裂破坏现象。可见，碳化前，锂渣混凝土的内部结构较普通混凝土致密，劈裂抗拉强度更高。

碳化 28 d 后不同锂渣掺量混凝土的劈裂破坏试件如图 7.5 所示。由图 7.5 可知，经过 28 d 碳化，普通混凝土试件劈裂破坏后，两个劈裂面上出现粗骨料对称劈裂破坏的现象，石子和水泥石脱离破坏的现象仍较严重，说明碳化 28 d 后普通混凝土试件劈裂抗拉强度变化不大。T-20 混凝土试件劈裂破坏后，两个劈裂面上出现几处石子和水泥石脱离破坏现象[图 7.5(b)中的⑤点和⑥点]，粗骨料对称劈裂破坏仍为主要破坏现象，说明碳化 28 d 后锂渣掺量为 20%的混凝土试件劈裂抗拉强度略有降低。T-40 混凝土试件劈裂破坏后，两个劈裂面上出现多处石子和水泥石脱离破坏现象[图 7.5(c)中的①、②、③点]，说明碳化 28 d 后锂渣掺量为 40%的混凝土试件劈裂抗拉强度有所下降。

2. 锂渣混凝土的劈裂抗拉强度分析

在碳化作用下不同锂渣掺量混凝土劈裂抗拉强度变化规律如图 7.6 所

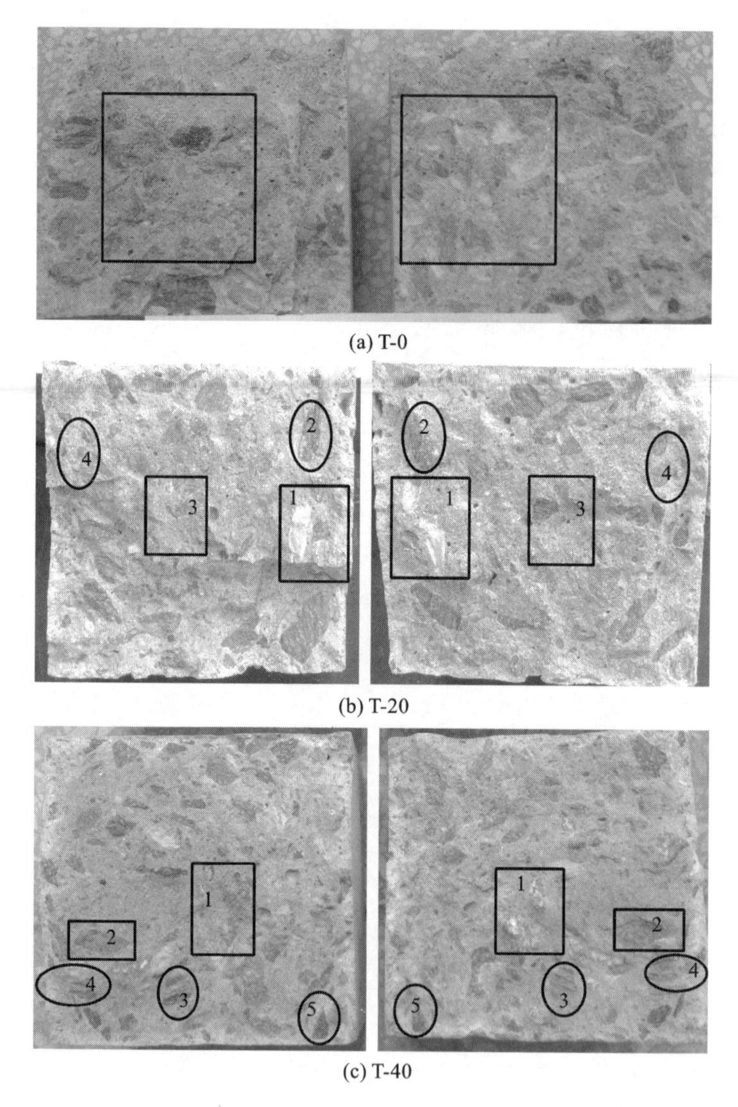

(a) T-0

(b) T-20

(c) T-40

图 7.4　碳化前不同锂渣掺量混凝土的劈裂破坏试件

示。由图 7.6 可知，随着碳化龄期的增加，不同锂渣掺量混凝土的劈裂抗拉强度前期随之降低，后期有短暂的增长，但总体劈裂抗拉强度呈降低趋势。在碳化初期，各组混凝土的劈裂抗拉强度迅速降低，劈裂抗拉强度损失率呈线性增长。至 14 d 碳化龄期，锂渣混凝土的劈裂抗拉强度下降速率减小，劈

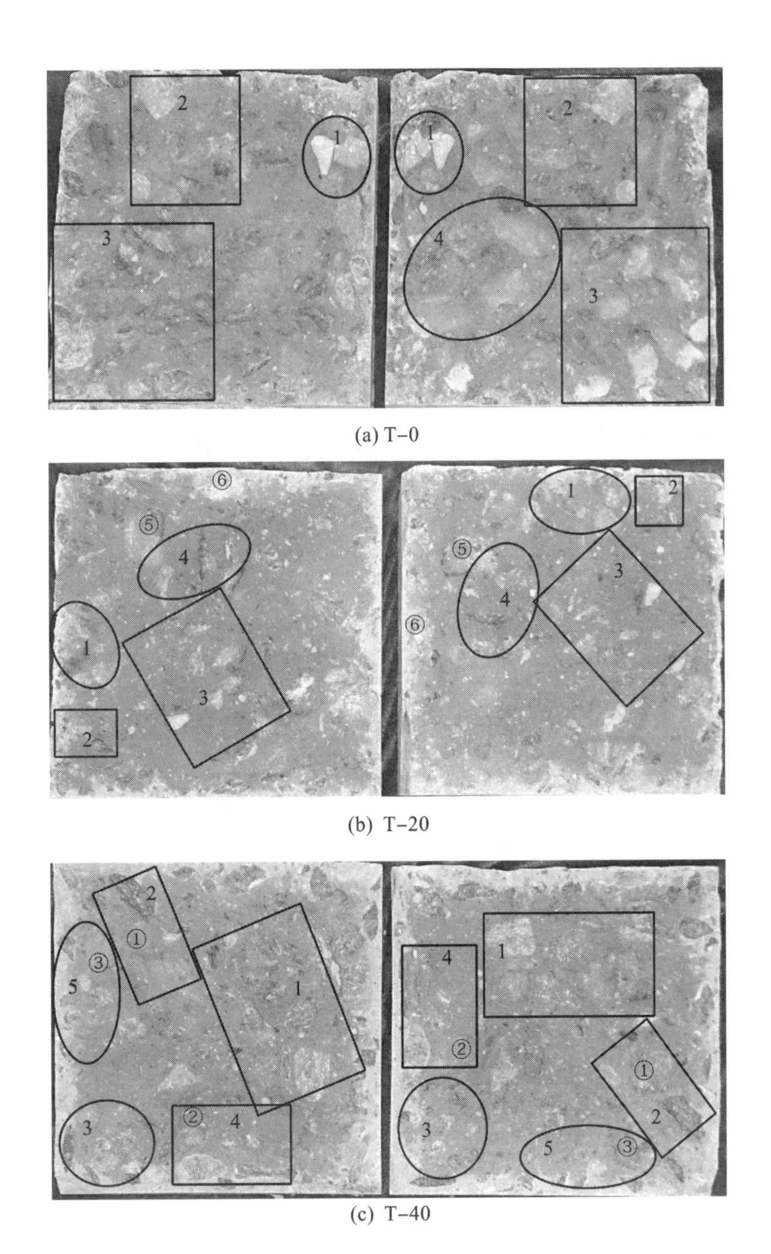

(a) T-0

(b) T-20

(c) T-40

图 7.5　碳化 28 d 后不同锂渣掺量混凝土的劈裂破坏试件

裂抗拉强度损失率增长缓慢；但普通混凝土劈裂抗拉强度下降速率继续增大。当碳化龄期达 21 d 时，各组混凝土的劈裂抗拉强度突然升高，随着碳化龄期的增加，劈裂抗拉强度又继续降低。可见，碳化龄期对混凝土的劈裂抗拉强度影响较大，随碳化龄期的增加，混凝土试件的劈裂抗拉强度总体呈下降趋势。

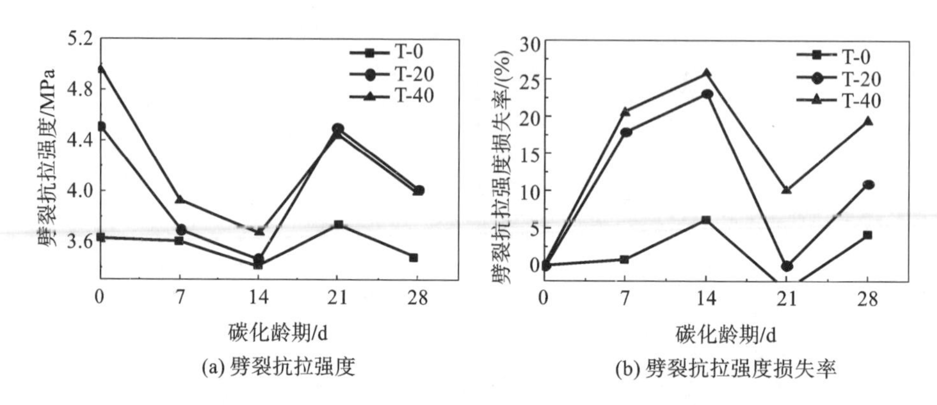

(a) 劈裂抗拉强度　　(b) 劈裂抗拉强度损失率

图 7.6　碳化作用下不同锂渣掺量混凝土劈裂抗拉强度变化规律

在碳化前期，各组混凝土劈裂抗拉强度迅速降低，是由于养护条件、配合比、周围环境的温湿度条件等各方面的原因，混凝土不可避免地存在着孔隙和气泡等缺陷，使水泥浆结构成为非均质体[122]。二氧化碳通过孔隙进入混凝土，与水化产物氢氧化钙和 C-S-H 凝胶反应，生成的碳化产物（碳酸钙晶体和硅胶）填充混凝土孔隙，增强其密实度。但碳化初期，碳化产物较少，并且碳酸钙是非溶解性钙盐，其黏结性较 C-S-H 凝胶差，降低了混凝土的弹塑性，混凝土的脆性增大。同时 C-S-H 凝胶在混凝土中起胶结作用，随着 C-S-H凝胶逐渐减少，混凝土的强度将会降低。所以，碳化初期，混凝土的劈裂抗拉强度迅速降低，劈裂抗拉强度损失率增长显著。而随着碳化龄期的增加，碳化产物逐渐增多，水泥浆体中的孔径分布逐渐细化，大孔体积也明显减少，浆体结构更加密实[120]。所以，混凝土劈裂抗拉强度的下降速率减缓，劈裂抗拉强度的损失率增长幅度减小。随着碳化反应的持续作用，水泥浆中的 C-S-H 凝胶会不断地转化成碳酸钙和硅胶，氢氧化钙也更多地转化为碳酸钙晶体，填充混凝土内部孔隙，改善混凝土内部界面过渡区，从而劈裂抗拉强度会有所升高，劈裂抗拉强度损失率也开始下降。随着碳化的继续进行，二氧化碳继续向混凝土内部扩散，而混凝土内可碳化物质越来越

少，则孔隙溶液中就会存在游离的二氧化碳，二氧化碳会促进碳酸钙溶解，并生成可溶的物质碳酸氢钙，随着碳酸氢钙溶液的流失，混凝土内部孔隙率增加，渗透性增强[112]；同时，C-S-H 凝胶反应生成的硅胶没有黏结性。所以，在碳化后期，混凝土劈裂抗拉强度呈下降趋势，劈裂抗拉强度损失率呈增长趋势。

由图 7.6 可知，在相同碳化龄期时，锂渣掺量为 40％的混凝土劈裂抗拉强度损失率最大，锂渣掺量为 20％的混凝土劈裂抗拉强度损失率次之，普通混凝土劈裂抗拉强度损失率最小。可见，在碳化作用下，锂渣掺量越大，混凝土的劈裂抗拉强度损失率越大。这是因为锂渣取代一部分水泥后会导致混凝土中的碱性物质氢氧化钙减少，并且锂渣会与氢氧化钙发生反应，从而进一步减少氢氧化钙的含量，降低了混凝土的碱储备量，所以锂渣掺量越大，混凝土内由氢氧化钙生成的碳酸钙晶体越少；而锂渣混凝土中 C-S-H 凝胶较多，但碳化反应生成的硅胶无黏结性，对混凝土的强度贡献小。因此，锂渣掺量越大，相同碳化龄期的混凝土劈裂抗拉强度损失率越大。

与普通混凝土相比，虽然锂渣掺量为 20％和 40％的混凝土劈裂抗拉强度损失率较大，但在整个碳化过程中，锂渣掺量为 20％和 40％的混凝土劈裂抗拉强度始终都高于普通混凝土。另外，在碳化前期，锂渣掺量为 40％的混凝土劈裂抗拉强度大于锂渣掺量为 20％的混凝土劈裂抗拉强度；在碳化中后期，锂渣掺量为 20％的混凝土劈裂抗拉强度与锂渣掺量为 40％的混凝土劈裂抗拉强度相当，而普通混凝土的劈裂抗拉强度始终最小。可见，在碳化前后锂渣混凝土的劈裂抗拉强度均优于普通混凝土。

7.3.4　锂渣混凝土的碳化深度

1. 碳化现象

各试件组在不同碳化龄期时的碳化深度如图 7.7 所示。图中依次列出了 T-0、T-20、T-40 试件组在 0 d、7 d、14 d、28 d 碳化深度的照片。T-0 试件组经 7 d 碳化后混凝土的碳化深度增长不明显，试件劈裂面上基本上呈红色；而经 14 d 碳化后，试件的四边均出现微小的白边，其碳化深度有了明显的增长；至 28 d 碳化龄期时，试件四周的白边变宽，碳化深度进一步增大。

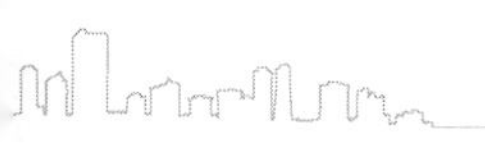

可见，普通混凝土在碳化早期的碳化深度增长较慢，碳化后期增长较快。

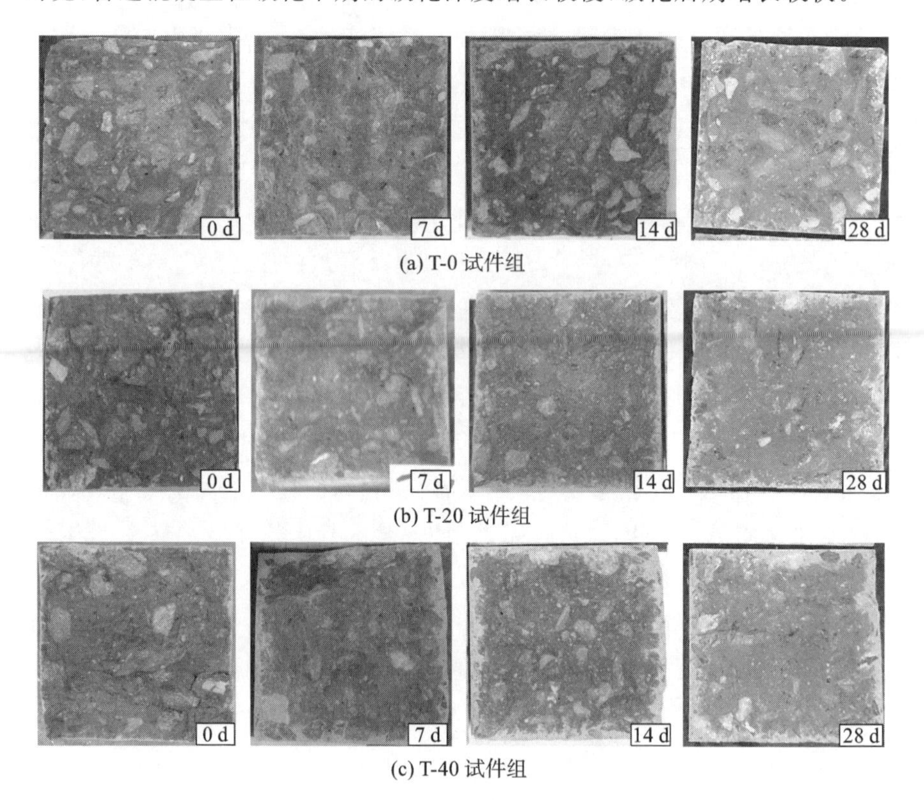

(a) T-0 试件组

(b) T-20 试件组

(c) T-40 试件组

图 7.7　各试件组在不同碳化龄期时的碳化深度

T-20 试件组经 7 d 碳化后混凝土的碳化深度有较明显的增长，试件四周出现微小的白边；经 14 d 碳化后，试件四周白边变得较为清晰，宽度略微增大；至 28 d 碳化龄期时，试件的碳化深度有所增长，试件四周白边宽度略微增大。可见，锂渣掺量为 20%的混凝土的碳化深度在碳化前期增长较快，在碳化后期增长缓慢。

T-40 试件组经 7 d 碳化后混凝土的碳化深度有较明显的增长，试件四周的白边宽度较大；经 14 d 碳化后，试件四周白边宽度与碳化 7 d 时的白边宽度相当，试件碳化深度略微增长；至 28 d 碳化龄期时，试件四周白边宽度变化不大，与经 14 d 碳化时的白边宽度相当。可见，碳化初期，锂渣掺量为 40%的混凝土的碳化深度迅速增长，随后碳化深度缓慢增长，最后趋于

稳定。

观察各组试件的 28 d 碳化深度照片可知，T-0 试件组的 28 d 碳化深度与 T-20 试件组相近，并且均小于 T-40 试件组的 28 d 碳化深度，所以在 28 d 碳化龄期时，锂渣掺量为 40％的混凝土的碳化深度最大。

2. 锂渣混凝土的碳化深度分析

不同锂渣掺量混凝土的碳化深度变化规律如图 7.8 所示。由图 7.8 可知，随着碳化龄期的增加，不同锂渣掺量混凝土的碳化深度均逐渐增大。在碳化初期，随着碳化龄期的增加，普通混凝土的碳化深度增长较慢，而锂渣掺量为 20％和 40％的混凝土碳化深度则增长迅速。随着碳化的继续进行，普通混凝土的碳化深度开始显著增长并趋于稳定，至 28 d 碳化龄期时，其碳化深度达 4.27 mm；而锂渣掺量为 20％和 40％的混凝土碳化深度增长速率则逐渐变缓，至 21 d 碳化龄期后，锂渣混凝土的碳化深度逐渐趋于稳定。可见，随着碳化龄期的增加，普通混凝土的碳化深度呈现先缓慢增长后迅速增长并逐渐趋于稳定的发展趋势；而锂渣混凝土的碳化深度则呈现先快速增长后缓慢增长并逐渐趋于稳定的发展趋势。因为锂渣掺入混凝土中，混凝土中的氢氧化钙含量减少，混凝土 pH 值降低，可碳化物质减少；同时，锂渣混凝土内有较多的未水化锂渣，并且锂渣吸水率很大，所以锂渣混凝土内的湿度相对较高，二氧化碳的扩散速率较慢，但二氧化碳能被迅速吸收发生碳化反应，所以，碳化初期锂渣混凝土的碳化深度增长迅速。而普通混凝土由于其内部氢氧化钙含量相对较多，可碳化物质较多；同时，普通混凝土内的

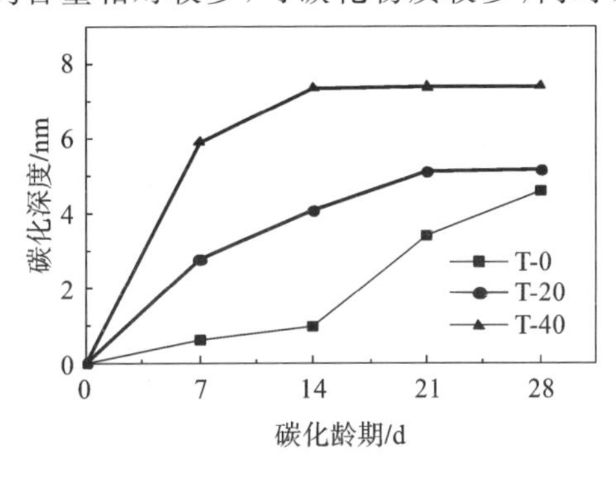

图 7.8　不同锂渣掺量混凝土的碳化深度变化规律

湿度相对较小，二氧化碳的扩散速率较快，但碳化反应速率很慢，所以碳化初期其碳化深度较小，碳化增长速率小于锂渣混凝土。随着碳化反应的进行，碳化作用生成的难溶解性产物逐渐增多，堵塞了混凝土内部的孔隙，使得二氧化碳较难进入混凝土中，二氧化碳扩散速率减慢，所以锂渣混凝土的碳化反应速率逐渐降低，碳化深度增长缓慢，逐渐趋于平缓。对于普通混凝土而言，随着二氧化碳的不断扩散，混凝土内二氧化碳浓度增大，使得碳化反应速率加快，当碳化反应速率赶上二氧化碳的扩散速率后，混凝土碳化深度快速增长。随着碳化反应的进行，碳化产物逐渐增多并堵塞混凝土内部的孔隙，使得二氧化碳较难进入混凝土中，二氧化碳扩散速率减慢，所以，碳化后期普通混凝土的碳化反应速率加快，碳化深度增长迅速；随后碳化反应速率减慢，碳化深度逐渐趋于稳定。

由图 7.8 可知，锂渣掺量为 40％的混凝土各个龄期的碳化深度均大于锂渣掺量为 20％的混凝土和普通混凝土的碳化深度，即随着锂渣掺量的增大，混凝土的碳化深度随之增长。因为锂渣取代部分水泥制备混凝土，会减少混凝土中碱性物质氢氧化钙的含量；同时锂渣的二次水化反应也会消耗氢氧化钙，所以混凝土的碱性储备降低，可碳化物质减少，致使混凝土的抗碳化性能变差[127]。因此，锂渣掺量越大，混凝土的抗碳化性能越差。然而，在 28 d 碳化龄期时，普通混凝土的碳化深度基本上与锂渣掺量为 20％的混凝土碳化深度相同。虽然锂渣掺量为 40％的混凝土碳化深度大于锂渣掺量为 20％的混凝土和普通混凝土，但其 28 d 碳化深度仅为 7.38 mm，也远小于一般结构设计中钢筋混凝土的保护层厚度，并且其碳化深度后期发展稳定，所以锂渣掺量为 40％的混凝土具有一定的抗碳化性能。但应注意，在抗碳化性能要求严格的工程中，锂渣掺量不宜过大，应小于 40％。

7.3.5 机理分析

不同锂渣掺量的混凝土经 28 d 碳化作用后，分别利用其劈裂抗拉试件制取扫描电镜试样，在试件表面 10 mm 厚的混凝土上进行取样，将试件外表面(已碳化)作为观察面，然后对试件内部的形貌和水化产物等进行观察分析。

图 7.9 为 28 d 碳化作用后 T-0 试件组的微观结构。由图 7.9 可知，普通混凝土试件经 28 d 碳化作用后，内部整体结构[图 7.9(a)]较致密，存在少

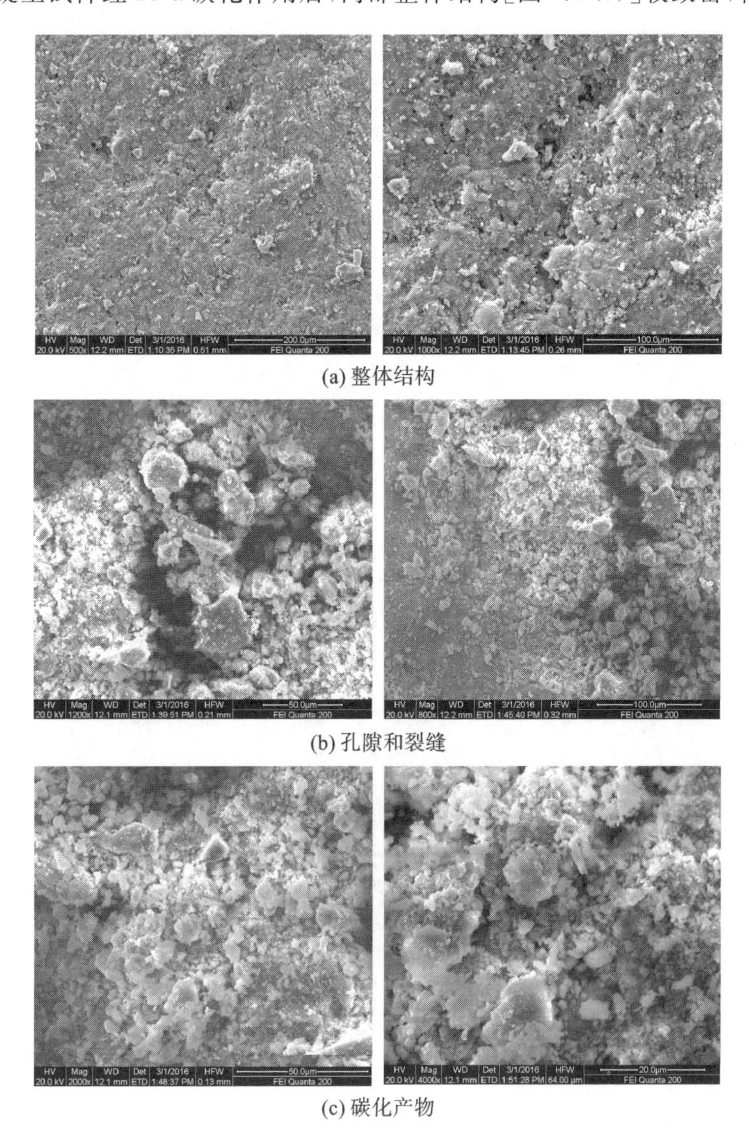

(a) 整体结构

(b) 孔隙和裂缝

(c) 碳化产物

图 7.9　28 d 碳化作用后 T-0 试件组的微观结构

量的孔隙和裂缝；将孔隙和裂缝放大[图 7.9(b)]后观察到，孔隙较大且孔隙间相互贯通，在孔隙的四周及孔隙中有碳化产物填充；观察图 7.9(c)可知，碳化产物有絮团状的硅胶。由于普通混凝土中氢氧化钙含量较高、湿度低，并且碳化产物碳酸钙覆盖在氢氧化钙颗粒表面，对氢氧化钙的碳化产生阻碍作用，导致氢氧化钙未完全碳化，从而生成的碳化产物较少，不能充分填满混凝土内部孔隙，造成混凝土孔隙率较大、密实性较差。在宏观上表现为质量增长率小、劈裂抗拉强度低和碳化深度相对较小。

图 7.10 为 28 d 碳化作用后 T-20 试件组的微观结构。由图 7.10 可知，锂渣掺量为 20%的混凝土试件经 28 d 碳化作用后，内部整体结构[图 7.10(a)]较致密，存在少量孔隙和凹槽，孔隙尺寸相对较小，在混凝土内部相互分散并且不连通；将孔隙继续放大后观察到，基本上没有六方板状的氢氧化钙

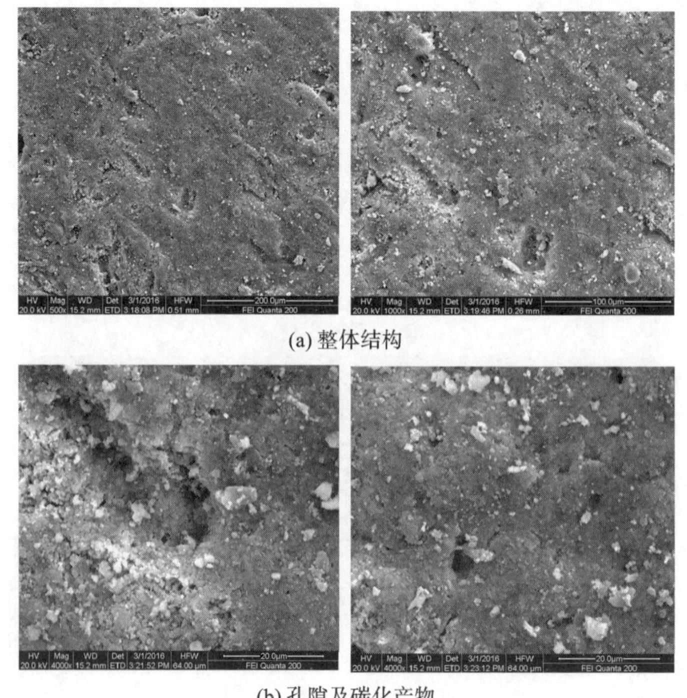

(a) 整体结构

(b) 孔隙及碳化产物

图 7.10　28 d 碳化作用后 T-20 试件组的微观结构

存在。因为锂渣部分替代水泥，使得氢氧化钙的含量减少。C-S-H凝胶能与二氧化碳发生反应，生成的碳酸钙晶体和无黏结性的硅胶能填充混凝土孔隙、减小混凝土的孔隙率。所以，28 d碳化作用后锂渣掺量为20%的混凝土孔隙率较小，有较好的密实性，但内部黏结性较低。在宏观上表现为质量增长率较大、劈裂抗拉强度损失率较大和碳化深度较大。

图7.11为28 d碳化作用后T-40试件组的微观结构。由图7.11可知，锂渣掺量为40%的混凝土试件经28 d碳化作用后，内部整体结构[图7.11(a)]均匀、致密，没有较大的孔隙存在，但存在一个非常致密的界面过渡区将两侧基体连接起来。将过渡区及其周边放大后可观察到，过渡区及周边有大量的球粒状和絮团状反应产物生成。碳化前，锂渣掺量为40%的混凝土内部存在许多大孔隙和未水化的锂渣颗粒，经28 d碳化作用后大量的碳化产物填充在孔隙中，形成了一个致密的过渡区将混凝土基体紧密地连接起来，使混凝土内部结构均匀、致密。所以，28 d碳化作用后锂渣掺量为40%的混凝土孔隙率小、密实度高，但内部黏结性低。在宏观上表现为质量增长率大、劈裂抗拉强度损失率大和碳化深度大。

通过对T-0、T-20和T-40试件组的微观结构分析可知，锂渣混凝土经28 d碳化作用后，生成的碳化产物较多，混凝土的密实度升高、孔隙率减小，但锂渣混凝土内部的黏结性较小，劈裂抗拉强度损失率较大，碳化深度较大。所以，锂渣掺入混凝土，不利于混凝土的抗碳化性能。

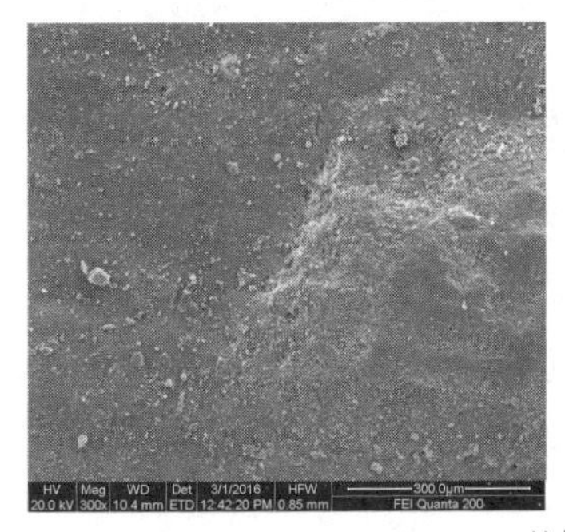

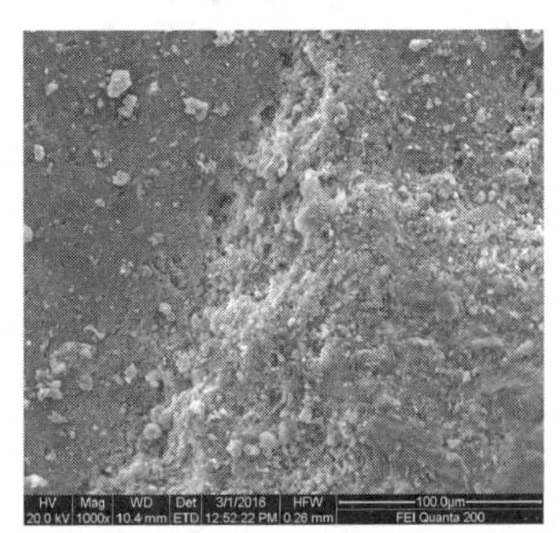

(a) 整体结构

图7.11　28 d碳化作用后T-40试件组的微观结构

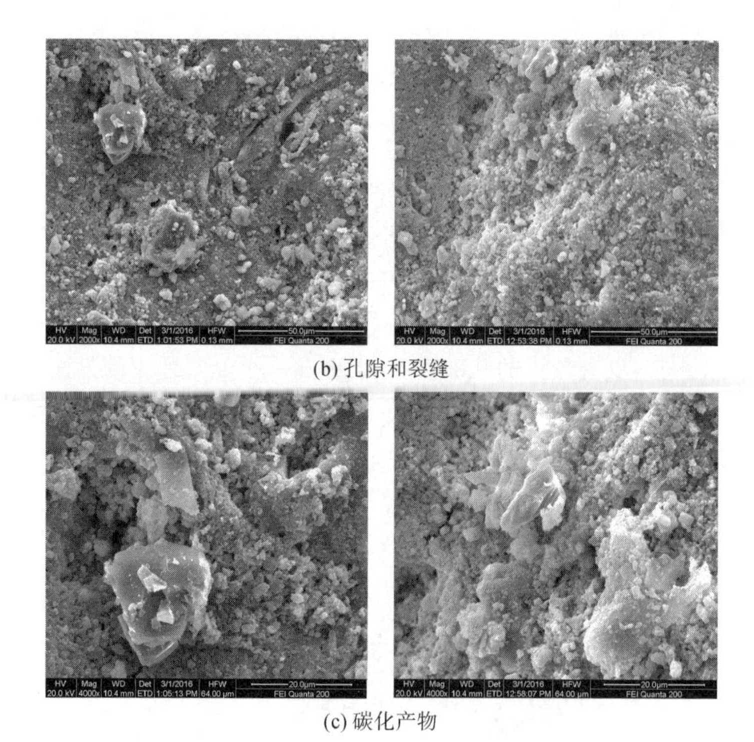

(b) 孔隙和裂缝

(c) 碳化产物

续图 7.11

7.4 本章小结

通过室内快速碳化试验研究碳化龄期和锂渣掺量对混凝土抗碳化性能的影响，主要分析不同影响因素下混凝土的质量、动弹性模量、劈裂抗拉强度和碳化深度的变化规律。通过试验研究，得到以下结论。

(1) 碳化龄期对混凝土的质量和动弹性模量有一定的影响；随着碳化龄期的增加，混凝土的质量增长速率和相对动弹性模量增长速率都是先增大后减小。碳化龄期对混凝土的劈裂抗拉强度影响较大；混凝土的劈裂抗拉强度随碳化龄期的增加总体呈下降趋势。碳化龄期对混凝土的碳化深度有一定影响，普通混凝土和锂渣混凝土的碳化深度在碳化初期和中期均呈增长趋势，在碳化后期都会逐渐趋于稳定。

(2) 碳化作用下，锂渣掺量对混凝土质量和动弹性模量的影响较大；锂渣掺量越大，混凝土的质量增长率越大，混凝土的动弹性模量和相对动弹性模量越小。锂渣掺量对碳化作用下混凝土的劈裂抗拉强度有一定影响，相同碳化龄期下，锂渣掺量越大混凝土劈拉强度损失率越大；但在碳化前后锂渣混凝土的劈裂抗拉强度均优于普通混凝土。锂渣掺入混凝土中，混凝土的碳化深度会随锂渣掺量的增加而增大。但锂渣掺量为 40% 的混凝土 28 d 碳化深度仅为 7.38 mm，也远小于一般结构设计中钢筋混凝土的保护层厚度，并且其碳化深度后期发展稳定，所以锂渣掺量为 40% 的混凝土具有一定的抗碳化性能。在抗碳化性能要求严格的工程中，锂渣掺量不宜过大，应小于 40%。

第8章　模拟酸雨腐蚀作用下锂渣混凝土的耐久性

随着社会的快速发展，化石燃料的消耗逐年增加，SO_x 和 NO_x 等酸性气体的排放量也日益增多，这些气体通过雨、雾和雪等形态形成 pH 值小于5.6的大气降水称为酸雨。酸雨有“空中杀手”之称，酸雨污染会对水质、土地、人体、建筑物、机械和市政设施等造成危害，酸雨也已发展成国际性的环境问题。我国以燃煤为主要能源，酸雨问题十分突出。我国酸雨主要是硫酸型酸雨，集中在长江以南的华中、西南、华南和华东四大区域，长江中下游以南地区的地面降水年均 pH 值小于 4.5 的地区占 50%以上。而以长沙、吉首、南昌等城市为中心的华中酸雨污染区，是我国酸雨污染最严重的区域。江西在全国酸雨污染最严重的地区之列，pH 值最小为 2.33，历年各季节 pH 值均值最小为 3.46，近年来降雨 pH 值小于 5.0 的比例高达 86%。

目前，国内外学者在酸雨对普通混凝土性能的影响方面已经进行了大量的研究，初步形成了普通混凝土的酸雨腐蚀机理、中性化深度预测模型等，但对掺加锂渣的混凝土的抗酸雨腐蚀性能的研究尚少，又因锂渣具有火山灰活性，能改善混凝土的内部结构，所以认识和了解锂渣抗酸雨腐蚀性能非常必要，也为探寻混凝土抗酸雨腐蚀措施开辟新途径。因此，本章以江西酸雨情况为参考，配制模拟酸雨，开展锂渣混凝土模拟酸雨腐蚀试验；从外观、质量、抗压强度及中性化深度等方面讨论不同锂渣掺量、不同 pH 值、不同 SO_4^{2-} 浓度的模拟酸雨腐蚀后锂渣混凝土性能的变化规律；并对腐蚀后的混凝土试件进行扫描电镜试验，对模拟酸雨腐蚀作用下锂渣混凝土的内部损伤进行微观分析，对照宏观现象进行相应的分析。

8.1　混凝土酸雨腐蚀机理

酸雨腐蚀是酸雨中含有的大量 H^+ 与混凝土中的水化产物发生反应生成盐和水，从而降低混凝土的 pH 值的中性化过程。酸雨腐蚀混凝土的过程可概括如下。

混凝土遭受酸雨腐蚀时，首先在混凝土表层发生中性化反应，主要的中性化反应方程为式(8.1)：

$$Ca(OH)_2+2H^+ \rightarrow Ca^{2+}+2H_2O \tag{8.1}$$

酸雨中的 H^+ 和 SO_4^{2-} 通过孔隙扩散到混凝土内部，在混凝土内部，H^+ 除了与氢氧化钙发生反应外，还与 C-S-H 等水化产物发生反应，替换出 Ca^{2+}，还可反应生成石膏等产物。主要的反应方程为式(8.2)和式(8.3)：

$$\begin{aligned} & x_1 CaO \cdot ySiO_2 \cdot z_1 H_2O+2(x_1-x_2)H^+ \rightarrow (x_1-x_2)Ca^{2+} \\ & +x_2 CaO \cdot ySiO_2 \cdot z_2 H_2O+(x_1+z_1-x_2-z_2)H_2O \end{aligned} \tag{8.2}$$

$$Ca^{2+}+SO_4^{2-}+2H_2O \rightarrow CaSO_4 \cdot 2H_2O \tag{8.3}$$

质量相同时，石膏的体积是氢氧化钙体积的2.24倍，可以堵塞混凝土孔隙，同时 Ca^{2+} 溶出也可以减缓氢氧化钙的溶解，从而共同减缓混凝土中性化反应。

8.2　配制模拟酸雨

中国境内的酸雨是以硫酸型酸雨为主，酸雨中的腐蚀介质含有 Ca^{2+}、$NH_4{}^+$、Mg^{2+}、H^+、SO_4^{2-} 和 NO_3^- 等。采用硫酸铵、硫酸镁、硫酸钠分析纯试剂，浓硝酸和水，模拟出同时含有 $NH_4{}^+$、Mg^{2+}、Na^+、H^+、SO_4^{2-} 和 NO_3^- 的硫酸型酸雨；用硝酸调节 pH 值，硫酸钠调节 SO_4^{2-} 浓度。模拟酸雨的 pH 值和 SO_4^{2-} 浓度的取值以文献[128](pH 值为2.0，SO_4^{2-} 浓度为0.01 mol/L)为参考，结合江西酸雨特征(pH 值最小为2.33，历年各季节 pH 值均值最小为

3.46)，最终选取 SO_4^{2-} 浓度为 0.01 mol/L 和 0.06 mol/L，pH 值为 2.5 和 3.5。模拟酸雨的主要离子成分见表 8.1。

表 8.1 模拟酸雨的主要离子成分 单位：mol/L

酸雨类型	Mg^{2+}	NH_4^+	Na^+	SO_4^{2-}
1	0.002	0.002	0.014	0.010
2	0.002	0.002	0.114	0.060

8.3 试验概况

8.3.1 配合比及试件分组

模拟酸雨试验考虑锂渣掺量为 0%、20%和 40%的三种混凝土，锂渣等量取代水泥，锂渣掺量以其占胶凝材料的质量分数计。各种混凝土的配合比及基本性能见表 6.1。

本次试验的模拟酸雨腐蚀溶液的 SO_4^{2-} 浓度为 0.01 mol/L 和 0.06 mol/L，pH 值为 2.5 和 3.5。设计 3 种模拟酸雨环境：①pH＝2.5，SO_4^{2-} 浓度为 0.01 mol/L；②pH＝3.5，SO_4^{2-} 浓度为 0.01 mol/L；③pH＝2.5，SO_4^{2-} 浓度为 0.06 mol/L。试验的喷淋周期设计为 20 d、40 d、60 d、80 d 和 100 d。本试验设计了 5 组共 15 个尺寸为 100 mm×100 mm×400 mm 的棱柱体试件，测定不同模拟酸雨腐蚀龄期时各组试件的中性化深度；设计了 25 组 75 个尺寸 100 mm×100 mm×100 mm 的立方体试件，测定不同模拟酸雨腐蚀龄期时各组试件的质量和抗压强度，其中将每种腐蚀情况下，用于测定腐蚀龄期为 100 d 强度的立方体试件作为质量测定试件。具体试件的设计与分组见表 8.2。本试验以锂渣掺量为 20%的混凝土为例，探索酸雨的 pH 值和 SO_4^{2-} 浓度对锂渣混凝土性能的影响。表 8.2 中各试验组分别用编号 Sn-x 表示，其中 S 指模拟酸雨腐蚀作用，n 表示不同腐蚀情况的代号，x 表示锂渣掺量。如 S1-20 表示第一种模拟酸雨腐蚀情况下，锂渣掺量为 20%的混凝土试件组。

表 8.2　试件的设计与分组

<table>
<tr><th rowspan="2">类型</th><th rowspan="2">编号</th><th rowspan="2">pH</th><th rowspan="2">SO_4^{2-}浓度/(mol/L)</th><th rowspan="2">锂渣掺量/(%)</th><th rowspan="2">试件尺寸/mm×mm×mm</th><th colspan="5">试件数量/个</th><th rowspan="2">测定内容</th><th rowspan="2">养护龄期</th></tr>
<tr><th>20 d</th><th>40 d</th><th>60 d</th><th>80 d</th><th>100 d</th></tr>
<tr><td rowspan="5">中性化试件</td><td>S1-0</td><td>2.5</td><td>0.01</td><td>0</td><td rowspan="5">100×100×400</td><td colspan="5">3</td><td rowspan="5">测定不同模拟酸雨腐蚀龄期时各组试件的中性化深度</td><td rowspan="10">110 d（30 d 标准养护+80 d 自然养护）</td></tr>
<tr><td>S1-20</td><td>2.5</td><td>0.01</td><td>20</td><td colspan="5">3</td></tr>
<tr><td>S1-40</td><td>2.5</td><td>0.01</td><td>40</td><td colspan="5">3</td></tr>
<tr><td>S2-20</td><td>3.5</td><td>0.01</td><td>20</td><td colspan="5">3</td></tr>
<tr><td>S3-20</td><td>2.5</td><td>0.06</td><td>20</td><td colspan="5">3</td></tr>
<tr><td rowspan="5">质量和抗压强度试件</td><td>S1-0</td><td>2.5</td><td>0.01</td><td>0</td><td rowspan="5">100×100×100</td><td>3</td><td>3</td><td>3</td><td>3</td><td>3</td><td rowspan="5">测定不同模拟酸雨腐蚀龄期时各组试件的质量和抗压强度。质量测定周期为 0、10、20、30、40、50、60、70、80、90、100 d</td></tr>
<tr><td>S1-20</td><td>2.5</td><td>0.01</td><td>20</td><td>3</td><td>3</td><td>3</td><td>3</td><td>3</td></tr>
<tr><td>S1-40</td><td>2.5</td><td>0.01</td><td>40</td><td>3</td><td>3</td><td>3</td><td>3</td><td>3</td></tr>
<tr><td>S2-20</td><td>3.5</td><td>0.01</td><td>20</td><td>3</td><td>3</td><td>3</td><td>3</td><td>3</td></tr>
<tr><td>S3-20</td><td>2.5</td><td>0.06</td><td>20</td><td>3</td><td>3</td><td>3</td><td>3</td><td>3</td></tr>
</table>

8.3.2　试验方法

目前，模拟酸雨腐蚀的试验方法有很多种，如长期浸泡、周期浸泡、喷淋试验以及天然暴露试验等。本试验采用干湿交替的喷淋循环方式，试验设备采用自主设计的模拟酸雨喷淋装置，试验装置如图 8.1 所示。模拟酸雨腐蚀试验的干湿交替喷淋试验方法：以“先喷淋 4 h，再静置通风 4 h”为 1 个循环，每天 3 个循环，喷淋 7 d 后更换 1 次溶液，每次喷淋开始前用酸度计调节溶液酸度，至设计的腐蚀龄期时测定试件的质量、抗压强度和中性化深度。

模拟酸雨腐蚀试验中，试件质量测定方法：试验前测定试件的初始质量，至设计的腐蚀龄期时，将试件从喷淋室中取出晾干，然后称取试件在相应腐蚀龄期的质量。3 个试样的平均质量是一组试样的质量。

混凝土中性化深度测定方法。

图 8.1　模拟酸雨喷淋装置

(1) 首先在试件侧面上画出垂直于成型面的间隔距离为 10 mm 的平行线，以此作为中性化深度的预测点。

(2) 在模拟酸雨腐蚀时间为 20、40、60、80、100 d 时各取出一组尺寸为 100 mm×100 mm×400 mm 的棱柱体试件，破型测定中性化深度。破型切割厚度为边长长度的一半。

(3) 清除试件断面上的残余杂质，经清洗烘干后喷洒 1%浓度的酚酞酒精溶液。大约 30 s 后，根据原始标记每 10 mm 测点用游标卡尺测量中性化深度。若某测点处的中性化界线上刚好有粗骨料颗粒，以该粗骨料双侧中性化深度的平均值作为该测点的深度值，中性化深度平均值精确至0.1 mm。

8.3.3　评价指标

1. 质量损失率

每到模拟酸雨腐蚀龄期后，将试件从喷淋室取出，晾干后测定每个试件的质量，计算其质量损失率。单个试件的质量损失率按式(8.4)进行计算，用 3 个试件的质量损失率的平均值作为一组混凝土试件模拟酸雨腐蚀后的质量损失率。

$$\Delta W_{N,i} = \frac{W_{0,i} - W_{N,i}}{W_{0,i}} \times 100\% \tag{8.4}$$

式中，$\Delta W_{N,i}$——第 i 个混凝土试件经 N 天模拟酸雨腐蚀后的质量损失率(%)；

$W_{0,i}$——第 i 个混凝土试件在模拟酸雨腐蚀前的质量(g)；

$W_{N,i}$——第 i 个混凝土试件在模拟酸雨腐蚀 N 天后的质量(g)。

2. 抗压强度损失率

每到模拟酸雨腐蚀龄期后，将试件从喷淋室取出，晾干后测定其抗压强度，并用 3 个试件的抗压强度损失率的平均值作为一组混凝土试件的抗压强度损失率。不同模拟酸雨腐蚀龄期后，单个混凝土试件的抗压强度损失率按式(8.5)计算：

$$\Delta f_{c,N,i} = \frac{f_{c,0,i} - f_{c,N,i}}{f_{c,0,i}} \times 100\% \tag{8.5}$$

式中，$\Delta f_{c,N,i}$——第 i 个混凝土试件在模拟酸雨腐蚀 N 天后的抗压强度损失率(%)；

$f_{c,0,i}$——第 i 个混凝土试件在模拟酸雨腐蚀前的抗压强度测定值(MPa)；

$f_{c,N,i}$——第 i 个混凝土试件在模拟酸雨腐蚀 N 天后的抗压强度测定值(MPa)。

3. 中性化深度

每到模拟酸雨腐蚀龄期后，从喷淋室中各取出一组尺寸为 100 mm×100 mm×400 mm 的棱柱体试件，破型测定其中性化深度，并用 3 个试件的中性化深度的平均值作为一组混凝土试件模拟酸雨腐蚀后的中性化深度。在不同模拟酸雨腐蚀龄期后，单个试件的平均中性化深度按式(8.6)计算：

$$\overline{d_{N,i}} = \frac{1}{m}\sum_{j=1}^{m} d_{i,j} \tag{8.6}$$

式中，$\overline{d_{N,i}}$——第 i 个试件经 N 天模拟酸雨腐蚀后的平均中性化深度(mm)；

$d_{i,j}$——第 i 个试件上第 j 个测点的中性化深度(mm)；

m——测点总数。

8.4 模拟酸雨腐蚀作用下混凝土的表现与机理

8.4.1 锂渣混凝土的外观变化

1. 锂渣掺量对混凝土外观损伤的影响

S1 类模拟酸雨腐蚀作用下，不同锂渣掺量混凝土试件的外观如图 8.2 所示。由图 8.2 可看出，随着模拟酸雨腐蚀龄期的增加，各组锂渣混凝土试件变化明显。

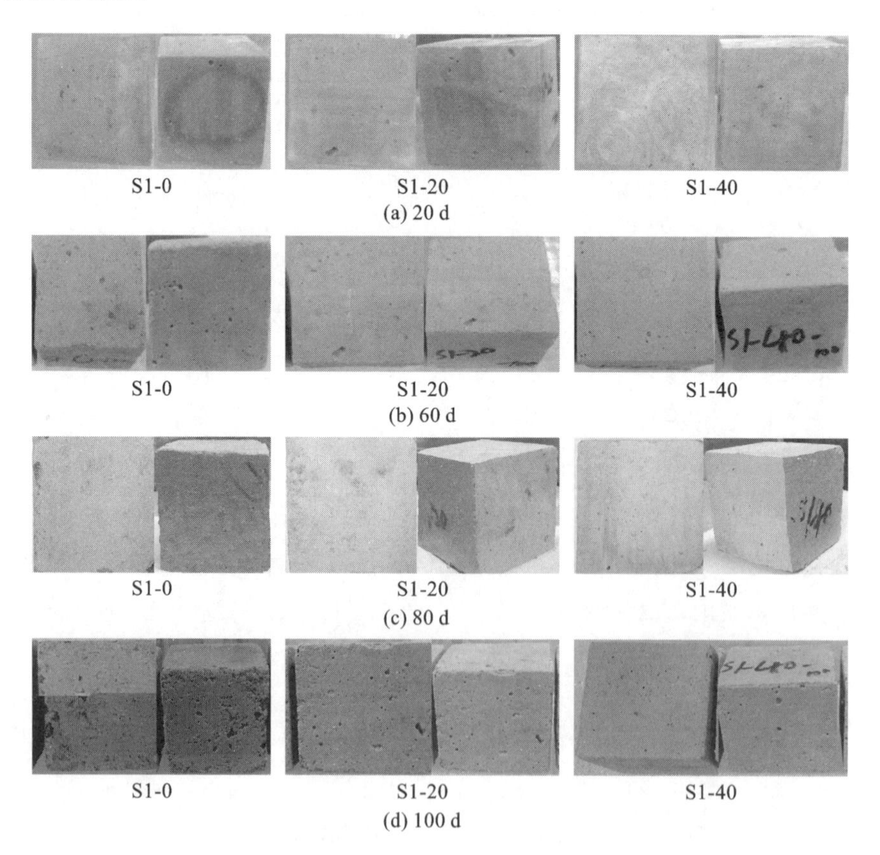

图 8.2 S1 类模拟酸雨腐蚀作用下，不同锂渣掺量混凝土试件的外观

随着模拟酸雨腐蚀龄期的增加，S1-0 组混凝土试件表面由原始的灰黑色快速变成白色，随后白色渐渐退去，表面逐渐加深变成灰色，然后变成黄色，直至最后变成深黄色。模拟酸雨腐蚀至 60 d 时，S1-0 组混凝土试件表面砂浆出现轻微的脱落，当模拟酸雨腐蚀龄期为 100 d 时，试件表面形成许多小坑，骨料外露，试件的四周及边角的混凝土脱落严重。

随着模拟酸雨腐蚀龄期的增加，S1-20 组和 S1-40 组混凝土试件表面也从最初的灰黑色变成白色；随着腐蚀龄期的增加，试件表面逐渐变成灰色，然后变成黄色，直至最后变成深黄色，但是其表面颜色整体上比普通混凝土白。当模拟酸雨腐蚀龄期为 100 d 时，S1-20 组和 S1-40 组锂渣混凝土试件表面有少量的砂浆脱落，但只呈现麻面和坑蚀孔洞现象，没有出现严重的剥落现象。可见，在同种模拟酸雨腐蚀作用下，混凝土中掺入锂渣能减轻混凝土的外观损伤。

2. 模拟酸雨溶液 pH 值对混凝土外观损伤的影响

S2 类模拟酸雨腐蚀作用下，锂渣掺量为 20％的混凝土试件的外观如图 8.3 所示。在 S2 类模拟酸雨腐蚀作用下，锂渣掺量为 20％的混凝土试件表面由原始的灰黑色先变成白色，然后逐渐变黄，直至最后变为深黄色。至 100 d 腐蚀龄期时，混凝土试件基本完好无损，仅试件表面水泥浆被腐蚀、砂

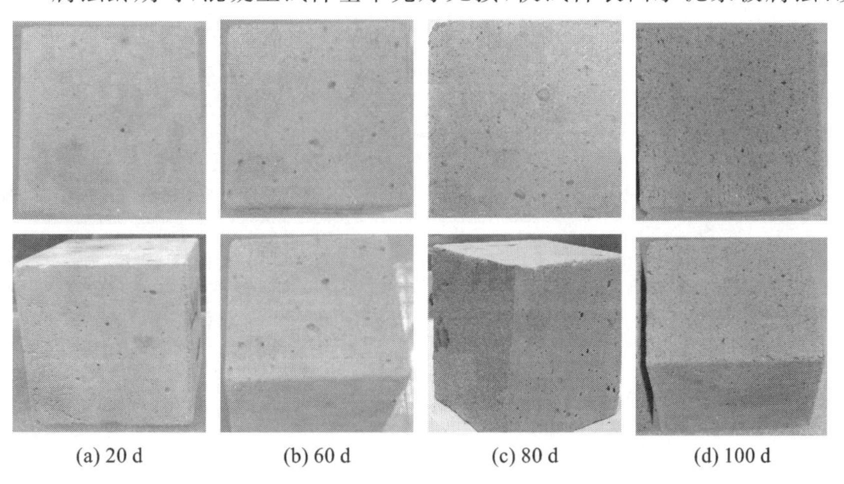

(a) 20 d　(b) 60 d　(c) 80 d　(d) 100 d

图 8.3　S2 类模拟酸雨腐蚀作用下，锂渣掺量为 20％的混凝土试件的外观

粒外露，出现麻面和少量的小孔。而图 8.2 中的 S1-20 组试件，腐蚀后期试件表面的孔洞多且大，表面腐蚀层较松软、易脱落。所以，S1-20 组试件的外观损伤比 S2-20 组试件严重。可见，当模拟酸雨溶液中 SO_4^{2-} 浓度相同时，溶液的 pH 值越小，锂渣混凝土试件表面脱落越严重、孔洞越大，试件的外观损伤越严重。

3. 模拟酸雨溶液 SO_4^{2-} 浓度对混凝土外观损伤的影响

S3 类模拟酸雨腐蚀作用下，锂渣掺量为 20%的混凝土试件的外观如图 8.4 所示。锂渣掺量为 20%的混凝土在 S3 类模拟酸雨腐蚀作用下，混凝土试件表面变化明显，腐蚀程度严重。随着模拟酸雨腐蚀龄期的增加，S3-20 组试件表面快速变成灰色，灰色逐渐退去后变成白色，然后变成深黄色，直至最后变成浅黄色。当模拟酸雨腐蚀龄期为 60 d 时，混凝土试件表面砂浆出现少量脱落；至 80 d 腐蚀龄期时，混凝土试件表面疏松，粗骨料外露，腐蚀层易剥落。当模拟酸雨腐蚀龄期为 100 d 时，混凝土试件表面粗糙、砂浆脱落严重，大量粗骨料外露，混凝土尺寸减小。与图 8.2 中的 S1-20 组试件相比，S3-20 组试件的外观损伤更严重。可见，当模拟酸雨溶液 pH 值相同时，溶液的 SO_4^{2-} 浓度越大，锂渣混凝土试件表面越粗糙、疏松，脱落现象越严重。

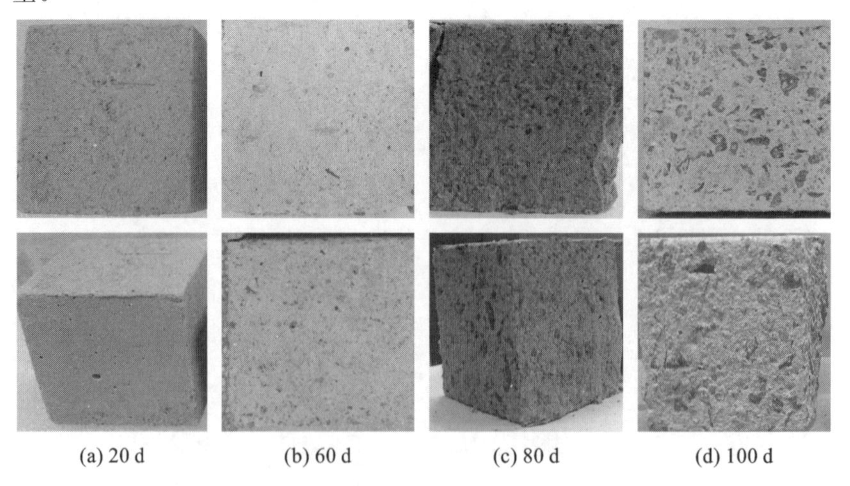

图 8.4　S3 类模拟酸雨腐蚀作用下，锂渣掺量为 20%的混凝土试件的外观

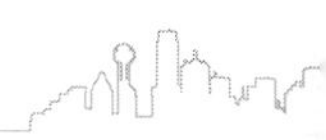

8.4.2　锂渣混凝土的质量变化规律

1. 锂渣掺量对混凝土质量变化的影响及机理分析

S1 类模拟酸雨腐蚀作用下，不同锂渣掺量混凝土的质量变化规律如图 8.5 所示。由图 8.5 可知，随着模拟酸雨腐蚀龄期的增加，各锂渣掺量混凝土的质量逐渐减小，变化曲线呈阶梯式下降，即模拟酸雨腐蚀初期，混凝土试件质量变化非常微小或没有变化，达到某一腐蚀龄期后，混凝土质量开始下降；随后混凝土试件的质量变化再次减缓，经过一段时间腐蚀后，又再次开始下降，并以此往复。在此，将试件质量变化缓慢的阶段称为平直段，而质量下降的阶段称为下降段。其中平直段是一个动态平衡的过程，H^+ 的酸侵蚀必定会使得试件质量减小，而胶凝材料的持续水化作用则会促使试件质量增大，此消彼长从而达到一个平衡[129]。S1 类模拟酸雨的 pH 值较小，属于强酸，该类模拟酸雨腐蚀环境下 H^+ 起主要作用[128, 130]。在酸雨腐蚀环境中，H^+ 会与混凝土中的水化产物发生反应，使得 Ca^{2+} 溶出，混凝土发生溶蚀，所以混凝土质量逐渐降低。

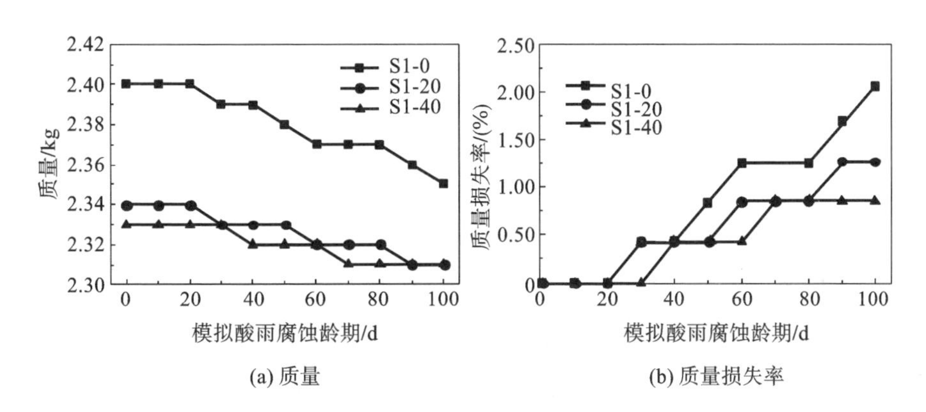

图 8.5　S1 类模拟酸雨腐蚀作用下，不同锂渣掺量混凝土的质量变化规律

又由图 8.5 可知，在相同的模拟酸雨环境中，S1-0 组混凝土的质量下降较大，其质量损失率大于 S1-20 组和 S1-40 组混凝土。在相同的腐蚀龄期段内，锂渣掺量越大，混凝土的质量损失越少。同时，锂渣掺量越大，混凝土质量变化曲线下降段的起始点越往后移。可见，锂渣掺量越大，混凝土试件的质量损失率越小，质量损失速率也越低，试件发生剥落的时间也越晚。这说明锂渣掺入混凝土中，可以有效降低酸雨腐蚀作用对混凝土的外观损伤。酸雨腐蚀是一个由表及里且缓慢的过程，酸雨溶液中 H^+ 首先与混凝土表面的氢氧化钙发生反应，并溶出 Ca^{2+}。普通混凝土内含有大量的氢氧化钙，锂渣混凝土内碱性水化产物较少。所以在腐蚀初期，普通混凝土反应剧烈。而随着酸雨腐蚀时间的延长，H^+ 和 SO_4^{2-} 通过孔隙逐渐向混凝土内部扩散，锂渣混凝土内部结构较致密，阻碍了 H^+ 和 SO_4^{2-} 的渗透，使得锂渣混凝土的中性化速度变慢。所以，在酸雨腐蚀作用下，锂渣混凝土的外观损伤小于普通混凝土。

2. 模拟酸雨溶液 pH 值对混凝土质量变化的影响及机理分析

不同 pH 值的模拟酸雨腐蚀作用下，锂渣混凝土的质量变化规律如图 8.6 所示。由图 8.6 可知，当模拟酸雨溶液的 SO_4^{2-} 浓度(0.01 mol/L)相同时，锂渣掺量为 20%的混凝土试件在 pH=2.5 和 pH=3.5 的模拟酸雨溶液中的质量变化趋势相似。在模拟酸雨腐蚀初期，两组试件的质量变化均十分缓慢，质量曲线呈水平直线发展；模拟酸雨腐蚀 20 d 后，S1-20 组试件质量开始下降，S2-20 组试件的质量仍然变化缓慢呈水平直线状态。至模拟酸雨腐蚀 30 d 时，两组试件的质量变化曲线相交；随着模拟酸雨腐蚀龄期的增

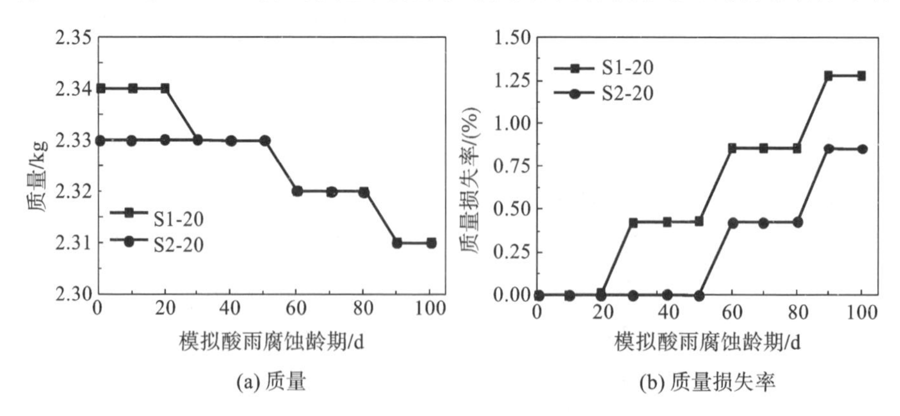

(a) 质量　　(b) 质量损失率

图 8.6　不同 pH 值的模拟酸雨腐蚀作用下，锂渣混凝土的质量变化规律

加，两组试件的质量变化曲线重合，其质量以相同的变化趋势逐渐降低。可见，这两种试验条件下锂渣混凝土的质量变化趋势相似，但在 pH＝3.5 的模拟酸雨溶液中，锂渣混凝土试件的质量出现下降的时间有所推迟，试件表面出现剥蚀的时间延后。另外，在相同 SO_4^{2-} 浓度的模拟酸雨腐蚀作用下，S1-20 组试件的质量损失率大于 S2-20 组试件。所以，当模拟酸雨溶液中 SO_4^{2-} 浓度相同时，模拟酸雨溶液 pH 值越小，锂渣混凝土试件的质量损失率越大，混凝土试件表面发生剥蚀的时间越早。这是因为 pH 值越小，H^+ 浓度越大，而 H^+ 浓度越大，H^+ 的酸侵蚀反应也会越快，相应地，混凝土表面出现剥蚀损伤的时间也越早。随着 H^+ 的酸侵蚀损伤的不断积累，混凝土内部孔隙逐渐增多，内部结构逐渐疏松，致使后期混凝土质量下降明显。

3. 模拟酸雨溶液 SO_4^{2-} 浓度对混凝土质量变化的影响及机理分析

不同 SO_4^{2-} 浓度的模拟酸雨腐蚀作用下，锂渣混凝土的质量变化规律如图 8.7 所示。由图 8.7 可知，在 S3 类模拟酸雨溶液中，锂渣掺量为 20％的混凝土试件的质量随着模拟酸雨腐蚀龄期的增加而快速下降。至 100 d 模拟酸雨腐蚀龄期时，其质量损失率约为 5％，其质量损失率远大于 S1-20 组试件，是 S1-20 组试件质量损失率的 4～5 倍。可见，当模拟酸雨溶液的 pH 值相同时，模拟酸雨的 SO_4^{2-} 浓度越大，锂渣混凝土的质量损失越严重。这是因为酸雨中的 SO_4^{2-} 能够与水泥水化产物反应，生成膨胀性产物。SO_4^{2-} 浓度越大，生成的膨胀性产物越多。这些膨胀性产物可以堵塞混凝土孔隙，阻止 H^+ 和 SO_4^{2-} 向混凝土内部扩散。所以在酸雨腐蚀初期，锂渣混凝土的质量基本没有下降，呈水平直线发展。随着腐蚀龄期的增加，混凝土孔隙中的膨胀性产物增多，使得混凝土出现拉应力，当拉应力超过混凝土材料的抗拉强度时，混凝土就会开裂，而裂缝又为 H^+ 和 SO_4^{2-} 提供了新的扩散通道。

综上所述，SO_4^{2-} 浓度越大，生成的膨胀性产物越多，混凝土裂缝也越宽。裂缝变宽使得混凝土反应生成的可溶性盐类数量大量增加，从而导致混凝土质量快速下降。

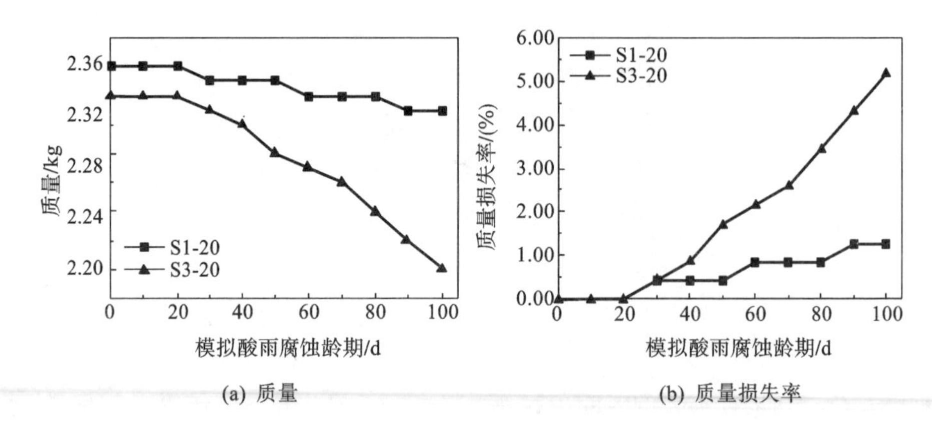

(a) 质量 (b) 质量损失率

图 8.7 不同 SO_4^{2-} 浓度的模拟酸雨腐蚀作用下，锂渣混凝土的质量变化规律

8.4.3 锂渣混凝土的抗压强度变化规律

1. 锂渣掺量对混凝土抗压强度的影响

S1 类模拟酸雨腐蚀作用下，不同锂渣掺量混凝土的抗压强度变化规律如图 8.8 所示。由图 8.8 可知，随着模拟酸雨腐蚀龄期的增加，不同锂渣掺量混凝土的抗压强度表现出先迅速下降而后再有波动地缓慢下降的规律，总体上呈下降趋势。

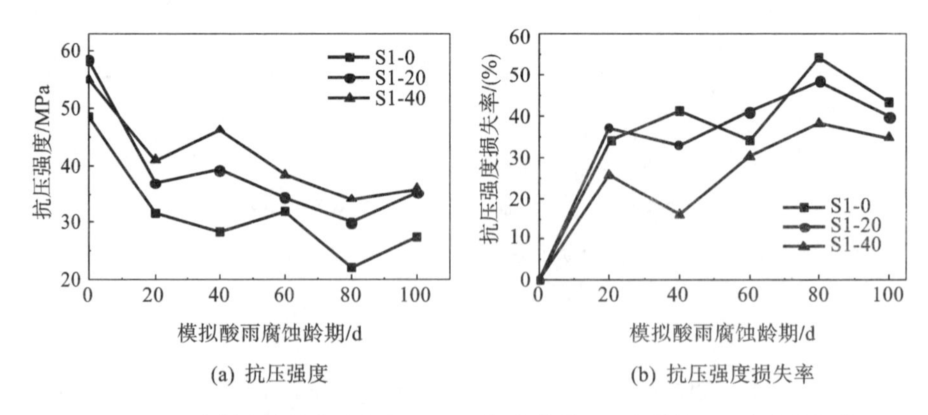

(a) 抗压强度 (b) 抗压强度损失率

图 8.8 S1 类模拟酸雨腐蚀作用下，不同锂渣掺量混凝土的抗压强度变化规律

在模拟酸雨腐蚀初期，各混凝土的抗压强度迅速下降，抗压强度损失率

迅速上升。锂渣掺量为 40%的混凝土抗压强度损失率最小,普通混凝土与锂渣掺量为 20%的混凝土抗压强度损失率相当。

而后,混凝土抗压强度增加,抗压强度损失率呈下降趋势,但是普通混凝土与锂渣混凝土抗压强度损失率下降的时间不同。普通混凝土抗压强度损失率下降的时间比锂渣混凝土晚,并且下降幅度大于锂渣混凝土。锂渣混凝土抗压强度损失率的变化趋势相同,而锂渣掺量为 40%的混凝土抗压强度损失率小于锂渣掺量为 20%的混凝土。

在模拟酸雨腐蚀中后期,锂渣混凝土的抗压强度继续下降,其抗压强度损失率增大;锂渣掺量为 20%的混凝土抗压强度损失率大于锂渣掺量为 40%的混凝土。而普通混凝土的抗压强度损失率增长显著,后期抗压强度损失率大于锂渣掺量为 20%的混凝土。

从整体上看,随着模拟酸雨腐蚀龄期的增加,各混凝土抗压强度损失率按从大到小的顺序为:普通混凝土、锂渣掺量为 20%的混凝土、锂渣掺量为 40%的混凝土。模拟酸雨腐蚀后各混凝土抗压强度从高到低的排序为:锂渣掺量为 40%的混凝土、锂渣掺量为 20%的混凝土、普通混凝土。模拟酸雨腐蚀龄期为 100 d 时,锂渣掺量为 40%的混凝土抗压强度为 35.93 MPa,锂渣掺量为 20%的混凝土抗压强度为 35.13 MPa,普通混凝土抗压强度为 27.51 MPa。所以,锂渣作为混凝土的掺合料,可以改善混凝土的抗酸雨腐蚀性能,其中锂渣掺量为 40%的混凝土抗酸雨腐蚀性能最佳。

2. 模拟酸雨溶液 pH 值对混凝土抗压强度的影响

不同 pH 值的模拟酸雨腐蚀作用下混凝土的抗压强度变化规律如图8.9所示。由图 8.9 可知,在 pH=3.5 的酸雨腐蚀作用下,锂渣掺量为 20%的混凝土抗压强度随着模拟酸雨腐蚀龄期的增加表现出先迅速下降而后再有波动地缓慢下降的规律,总体上呈下降趋势。在模拟酸雨腐蚀的全过程中,S2-20 组试件抗压强度基本上均大于 S1-20 组试件抗压强度,其抗压强度损失率基本上均小于 S1-20 组试件。可见,当模拟酸雨溶液中的 SO_4^{2-} 浓度相同时,模拟酸雨溶液 pH 值越大,锂渣混凝土的抗压强度越大,抗压强度损失率越小。因为酸雨 pH 值越大,H^+ 浓度则越低,所以 H^+ 与水泥水化产物的反应变慢,混凝土中水化产物被破坏的程度减轻,从而保证了混凝土的强度和稳定性。同时 SO_4^{2-} 会通过混凝土孔隙扩散到混凝土内部，与氢氧化钙反应生成石膏等膨胀性物质[131]，提高混凝土的密实度，使得锂渣混凝土抗压强度提高[132]。

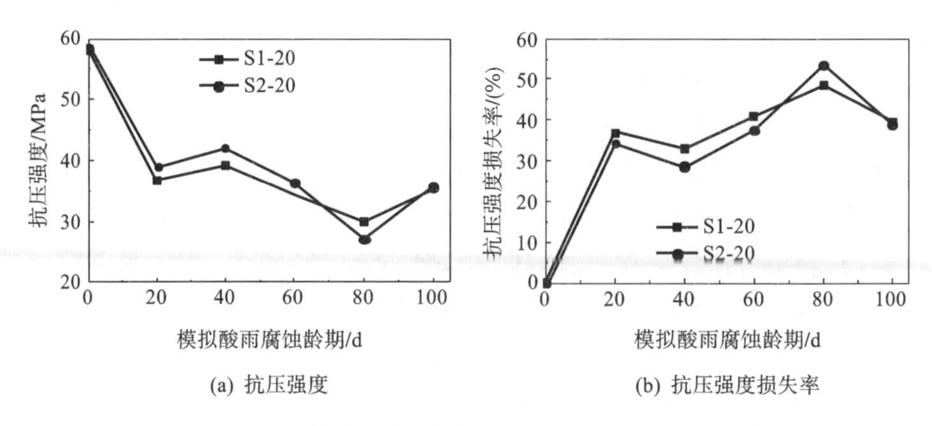

图 8.9　不同 pH 值的模拟酸雨腐蚀作用下混凝土的抗压强度变化规律

3. 模拟酸雨溶液 SO_4^{2-} 浓度对混凝土抗压强度的影响

不同 SO_4^{2-} 浓度的模拟酸雨腐蚀作用下，混凝土的抗压强度变化规律如图 8.10 所示。由图 8.10 可知，S3-20 组试件抗压强度表现出先迅速下降而后再有波动地下降的规律，总体上呈下降趋势。

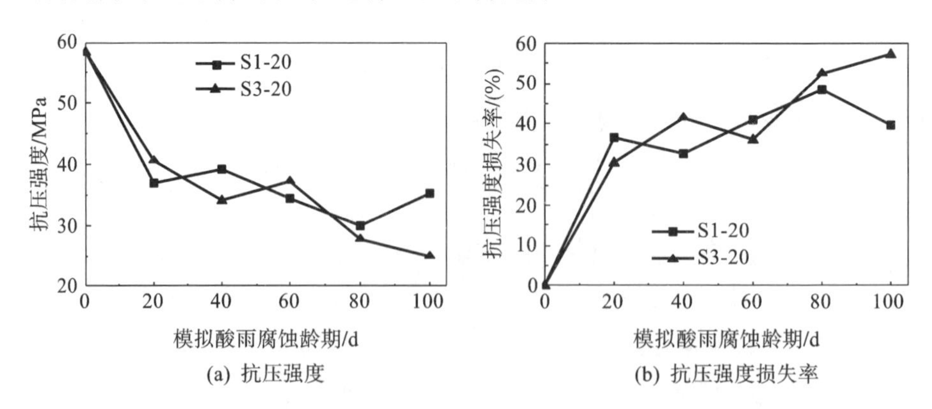

图 8.10　不同 SO_4^{2-} 浓度的模拟酸雨腐蚀作用下，混凝土的抗压强度变化规律

在模拟酸雨腐蚀的全过程中，S3-20 组试件抗压强度基本上小于S1-20 组试件强度，其抗压强度损失率基本上大于 S1-20 组试件。可见，当模拟酸

雨溶液 pH 值相同，SO_4^{2-} 离子浓度越大，锂渣混凝土抗压强度越小，抗压强度损失率越大。

4. 模拟酸雨腐蚀作用下混凝土抗压强度的变化机理分析

根据图 8.8～图 8.10 可知，不同锂渣掺量的混凝土抗压强度变化趋势相似。随着模拟酸雨腐蚀龄期的增加，不同锂渣掺量的混凝土抗压强度表现出先迅速下降而后再有波动地缓慢下降的规律。

在模拟酸雨腐蚀初期，锂渣混凝土抗压强度快速下降，普通混凝土的抗压强度先迅速下降而后缓慢下降，抗压强度下降所需时间较长。因为锂渣等量取代水泥会减少混凝土中氢氧化钙的含量，同时在模拟酸雨溶液中，H^+ 与氢氧化钙相互作用，消耗氢氧化钙使得混凝土的内部 pH 值进一步降低，导致水化硅酸钙和水化铝酸钙失稳从而发生分解和溶出现象，造成混凝土强度下降[132]。而普通混凝土的氢氧化钙含量相对较多，所以抗压强度下降时间较长。

而后混凝土的抗压强度有所升高，相应的抗压强度损失率有所降低。因为在模拟酸雨腐蚀初期混凝土溶出的 Ca^{2+} 与酸雨中的 SO_4^{2-} 反应生成石膏等膨胀性产物，填充混凝土孔隙，增强混凝土密实度，所以腐蚀中期，混凝土抗压强度会出现上升。

模拟酸雨腐蚀后期，混凝土抗压强度呈现下降或先有少许波动再降低的趋势。因为随着模拟酸雨腐蚀的进行，膨胀性产物越来越多，混凝土内的裂缝增大、变多，结构松散、密实度小，致使混凝土损伤严重，混凝土抗压强度下降。

8.4.4　锂渣混凝土的中性化深度变化规律

中性化深度可以说明酸雨对混凝土的腐蚀程度，也能体现混凝土的抗酸雨腐蚀性能。本章考虑了酸雨的不同 pH 值、SO_4^{2-} 浓度以及锂渣掺量等因素对混凝土中性化深度的影响。

1. 中性化深度试验现象

S1 类模拟酸雨腐蚀作用下，不同锂渣掺量混凝土的中性化深度如图

8.11所示。

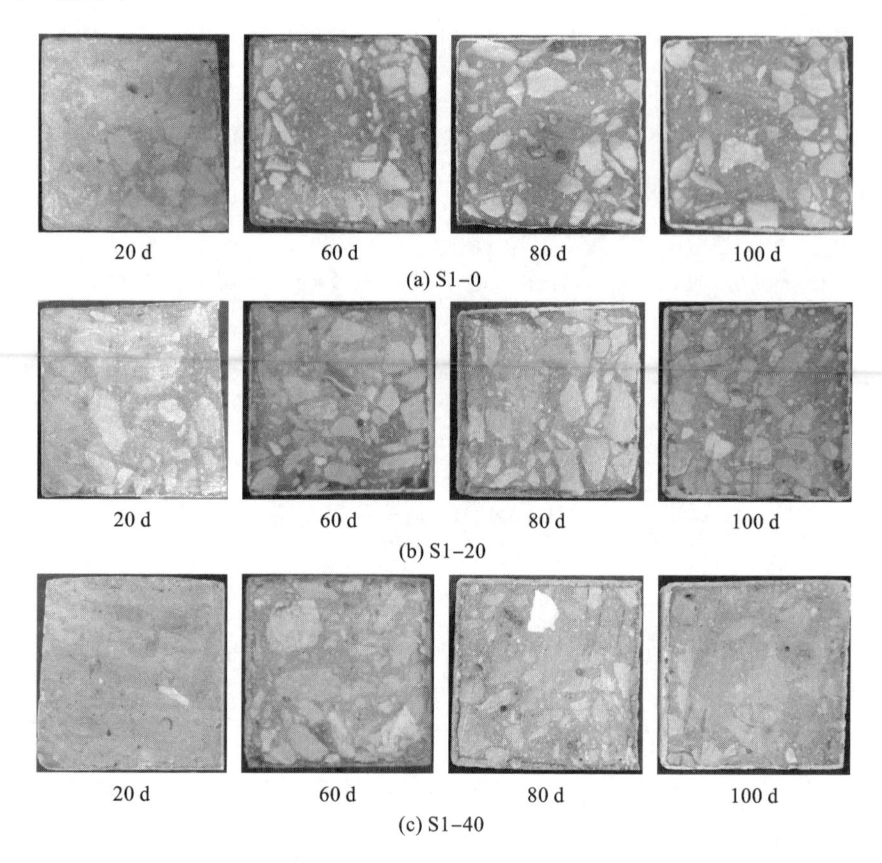

图 8.11　S1 类模拟酸雨腐蚀作用下，不同锂渣掺量混凝土的中性化深度

S1-0 组试件经模拟酸雨腐蚀 20 d 后，试件的切割面上喷洒酚酞后基本上呈红色，中性化深度不明显；模拟酸雨腐蚀 60 d 后，试件切割面的四周出现黄色的条形带，肉眼清晰可见，试件的中性化深度增加；模拟酸雨腐蚀 80 d 及 100 d 后，试件切割面四周的黄色条形带宽度没有明显增加，试件的中性化深度增长较少。可见，在模拟酸雨腐蚀前期，S1-0 组试件的中性化深度增长较快，至后期其中性化深度增长缓慢。

S1-20 组试件，经模拟酸雨腐蚀 20 d 后，试件切割面上喷洒酚酞后基本上呈红色；模拟酸雨腐蚀 60 d 后，试件切割面的四周出现肉眼可见的黄色条形带；至模拟酸雨腐蚀 80 d 时，试件切割面四周的黄色条形带更加明显，宽度略微增加；至模拟酸雨腐蚀 100 d 时，试件切割面四周的黄色条形带宽度没有明显增加，基本上与 80 d 龄期时的相同。整个模拟酸雨腐蚀过程中，S1-20组试件的中性化深度先快速增长，然后增长速率减慢、增长幅度减小。且在模拟酸雨腐蚀全过程中，S1-20 组试件切割面四周的黄色条形带宽度均大于 S1-0 组试件，即 S1-20 组试件的中性化深度大于 S1-0 组试件。

S1-40 组试件，在整个模拟酸雨腐蚀过程中，试件切割面上的变化情况与 S1-20 组试件基本相同。模拟酸雨腐蚀前期，S1-40 组试件的中性化深度发展较快；至模拟酸雨腐蚀后期，试件的中性化深度增长缓慢。S1-40 组试件的中性化深度较大，且大于 S1-20 组试件和 S1-0 组试件的中性化深度。

可以看出，在同种模拟酸雨腐蚀的情况下，锂渣掺量越大，混凝土的中性化深度就越大。

不同模拟酸雨腐蚀作用下，锂渣混凝土的中性化深度如图 8.12 所示。

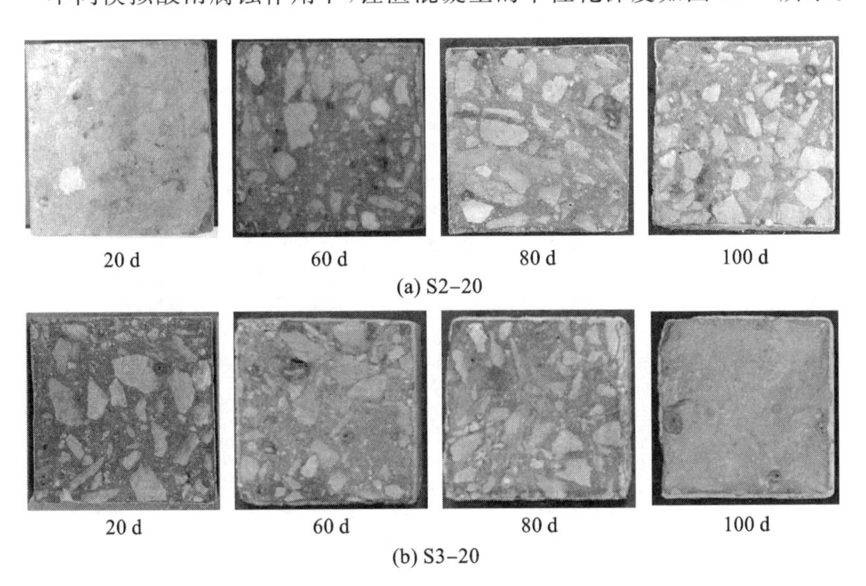

图 8.12　不同模拟酸雨腐蚀作用下，锂渣混凝土的中性化深度

S2-20 组试件从 20—100 d 模拟酸雨腐蚀龄期，试件切割面上喷洒酚酞后基本上均呈红色，中性化深度非常不明显。仔细观察后，在模拟酸雨腐蚀龄期为 80 d 和 100 d 时，试件切割面四周出现非常细小的黄边，肉眼很难辨别。可见，在 S2 类模拟酸雨腐蚀作用下，锂渣混凝土的中性化深度很小，并且中性化深度也明显小于图 8.11 中的 S1-20 组试件；说明模拟酸雨溶液 pH 值对锂渣混凝土的中性化深度有较大的影响，pH 值越大试件的中性化深度越小。

S3 类模拟酸雨腐蚀作用下，在 20 d 模拟酸雨腐蚀龄期时，试件切割面上喷洒酚酞后基本上呈红色；到 60 d 模拟酸雨腐蚀龄期时，试件切割面四周出现肉眼可见的黄色条形带；至 80 d 模拟酸雨腐蚀龄期时，试件切割面四周的黄色条形带宽度略微增加；至 100 d 模拟酸雨腐蚀龄期时，试件切割面四周的黄色条形带宽度略大于 80 d 模拟酸雨腐蚀龄期时的宽度。整个模拟酸雨腐蚀过程中，S3-20 组试件的中性化深度先快速增长，而后增长速率减慢、增长幅度变小。与 S1-20 组试件对比可知，两组试件的中性化深度的变化趋势相似，中性化深度相近，这说明 SO_4^{2-} 浓度对锂渣混凝土的影响较小。

2. 锂渣掺量对混凝土中性化深度的影响及机理分析

S1 类模拟酸雨腐蚀作用下，不同锂渣掺量混凝土的中性化深度变化规律如图 8.13 所示。由图 8.13 可知，S1-0 组普通混凝土试件的中性化深度小于 S1-20 组试件和 S1-40 组试件的中性化深度，并且试件的中性化深度随锂渣掺量的增加而增大。随着模拟酸雨腐蚀龄期的增加，试件的中性化深度由初期的快速增长，发展到后期的缓慢增长。当模拟酸雨腐蚀龄期为 100 d 时，普通混凝土的中性化深度约为 1.40 mm，锂渣掺量为 20%的混凝土中性化深度约为 1.90 mm，锂渣掺量为 40%的混凝土中性化深度约为 2.25 mm。可见，在同种模拟酸雨腐蚀作用下，锂渣掺量越大，混凝土的中性化深度越大。因为随着锂渣掺量的增大，氢氧化钙浓度减小，混凝土抗酸雨腐蚀的能力降低，所以中性化深度也增大。另外，锂渣混凝土的最大中性化深度为 2.25 mm，远小于一般结构设计中钢筋混凝土的保护层厚度，所以锂渣混凝土具有一定的抗酸雨腐蚀性能。

3. 模拟酸雨溶液 pH 值对混凝土中性化深度的影响及机理分析

模拟酸雨溶液 pH 值对锂渣掺量为 20%的混凝土中性化深度的影响如图 8.14 所示。由图 8.14 可知，S2-20 组试件的中性化深度小于 S1-20 组试件。模拟酸雨腐蚀初期，S2-20 组试件的中性化深度迅速增加，随着模拟酸

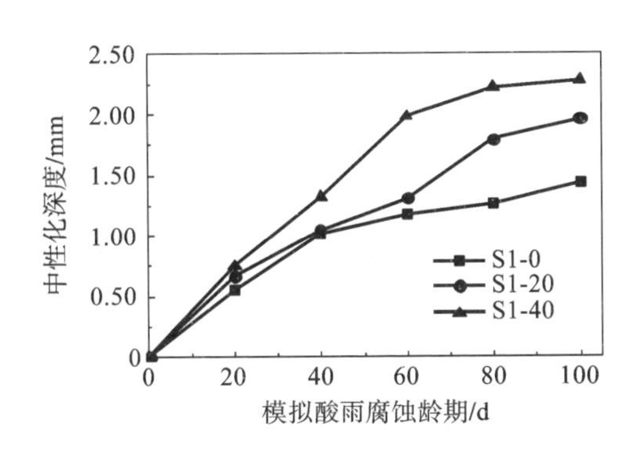

图 8.13　S1 类模拟酸雨腐蚀作用下，不同锂渣掺量混凝土的中性化深度变化规律

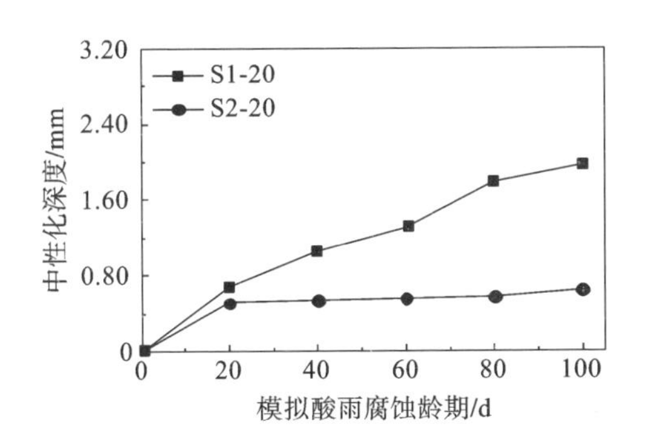

图 8.14　模拟酸雨溶液 pH 值对锂渣掺量为 20%的混凝土中性化深度的影响

雨腐蚀的进行，试件中性化深度发展缓慢，逐渐趋于平缓。至 100 d 模拟酸雨腐蚀龄期时，S2-20 组试件的中性化深度只有约 0.60 mm。而 S1-20 组试件的中性化深度随着模拟酸雨腐蚀龄期的增加而不断增大，至 100 d 模拟酸雨腐蚀龄期时，其中性化深度约为 1.90 mm，约为 S2-20 组试件的 3 倍。可见，当 SO_4^{2-} 浓度一定时，模拟酸雨溶液 pH 值越小，锂渣混凝土的中性化深度越大。因为锂渣等量取代水泥，减少了混凝土内的碱性水化产物，同时模拟酸雨溶液 pH 值很小，H^+ 浓度很大，H^+ 与碱性水化产物反应剧烈，增大了锂渣混凝土的中性化深度。

4. 模拟酸雨溶液 SO_4^{2-} 浓度对混凝土中性化深度的影响及机理分析

模拟酸雨溶液 SO_4^{2-} 浓度对锂渣掺量为 20%的混凝土中性化深度的影

响如图 8.15 所示。由图 8.15 可知，S3-20 组试件的中性化深度大于 S1-20 组试件的中性化深度。模拟酸雨腐蚀全过程中，S3-20 组试件的中性化深度较大。至 100 d 模拟酸雨腐蚀龄期时，S3-20 组试件的中性化深度为 2.13 mm，是 S1-20 组试件的中性化深度的 1.12 倍。可见，当模拟酸雨溶液 pH 值一定时，SO_4^{2-} 浓度越大，锂渣混凝土的中性化深度越大。因为 SO_4^{2-} 向混凝土内部扩散，可与混凝土中的 Ca^{2+}、铝相等反应生成石膏、钙矾石等难溶性物质。这些物质具有膨胀性，它们虽然可填充于混凝土孔隙中，增强混凝土的密实度。但随着膨胀性产物增多，混凝土内的裂缝也会增大、变多，更有利于 SO_4^{2-} 的扩散，从而导致混凝土损伤严重，锂渣混凝土的中性化深度变大。

结合图 8.14 可知，在 3 种不同模拟酸雨腐蚀作用下，锂渣掺量为 20% 的混凝土的最大中性化深度为 2.13 mm，远小于一般结构设计中钢筋混凝土的保护层厚度。所以，在模拟酸雨腐蚀作用下，锂渣混凝土具有一定的抗酸雨腐蚀性能。

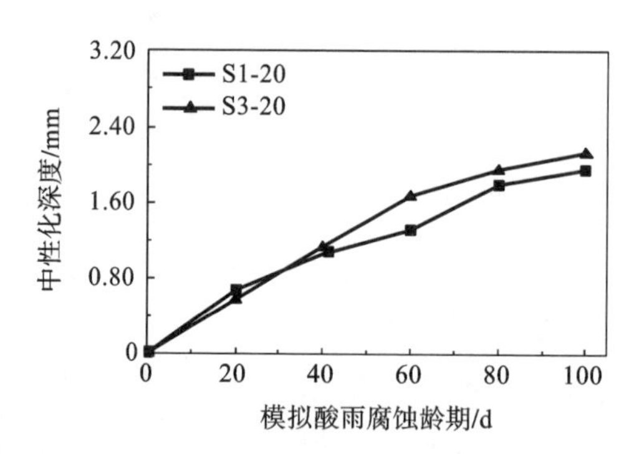

图 8.15　模拟酸雨溶液 SO_4^{2-} 浓度对锂渣掺量为 20%的混凝土中性化深度的影响

8.4.5　机理分析

选取模拟酸雨腐蚀后的锂渣混凝土的抗压试件进行扫描电镜分析。进行扫描电镜分析的样品在试件表面 10 mm 厚的混凝土上制取，并以试件外表面(已腐蚀面)作为观察面。通过观察扫描电镜图，可直观地分析不同模拟酸雨环境中不同锂渣掺量混凝土腐蚀产物的特点和差异。

1. 不同锂渣掺量混凝土的微观分析

S1-0 组试件经模拟酸雨腐蚀 100 d 后的扫描电镜图如图 8.16 所示。由图 8.16 可知，混凝土内部孔隙率仍较大，存在较多贯通的宽裂缝，为 H^+ 和 SO_4^{2-} 的二次侵入提供了大量通道[133]，为混凝土结构带来潜在隐患，在宏观上表现为质量损失大、抗压强度损失率大和抗压强度低。

图 8.16　S1-0 组试件经模拟酸雨腐蚀 100 d 后的扫描电镜图

S1-20 组试件经模拟酸雨腐蚀 100 d 后的扫描电镜图如图 8.17 所示。由图 8.17 可知，混凝土内部结构相对致密，裂缝数量较少。由于锂渣等量取

图 8.17　S1-20 组试件经模拟酸雨腐蚀 100 d 后的扫描电镜图

代水泥,所以混凝土中碱性水化产物较少,经模拟酸雨腐蚀后混凝土溶液的碱性降低,加剧了 C-S-H 凝胶的分解。同时,C-S-H 凝胶会转化成没有黏结性的产物,导致混凝土强度和黏结性降低。在宏观上表现为混凝土质量损失较小、抗压强度损失率较大和混凝土中性化深度较大。

S1-40 组试件经模拟酸雨腐蚀 100 d 后的扫描电镜图如图 8.18 所示。由图 8.18 可知,混凝土内部结构致密,没有明显的分层断面和界面过渡区[131]。因为 S1-40 组混凝土试件中锂渣掺量较大,所以混凝土内碱性产物较少。在宏观上表现为混凝土质量损失率小、抗压强度损失率小、抗压强度高和中性化深度大。

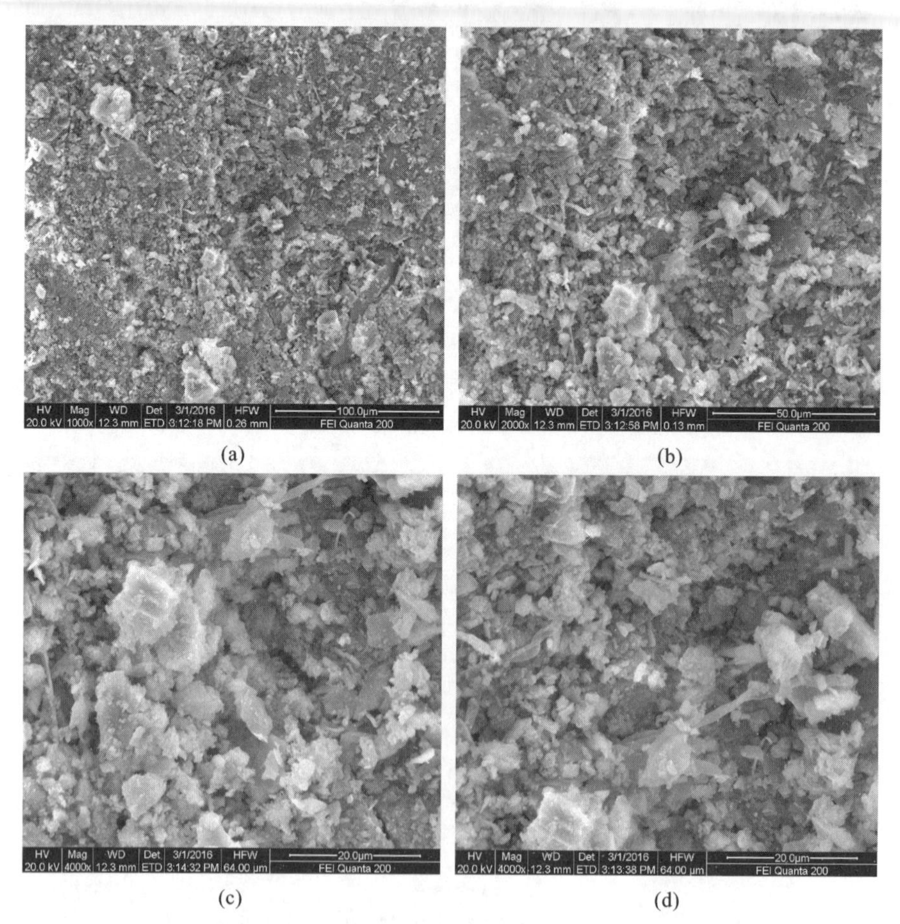

图 8.18　S1-40 组试件经模拟酸雨腐蚀 100 d 后的扫描电镜图

2. 不同模拟酸雨腐蚀作用下锂渣混凝土的微观分析

在不同 pH 值和 SO_4^{2-} 浓度的模拟酸雨腐蚀作用下对锂渣混凝土腐蚀后的试件进行微观分析。

S2-20 组试件经模拟酸雨腐蚀 100 d 后的扫描电镜图如图 8.19 所示。由图 8.19 可知，混凝土内部存在较大的孔洞和裂缝。因为在 pH＝3.5 的酸雨溶液中，H^+ 浓度较低，减少了 H^+ 与氢氧化钙的中和反应，延缓了 H^+ 与 C-S-H 凝胶的反应，使得黏结性好、稳定性高的 C-S-H 凝胶较少地转化为黏结性较低的硅胶，从而保证了混凝土的强度和稳定性。又因为水泥基材料的抗溶蚀性能主要取决于水化产物在酸性溶液中的稳定性，受混凝土的密实性影响很小[134]，所以，在宏观上表现为质量损失小、中性化深度小和抗压强度较高。S2-20 组试件的质量损失率和中性化深度均小于 S1-20 组试件的，抗压强度高于 S1-20 组试件的。

(a)　　(b)

图 8.19　S2-20 组试件经模拟酸雨腐蚀 100 d 后的扫描电镜图

S3-20 组试件经模拟酸雨腐蚀 100 d 后的扫描电镜图如图 8.20 所示。由图 8.20 可知，混凝土内部存在很多粗大的裂缝。在腐蚀初期，pH 值小的模拟酸雨溶液中，H^+ 占主导地位。在模拟酸雨腐蚀作用下，C-S-H 凝胶逐渐溃散并生成大量的无黏结性能的硅胶等产物，使混凝土表面砂浆剥落、粗骨料裸露，混凝土内部则出现微裂缝、孔隙率增大，从而为 H^+ 和 SO_4^{2-} 提供新的通道,加快了其扩散速度。随着混凝土内部 SO_4^{2-} 浓度的增大,大量的石膏、钙矾石等膨胀性产物生成,阻塞在混凝土裂缝和孔隙中,增强了混凝土的密实度。但随着干湿循环次数的增加,石膏、钙矾石等膨胀性产物会引起混凝土开裂、剥落等现象,加剧其腐蚀,从而导致混凝土强度下降和耐久性能劣化,在宏观上表现为质量损失率大、抗压强度损失率大和中性化深度大。

(a) (b)

图 8.20 S3-20 组试件经模拟酸雨腐蚀 100 d 后的扫描电镜图

8.5 本章小结

本章分析了模拟酸雨腐蚀作用下锂渣混凝土外观、质量、抗压强度及中性化深度的变化规律;并对腐蚀后的混凝土试件进行扫描电镜分析,对模拟酸雨腐蚀作用下锂渣混凝土的内部损伤进行观察,对照宏观现象予以分析。通过试验研究,得出以下结论。

(1) 在同种模拟酸雨腐蚀作用下,锂渣掺量越大,混凝土试件的质量损失率越小,试件发生剥落的时间也越晚,混凝土的抗压强度损失率越小,混凝土的中性化深度越大。

(2) 模拟酸雨溶液的 pH 值和 SO_4^{2-} 浓度对锂渣混凝土的质量损失、抗

压强度和中性化深度的影响较大。当模拟酸雨的 SO_4^{2-} 浓度相同，pH 值越小时，或者模拟酸雨的 pH 值相同，SO_4^{2-} 浓度越大时，锂渣混凝土试件的质量损失率越大，混凝土抗压强度损失率和中性化深度也越大。

(3) 本章试验条件下，锂渣混凝土的最大中性化深度为 2.25 mm，远小于一般结构设计中钢筋混凝土的保护层厚度，所以锂渣混凝土具有一定的抗酸雨腐蚀性能。

第9章　模拟酸雨腐蚀后锂渣混凝土应力-应变关系

为了对模拟酸雨腐蚀后的锂渣钢筋混凝土进行有限元模拟，本章依据江西地区往年酸雨成分配制模拟酸雨溶液，通过对不同锂渣掺量、不同腐蚀龄期的混凝土棱柱体试件进行轴压试验，研究模拟酸雨腐蚀后锂渣混凝土应力-应变关系。

9.1　试验概况

9.1.1　配合比及试件分组

试验所用原材料同第3章。本次试验共制作76个尺寸为150 mm×150 mm×300 mm的棱柱体试件，预留24个100 mm×100 mm×100 mm的混凝土试件用于中性化深度测试，混凝土设计强度为C40，锂渣按等质量取代水泥，共设计4种锂渣掺量(0%、10%、15%和20%)，水灰比为0.4，混凝土配合比见表9.1。

表9.1　混凝土配合比

锂渣掺量/(%)	1 m³混凝土各原材料的质量/kg				
	水泥	锂渣	砂	石	水
0	470.0	0	574	1165	188
10	423.0	47.0	574	1165	188
15	399.5	70.5	574	1165	188
20	376.0	94.0	574	1165	188

锂渣掺量为10%和20%的只设置未腐蚀组，锂渣掺量为0%和15%的除设置未腐蚀组外，另外设置腐蚀龄期为60 d、90 d、120 d和150 d的4组

对照组,每组6个试件,共72个棱柱体试件。棱柱体试件如图9.1所示,各组试件经28 d标准养护后测得其轴心抗压强度f_c,试件参数表见表9.2。

图9.1　棱柱体试件图

表9.2　试件参数

试件编号	f_c	ε_0	E_c	D
0%-0	39.30	1925	3.07	—
0%-60	36.55	2214	3.03	1.32
0%-90	34.78	2346	2.52	1.61
0%-120	33.14	2586	2.56	1.73
0%-150	32.08	2759	1.78	2.09
10%-0	38.40	2012	3.24	—
15%-0	41.10	1863	3.25	—
15%-60	37.94	2340	2.92	1.19
15%-90	36.44	2434	2.62	1.52

续表

试件编号	f_c	ε_0	E_c	D
15%-120	34.37	2522	2.03	1.80
15%-150	33.13	2736	1.96	1.96
20%-0	38.00	2109	3.53	—

注:(1) 试件编号中,第一个数字表示锂渣掺量;第二个数字表示腐蚀龄期。

(2) f_c为实测混凝土轴心抗压强度(MPa);ε_0为混凝土峰值应变($\times10^{-3}$);E_c为实测混凝土弹性模量($\times10^4$);D为中性化深度(mm)。

9.1.2 模拟酸雨试验喷淋装置

模拟酸雨试验利用酸雨、湿热和机械载荷耦合作用模拟试验装置进行,试验装置示意图如图 9.2 所示,将配制好的模拟酸雨溶液置于溶液箱中,利

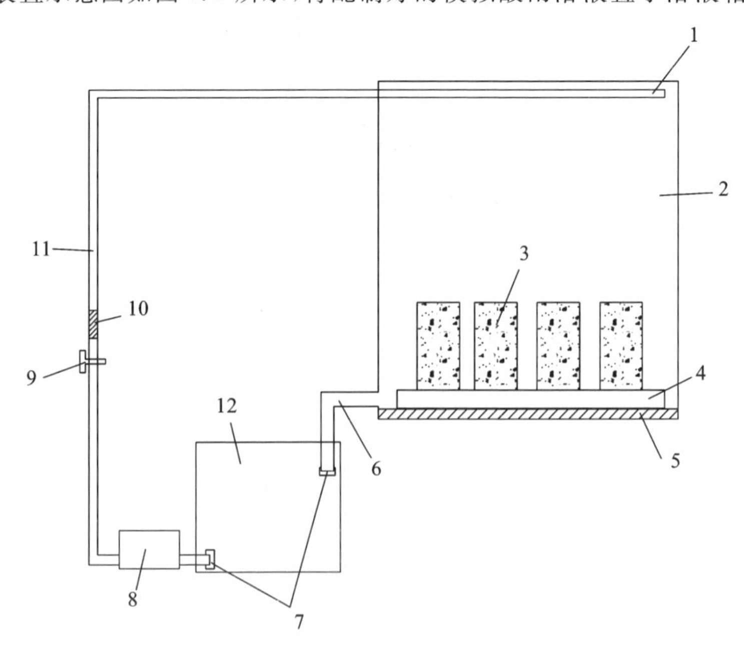

图 9.2 模拟酸雨试验喷淋装置示意图

1—降雨器;2—喷淋室;3—试块;4—承台;5—防水层;6—回流管;7—过滤器;
8—水泵;9—流量阀;10—流量计;11—进水管;12—溶液箱

用水泵将溶液抽到喷淋室中模拟酸雨降水，利用流量阀调整降雨量的大小，试件置于喷淋室承台上，酸雨溶液经承台四周的水沟回流至溶液箱，溶液经过滤网过滤回流后可达到重复利用的效果。溶液的 pH 值设定为 2.3，喷淋时通过添加稀释后的硝酸溶液来保持 pH 值恒定。模拟酸雨溶液中，离子成分主要为 NO_3^-、NH_4^+、Ca^{2+}、SO_4^{2-}、Mg^{2+}、H^+ 等，其中 SO_4^{2-} 浓度为 0.01 mol/L，NH_4^+ 浓度为 0.002 mol/L、Mg^{2+} 浓度为 0.002 mol/L。其他离子浓度通过定期加入适量的硫酸钠、硫酸镁和硫酸铵进行调整。模拟酸雨试验喷淋循环方法：以“先喷淋 3 h，再静置 5 h”为 1 个循环，每天 3 个循环，每天定时对 pH 值和离子浓度进行检测和调整，定时对溶液箱中的溶液进行更换。试件喷淋腐蚀龄期为 60 d、90 d、120 d 和 150 d。模拟酸雨试验喷淋装置实物图如图 9.3 所示。

图 9.3　模拟酸雨试验喷淋装置实物图

9.1.3　加载制度

混凝土试件在标准养护 28 d 后，放入喷淋室进行模拟腐蚀，当达到腐蚀龄期后，取出混凝土试件自然放置 5 d 使其干燥，之后进行外观检查及处理，以备进行轴心抗压力学性能试验。每组 6 个试块，取 3 个棱柱体用于测定其抗压强度，则可得到此批试件静定弹性模量的控制荷载，另取 3 个试件用以测定该批试件的弹性模量。

按《混凝土物理力学性能试验方法标准》(GB/T 50081—2019，以下称为《标准》)测定其抗压强度，采用 $5\times10^{-6}\ s^{-1}$ 等应变单调加载制度，对棱柱体加载前按 0.5 MPa 最小荷载至 30% 峰值荷载预压 3 个循环，采用 0.6 MPa/s等速率加载，并通过公式(9.1)及(9.2)计算混凝土的静力受压弹性模量。依据《标准》取有效数据的计算平均值作为其弹性模量值。

$$E_c = \frac{F_a - F_1}{A} \times \frac{L}{\Delta n} \tag{9.1}$$

$$\Delta n = \varepsilon_a - \varepsilon_1 \tag{9.2}$$

式中，E_c——混凝土弹性模量(MPa)；

F_a——应力为 1/3 轴心抗压强度时的荷载(N)；

F_1——应力为 0.5 MPa 时的初始荷载(N)；

A——试件承压面积(mm^2)；

L——测量标距(mm)；

Δn——最后一次从 F_0 加载到 F_a 时试件两侧变形的平均值(mm)；

ε_a——荷载为 F_a 时试件两侧变形的平均值(mm)；

ε_1——荷载为 F_1 时试件两侧变形的平均值(mm)。

9.2 腐蚀与轴压试验现象

9.2.1 腐蚀试验现象

为研究最优锂渣掺量为 15% 的混凝土试件本构关系，对锂渣掺量为 15% 的混凝土试件进行不同模拟酸雨腐蚀龄期的腐蚀试验，并设置不掺锂渣的普通混凝土试件作为对照组，不同腐蚀龄期试件的外形如图 9.4 所示。腐蚀初期，试件中大量碱性物质与溶液中的 H^+ 发生中和反应，试件与溶液中 H^+ 反应较剧烈，混凝土表面出现少量硫酸盐粉末，但其外观颜色变化并不显著；随着腐蚀的进行，普通混凝土表面开始有黄褐色结晶体出现并有加深的趋势，锂渣混凝土表面无明显颜色变化，两类混凝土表面均出现微小坑洞；当腐蚀达 120 d 时，锂渣混凝土表面开始有黄色结晶体出现，两类混凝土表面腐蚀面积增大，坑洞逐渐变大，且普通混凝土比锂渣混凝土腐蚀程度更为明显；当腐蚀周期达 150 d 时，两类混凝土表面细骨料均被腐蚀剥落，表面出现大量粉末且坑洞变大，大量粗骨料暴露出来，普通混凝土表面腐蚀现象比锂渣混凝土更为明显。

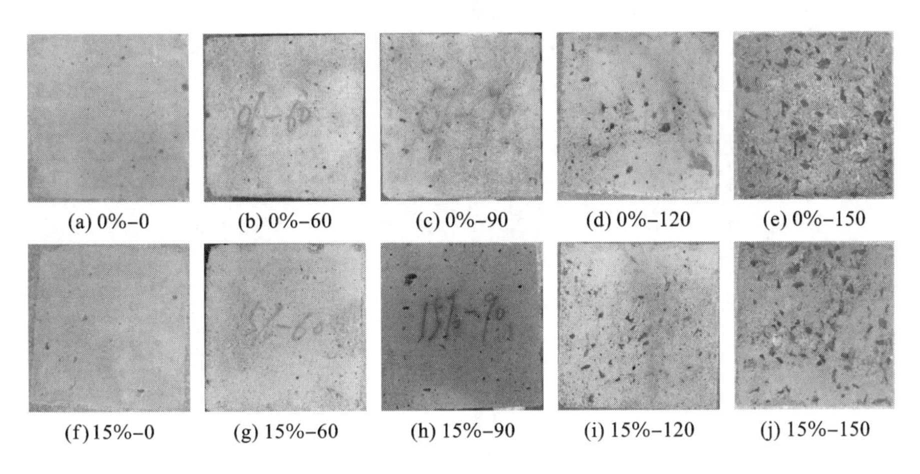

图 9.4　不同腐蚀龄期试件的外形

9.2.2　轴压试验现象

部分混凝土试件轴压破坏形态图如图 9.5 所示。由试验观察可以得知，同腐蚀龄期的普通混凝土试件与锂渣混凝土试件破坏现象基本相同，即都经历了弹性阶段、屈服阶段与强化阶段。在弹性阶段：随着荷载的逐渐增加，混凝土试件表面的水泥砂浆开始开裂，当荷载增加到 500 kN 左右时，试件开始出现微裂缝，此时荷载为开裂荷载，通过对比可知，锂渣混凝土试件开裂荷载均要略高于普通混凝土。在屈服阶段：随着荷载的增加，试件进入裂缝稳定扩展阶段，裂缝数量不断增加且逐渐扩大。在强化阶段：随着荷载不断增加到极限荷载，试件裂缝快速发展，试件的 45°斜裂缝不断扩大，最后块状粗骨料被压碎脱落，试件呈X形崩坏。对于经模拟酸雨腐蚀后的混凝土试件，其表面粗糙多孔且堆积有大量粉末，在轴压弹性阶段时，刚开始施加荷载即可听到“沙沙”的声音，这是由于承台与试块粗糙面接触后受挤压，接触面逐渐被压实而产生的，同时试件表面的粉末、砂浆也随之脱落。随着荷载的继续增大，可以听到试件因压碎出现微裂缝的声音，继续加载，试件达到峰值应力而被破坏。

图9.5 部分混凝土试件轴压破坏形态图

9.3 腐蚀龄期和锂渣掺量对应力-应变曲线的影响

9.3.1 腐蚀龄期的影响

在锂渣掺量(0%和15%)和模拟酸雨环境不变的情况下，腐蚀龄期对混凝土试件应力-应变曲线的影响如图9.6所示。由图9.6可知，两类混凝土试件经过不同程度的模拟酸雨腐蚀后，其初始刚度和峰值应力都有不同程度的降低。由图9.6(c)可知，不同腐蚀龄期下锂渣掺量为15%的混凝土试件峰值应力均要高于普通混凝土，由此说明，经酸雨腐蚀后，锂渣的掺入能提高混凝土的抗压强度。

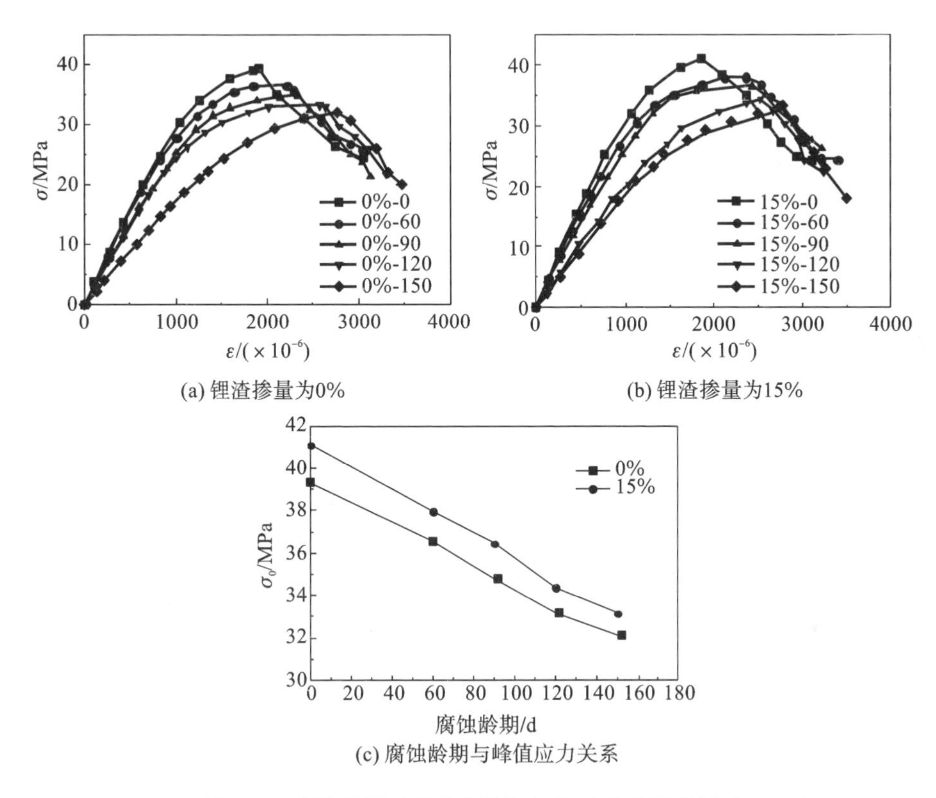

图 9.6　腐蚀龄期对混凝土试件应力-应变曲线的影响

9.3.2　锂渣掺量的影响

锂渣掺量对混凝土试件应力-应变曲线的影响如图 9.7 所示。由图 9.7 可知，在未腐蚀时，锂渣的掺入对混凝土试件抗压强度略有影响。由图 9.6(c)和 9.7(b)可知，当锂渣掺量为 15%时，其轴心抗压强度较普通混凝土略有提高，其原因是锂渣的掺入使经酸雨腐蚀后的混凝土试件发生了更加剧烈的水化反应，产生更多结构致密的 C-S-H 凝胶，并填充于混凝土孔隙中，使其结构更为密实。由此可知，掺入适量的锂渣有助于提高混凝土的抗压强度。

(a) 未腐蚀试件

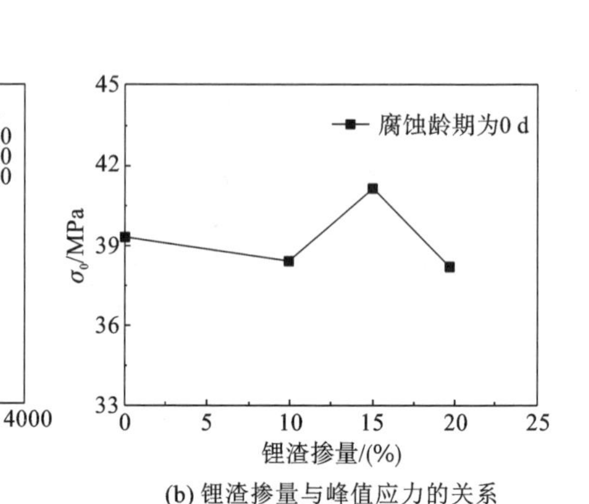

(b) 锂渣掺量与峰值应力的关系

图 9.7　锂渣掺量对混凝土试件应力-应变曲线的影响

9.4　峰值应力、峰值应变和锂渣掺量与中性化深度的关系

9.4.1　峰值应力

试验结果表明，锂渣混凝土峰值应力随着腐蚀龄期的变化而发生明显变化，在腐蚀环境相同的情况下，峰值应力随着腐蚀龄期的延长而逐渐下降。随着中性化深度 D 的不断增大，混凝土的峰值应力几乎呈线性降低，试件峰值应力比 σ_0/σ_{00}（酸雨腐蚀后混凝土峰值应力/未经酸雨腐蚀混凝土峰值应力）与中性化深度 D 的关系如图 9.8 所示，对试验数据用 Origin 软件进行回归分析，得到峰值应力比 σ_0/σ_{00} 与中性化深度 D 的关系，如式(9.3)所示：

$$\frac{\sigma_0}{\sigma_{00}} = -0.096D + 1 \tag{9.3}$$

9.4.2　峰值应变

试验结果表明，锂渣混凝土峰值应变随着腐蚀龄期的变化发生明显变化，在腐蚀环境不变的情况下，试件峰值应变随着腐蚀龄期的延长而逐渐变

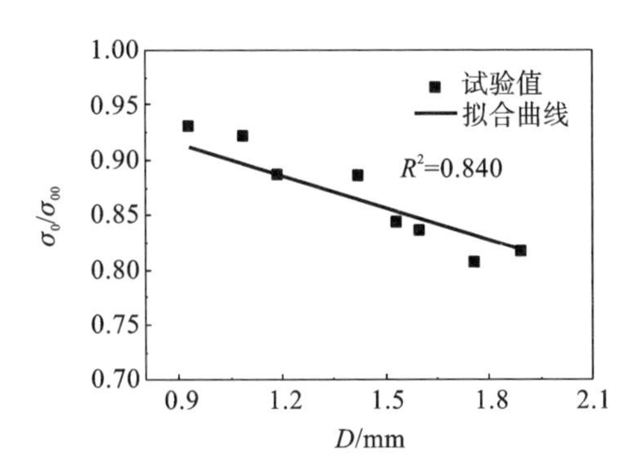

图 9.8 峰值应力比与中性化深度的关系

大。随着中性化深度 D 的不断增大，混凝土的峰值应变几乎呈线性升高，试件峰值应变比 $\varepsilon_0/\varepsilon_{00}$（酸雨腐蚀后混凝土峰值应变/未经酸雨腐蚀混凝土峰值应变）与中性化深度 D 的关系如图 9.9 所示，对试验数据进行回归分析，得到峰值应变比 $\varepsilon_0/\varepsilon_{00}$ 与中性化深度 D 的关系如式(9.4)所示：

$$\frac{\varepsilon_0}{\varepsilon_{00}} = 0.2259D + 1 \tag{9.4}$$

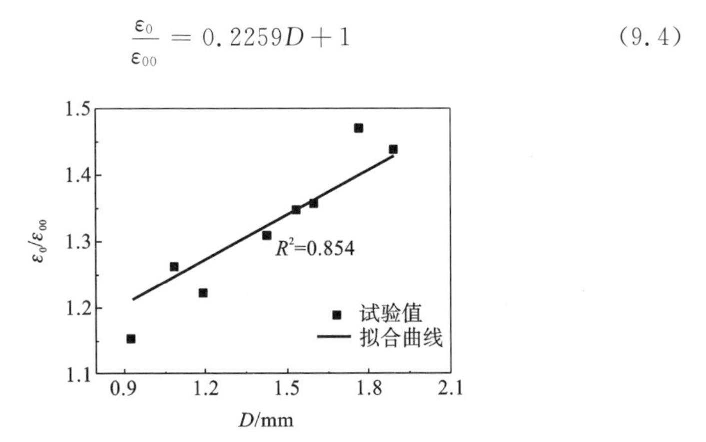

图 9.9 峰值应变比与中性化深度的关系

9.4.3 锂渣掺量

对于中性化深度与锂渣掺量的关系，本书结合文献[135]中的研究成果进行分析。本试验与文献[135]中试验的腐蚀环境略微不同，因此，将本试验与文献中的普通混凝土的腐蚀结果进行对比，得到修正系数并对文献结果进行修正。结果表明：在一定腐蚀龄期条件下，随着锂渣掺量的增加，试件的中性化深度先减小后增大，说明一定范围内的锂渣掺量有助于抑制中性化深度的加深。在一定腐蚀龄期条件下，中性化深度与锂渣掺量的关系如图9.10所示，若锂渣掺量用 L 表示，则不同并得到相应腐蚀龄期下的回归公式如式(9.5)和式(9.6)所示：

$$D = 9.85L^2 - 1.48L + 1.30 \text{（腐蚀龄期 60 d）} \tag{9.5}$$

$$D = 5.66L^2 - 0.64L + 1.60 \text{（腐蚀龄期 90 d）} \tag{9.6}$$

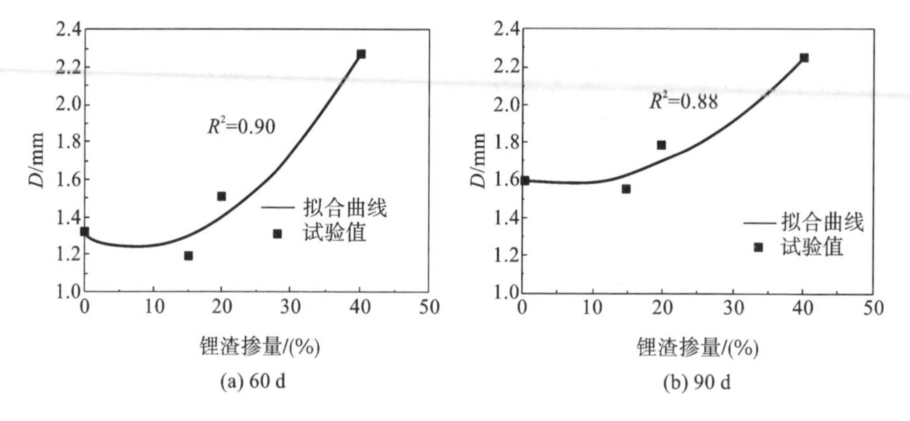

图 9.10　中性化深度与锂渣掺量关系

9.5　模拟酸雨腐蚀后锂渣混凝土应力-应变全曲线拟合

本书依据应力-应变曲线上升段与下降段的特点，建立酸雨腐蚀后锂渣混凝土的本构方程，上升段采用过镇海[136]的研究成果公式，下降段采用有理式，本构关系曲线使用无量纲坐标。

上升段采用的方程为式(9.7)：

$$\frac{\sigma}{\sigma_0} = A\left(\frac{\varepsilon}{\varepsilon_0}\right) + (3-2A)\left(\frac{\varepsilon}{\varepsilon_0}\right)^2 + (A-2)\left(\frac{\varepsilon}{\varepsilon_0}\right)^3, \quad \varepsilon \leqslant \varepsilon_0 \tag{9.7}$$

式中，A 表示上升段的相关参数，σ_0 表示峰值应力，ε_0 表示峰值应变，用 y 表示$\frac{\sigma}{\sigma_0}$，用 x 表示$\frac{\varepsilon}{\varepsilon_0}$，则此方程可改写为式(9.8)：

$$y = Ax + (3-2A)x^2 + (A-2)x^3,\quad 0 < x \leqslant 1 \tag{9.8}$$

下降段采用的方程为式(9.9)：

$$y = \frac{x}{a(x-1)^{1.5} + x}, x > 1 \tag{9.9}$$

故本章模拟酸雨腐蚀后锂渣混凝土的本构方程如式(9.10)所示：

$$y = \begin{cases} Ax + (3-2A)x^2 + (A-2)x^3, 0 < x \leqslant 1 \\ \dfrac{x}{a(x-1)^{1.5} + x}, x > 1 \end{cases} \tag{9.10}$$

由上述方程建立的锂渣混凝土本构模型能较好地吻合试验结果，利用 Origin 软件对试验数据进行回归分析，分别得到上升段与下降段的相关参数 A/A_0，a/a_0（A_0、a_0分别为同类未腐蚀混凝土应力-应变曲线上升段与下降段的相关参数），并得到它们与中性化深度 D 的关系（图 9.11 和图 9.12）和回归方程[式(9.11)和式(9.12)]。

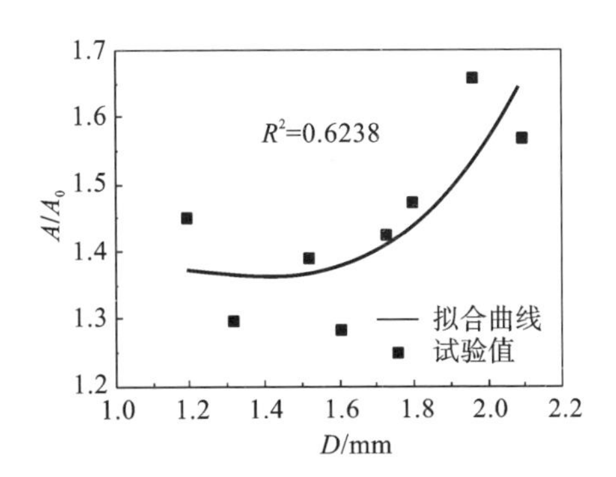

图 9.11　A/A_0与中性化深度的关系图

$$\frac{A}{A_0} = 0.3747D^3 - 1.23D^2 + 1.2472D + 1 \tag{9.11}$$

$$\frac{a}{a_0} = 1.0074D^2 - 0.9954D + 1 \tag{9.12}$$

通过把试验应力-应变曲线的各个点导入 Origin 软件中进行拟合，得到各曲线上升段和下降段的参数和拟合相关系数，见表 9.3。拟合曲线与试验曲线对比图如图 9.13 所示。由图 9.13 可见，拟合曲线与试验曲线吻合良好，相关系数 R^2 接近于 1，故建议采用式(9.10)拟合酸雨腐蚀后锂渣混凝土

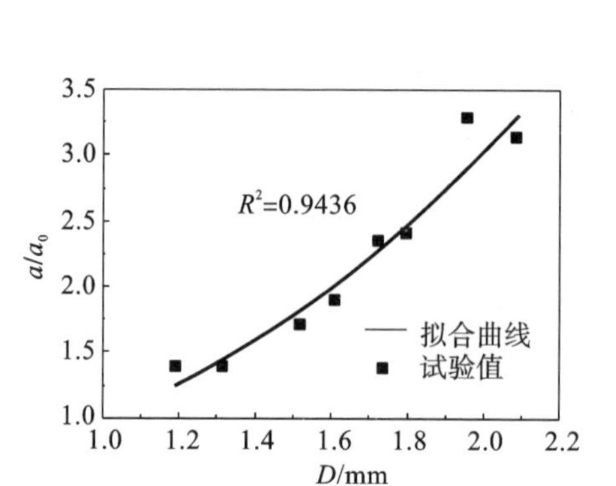

图 9.12　a/a_0 与中性化深度的关系

单轴受压应力-应变曲线的上升段和下降段。

表 9.3　各曲线上升段和下降段的参数和拟合相关系数

试件编号	A	$R_A{}^2$	a	$R_a{}^2$
0%-0	1.71	0.9995	1.86	0.9650
0%-60	2.21	0.9967	2.61	0.9488
0%-90	2.19	0.9931	3.69	0.9880
0%-120	2.43	0.9956	4.69	0.9709
0%-150	2.68	0.9997	5.80	0.9735
10%-0	2.67	0.9997	2.16	0.9262
15%-0	1.61	0.9992	1.91	0.9856
15%-60	2.33	0.9976	2.62	0.9742
15%-90	2.23	0.9944	3.45	0.9753
15%-120	2.37	0.9895	5.04	0.9792
15%-150	2.67	0.9911	6.25	0.9986
20%-0	2.70	0.9914	2.59	0.9178

注:(1) 试件编号中,第一个数字表示锂渣掺量;第二个数字表示腐蚀龄期(d)。

(2) A、a 分别为拟合曲线上升段、下降段参数;$R_A{}^2$ 、$R_a{}^2$ 分别为上升段、下降段拟合相关系数。

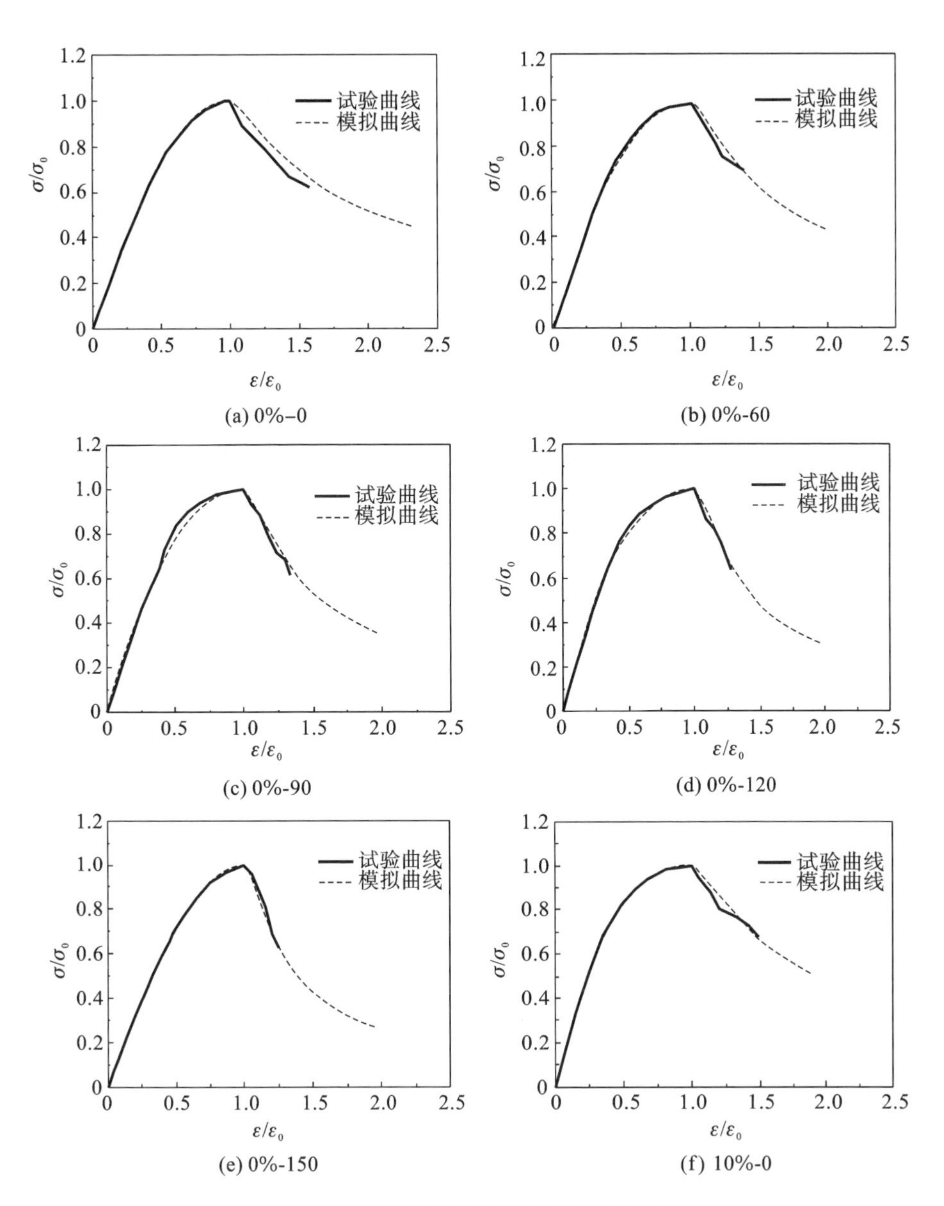

图 9.13　拟合曲线与试验曲线对比图

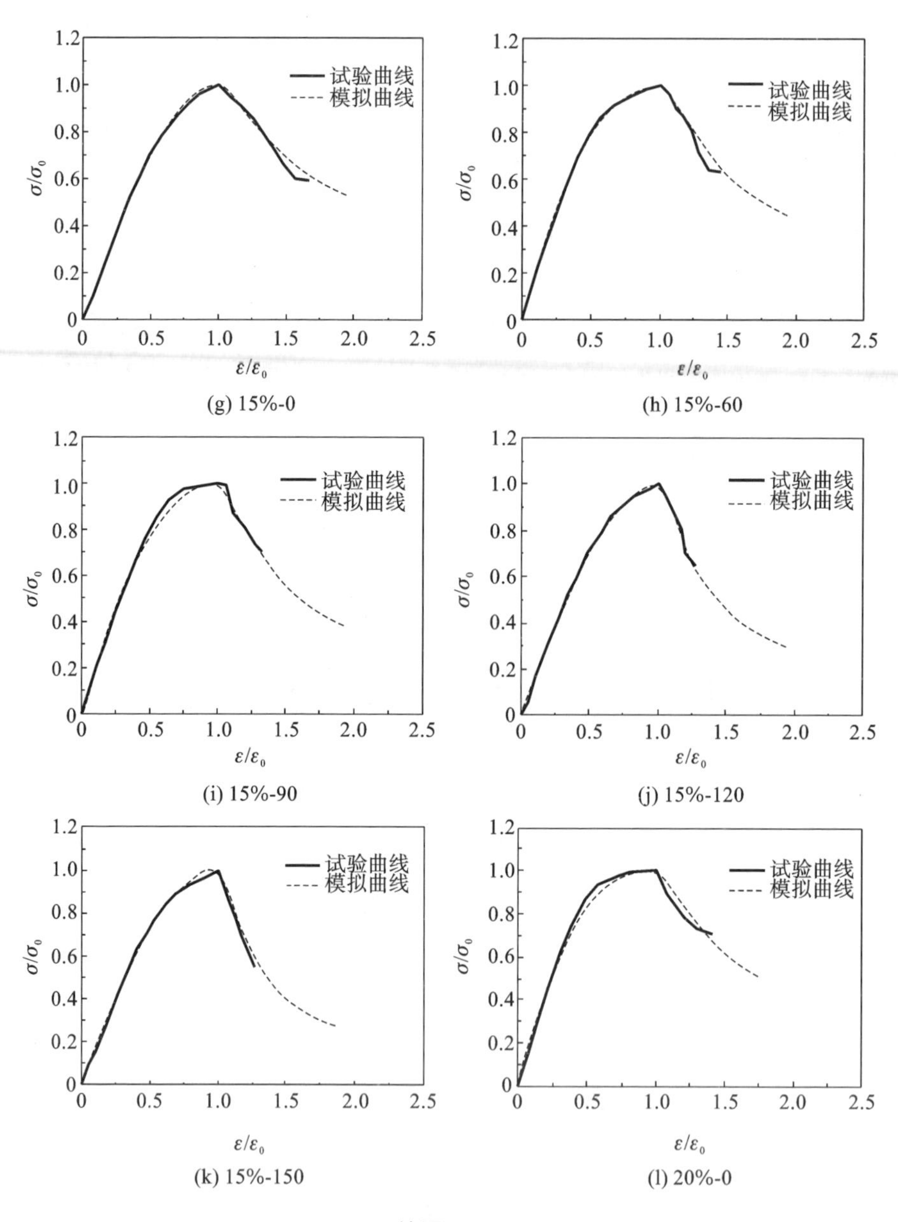

(g) 15%-0

(h) 15%-60

(i) 15%-90

(j) 15%-120

(k) 15%-150

(l) 20%-0

续图 9.13

9.6　本章小结

本章通过对混凝土进行模拟酸雨腐蚀试验，研究了腐蚀龄期和锂渣掺量对试件应力-应变曲线的影响，并对各试件应力-应变曲线进行参数分析和全曲线拟合分析，以研究各影响因素对试件应力-应变曲线的影响。通过本章研究得出以下结论。

(1) 在模拟酸雨腐蚀龄期相同的条件下，普通混凝土和锂渣掺量为15%的混凝土表面均有不同程度粉末和结晶体析出。随着腐蚀龄期的延长，试件表面的坑蚀更加明显和严重。对比两类混凝土可知，锂渣的掺入能够增加混凝土结构的密实性，提高混凝土的抗压强度和抗酸雨腐蚀性能。

(2) 随着酸雨腐蚀龄期的增加，混凝土试件破坏时的延性逐渐降低，峰值应力逐渐下降，峰值应变逐渐升高，各试件极限应变变化规律不明显；通过对比混凝土峰值应力可知，在同腐蚀龄期情况下，锂渣掺量为15%的混凝土峰值应力均要略高于普通混凝土，说明掺入适量的锂渣能在一定程度上提高混凝土的抗压强度。

(3) 上升段应用过镇海公式，下降段采用有理式模拟酸雨腐蚀作用后锂渣混凝土应力-应变本构模型，对试验数据进行拟合回归分析，观察到拟合曲线与试验曲线吻合良好，相关系数 R^2 接近于1。

第 10 章　锂渣钢筋混凝土短柱的轴压力学性能

为研究锂渣钢筋混凝土构件的受力性能和耐久性，从本章开始，分别对锂渣钢筋混凝土轴心受压、偏心受压和受弯构件的力学性能以及模拟酸雨腐蚀作用下的耐久性进行研究。锂渣钢筋混凝土短柱轴压试验分为普通组及腐蚀组。普通组共设计 12 根试件，通过对不同配筋率、不同锂渣掺量的钢筋混凝土试件进行单调轴向加载，研究锂渣钢筋混凝土短柱的轴压力学性能。腐蚀组共设计 8 根试件，通过对锂渣钢筋混凝土试件及普通钢筋混凝土试件进行不同龄期的模拟酸雨腐蚀，研究锂渣钢筋混凝土试件的抗酸雨腐蚀性能。

10.1　试验概况

10.1.1　混凝土配合比

试验所采用的锂渣为第 2 章的白色锂渣，其化学组分见表 2.3。试验采用的 4 种混凝土配合比见表 10.1。

表 10.1　混凝土配合比

锂渣掺量/(%)	1 m^3混凝土各原材料的质量/kg				
	水泥	锂渣	砂	石	水
0	470.0	0	574	1165	188
10	423.0	47.0	574	1165	188
15	399.5	70.5	574	1165	188
20	376.0	94.0	574	1165	188

10.1.2 钢筋

试验所采用的纵向钢筋为 HRB400，箍筋为 HPB300。在试验前对所采用的纵向钢筋进行拉伸试验，测得纵向钢筋屈服强度。纵向钢筋参数见表 10.2。

表 10.2　纵向钢筋参数

钢筋类型	HRB400	HRB400	HRB400
钢筋直径/mm	12	16	20
实测屈服强度/MPa	455	446	439

10.1.3 普通组轴压试验

1. 试验设计

普通组轴压试验共设计 12 根轴压短柱，混凝土设计强度为 C40，纵向受力钢筋为 HRB400，箍筋为 HPB300，水泥为 42.5 级。短柱尺寸为 200 mm×200 mm×600 mm，钢筋保护层厚度为 30 mm，纵向钢筋配筋率 ρ 分别为 1.13%、2.01%和 3.14%，钢筋直径分别为 12 mm、16 mm 和 20 mm，锂渣掺量分别为 0%、10%、15%和 20%。以此来研究不同配筋率、不同锂渣掺量条件下的轴心受压短柱的力学性能。为避免柱头局部压坏，在柱的两端采取加密箍筋的方式对柱头进行保护，加密长度为 150 mm，加密区间的箍筋间距为 50 mm，非加密区间的箍筋间距为 100 mm。为了使试验数据更加精确，在浇筑试件的同时，每一种掺量的锂渣混凝土分别预留了 4 组(每组 3 个)共计 12 个尺寸为 150 mm×150 mm×150 mm 的标准立方体混凝土试块，并与试件同条件养护，在进行轴压试验前测量其实际抗压强度。普通组轴压试件具体参数见表 10.3，试件配筋、测点布置情况及试验装置见图 10.1。

表 10.3　普通组轴压试件具体参数一览表

试件编号	锂渣掺量/(%)	纵向钢筋配筋情况	纵向钢筋配筋率 ρ/(%)
ZZ-00-1	0	4Φ12	1.13
ZZ-00-2	0	4Φ16	2.01
ZZ-00-3	0	4Φ20	3.24
ZZ-10-1	10	4Φ12	1.13
ZZ-10-2	10	4Φ16	2.01
ZZ-10-3	10	4Φ20	3.24
ZZ-15-1	15	4Φ12	1.13
ZZ-15-2	15	4Φ16	2.01
ZZ-15-3	15	4Φ20	3.24
ZZ-20-1	20	4Φ12	1.13
ZZ-20-3	20	4Φ16	2.01
ZZ-20-3	20	4Φ20	3.24

注:试件编号中,ZZ 表示轴压短柱;中间的数字表示锂渣掺量;最后的数字表示纵向钢筋配筋率,1、2、3 对应的配筋率分别为 1.13%、2.01%、3.24%。

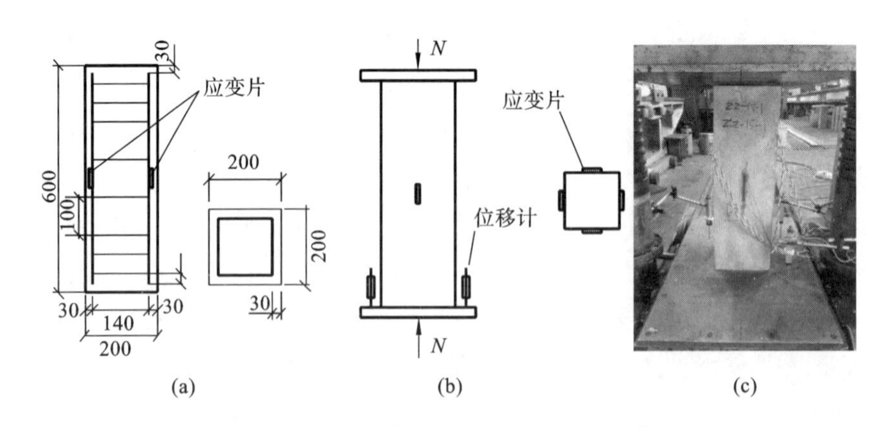

图 10.1　试件配筋、测点布置情况及试验装置

2. 加载方案和测量指标

试验严格按照《混凝土结构试验方法标准》(GB/T 50152—2012)中的要求进行。正式加载前先进行预加载，预加的荷载值为计算极限承载力的10%左右。根据钢筋应变和混凝土应变的读数来调整构件位置，并用细砂调平，直到钢筋以及混凝土的压应变基本相同并平稳增长为止，以此保证构件轴心受压。正式加载时，将加载速率控制在 1～2 kN/s，在接近承载力计算值时，进一步放缓加载速率，直至构件破坏。

进行轴压试验前，在 4 根纵向钢筋的中部及混凝土 4 个侧面的中心处粘贴电阻应变片，用以测量实验时钢筋和混凝土的应变，采用电子位移计测量试件的轴向压缩量，钢筋和混凝土应变测点布置如图 10.1 所示。

10.1.4　腐蚀组轴压试验

1. 试验设计

腐蚀组轴压试件具体参数见表 10.4。在浇筑普通组试件的同时，也浇筑了 8 根用于进行模拟酸雨腐蚀的试件。试件的尺寸同样为 200 mm×200 mm×600 mm，所用的混凝土配合比及钢筋等级与普通组试件的一致。8 根试件中，普通钢筋混凝土试件 4 根，锂渣钢筋混凝土试件 4 根。所有试件的纵向配筋均为 4 根直径为 20 mm 的 HRB400 级钢筋，箍筋设置与普通组试件也一致，4 根锂渣钢筋混凝土试件的锂渣掺量均为 15%。为模拟不同时间长度酸雨腐蚀对试件的影响，本试验设定了 4 个不同的腐蚀龄期，分别为 60 d、90 d、120 d 和 150 d，并与普通组中同类的未腐蚀试件进行对比。在浇筑试件的同时，预留了 24 个尺寸为 150 mm×150 mm×150 mm 的标准立方体试块(12 个普通混凝土，12 个锂渣掺量为 15%混凝土)，与试件在相同的模拟酸雨环境下进行腐蚀，用于获取在不同腐蚀龄期后混凝土的实际抗压强度。

表 10.4　腐蚀组轴压试件具体参数

试件编号	锂渣掺量/(%)	纵向钢筋配筋情况	纵向钢筋配筋率 ρ/(%)	腐蚀龄期/d
SZ-00-0	0	4 Φ 20	3.14	0
SZ-00-2	0	4 Φ 20	3.14	60

续表

试件编号	锂渣掺量/(%)	纵向钢筋配筋情况	纵向钢筋配筋率 ρ/(%)	腐蚀龄期/d
SZ-00-3	0	4Φ20	3.14	90
SZ-00-4	0	4Φ20	3.14	120
SZ-00-5	0	4Φ20	3.14	150
SZ-15-0	15	4Φ20	3.14	0
SZ-15-2	15	4Φ20	3.14	60
SZ-15-3	15	4Φ20	3.14	90
SZ-15-4	15	4Φ20	3.14	120
SZ-15-5	15	4Φ20	3.14	150

注：试件编号中，SZ 表示酸雨腐蚀轴压短柱；中间的数字表示锂渣掺量；最后的数字表示腐蚀龄期，0、2、3、4、5 分别对应的腐蚀龄期为 0、60、90、120、150 d。

2. 模拟酸雨腐蚀设计

本试验采用循环喷淋的方式来模拟酸雨腐蚀，模拟酸雨喷淋装置如图 10.2 所示。通过降低喷淋溶液的 pH 值，提高溶液中有害离子的浓度来加速酸雨对试件的侵蚀。模拟酸雨溶液中，离子成分主要为 SO_4^{2-}、NO_3^-、H^+、

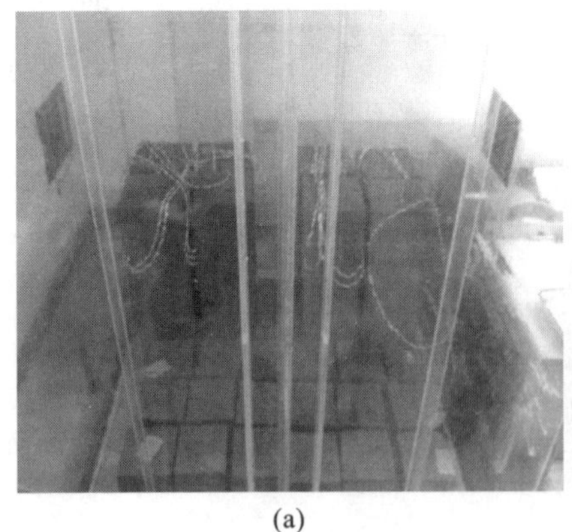

(a)

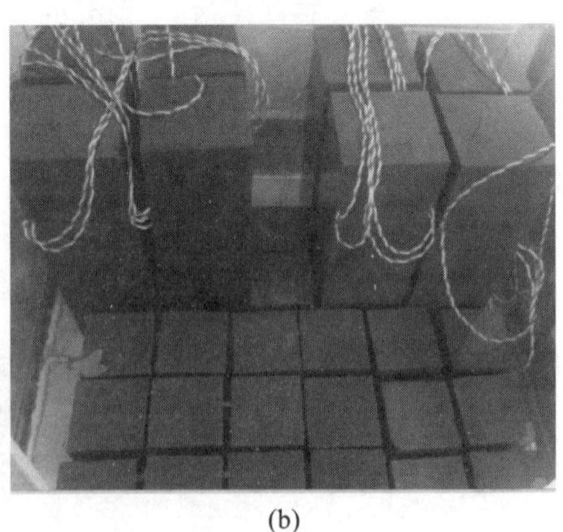

(b)

图 10.2　模拟酸雨喷淋装置

NH_4^+、Mg^{2+}、Ca^{2+} 等，其中 SO_4^{2-} 浓度为 0.01 mol/L，NH_4^+ 浓度为 0.002 mol/L、Mg^{2+} 浓度为 0.002 mol/L。溶液的 pH 值设定为 2.3，喷淋时通过添加稀释后的硝酸溶液来调节 pH 值。其他离子浓度通过定期添加硫酸钠、硫酸镁和硫酸铵来调节。喷淋方式：以“先喷淋 3 h，再静置 5 h”为 1 个循环，每天 3 个循环，并定时对 pH 值和离子浓度进行检测和调节，定期更换溶液。试件喷淋腐蚀龄期为 60 d、90 d、120 d 和 150 d。

3. 加载方案和测量指标

试验加载方式与普通组试件相同。试验前，在 4 根纵向钢筋的中部和混凝土 4 个侧面中心处粘贴电阻应变片，用以测量实验时钢筋和混凝土的应变。由于酸雨腐蚀在混凝土表面上形成了许多坑洞，所以在粘贴混凝土应变片前，用环氧树脂和固化剂按 1∶2 混合后涂抹在混凝土表面，干燥后用打磨机磨薄找平，在方便粘贴混凝土应变片的同时，尽量减少对应变数据采集的影响。试验时，采用电子位移计测量试件的轴向压缩量，钢筋应变测点布置如图 10.1(a)所示，混凝土应变测点布置如图 10.3 所示。

图 10.3　混凝土应变测点布置

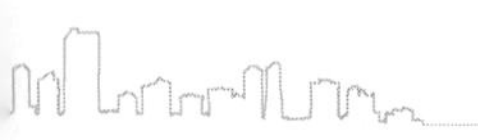

10.2 普通组轴压试验

10.2.1 试验现象

普通组试件的破坏形态如图 10.4 所示。从图 10.4 中可以看出，各类试件的破坏形态相似，这说明在试验过程中，锂渣钢筋混凝土试件与普通钢筋混凝土试件的受力特性基本一致。而在加载过程中，锂渣混凝土应变与钢筋应变同步均匀增长，说明锂渣混凝土与钢筋之间的协同工作性能良好。在试验过程中观察到，同种配筋情况下，锂渣钢筋混凝土试件出现裂缝的时间比普通钢筋混凝土试件出现裂缝的时间要晚，并且锂渣掺量越高的试件，与普通钢筋混凝土试件在开裂时间上的差距越大，但锂渣钢筋混凝土试件的裂缝发展比普通钢筋混凝土试件快。当试件柱身出现贯穿式大裂缝时，试件已接近极限承载力，此时减缓加载速度，直至试件破坏，试验结束。对比试验后各类试件的破坏程度可知，配筋越大的试件破坏程度越高，这是由于配筋率越大，试件刚度越大，延性越差，混凝土与钢筋协同工作性能下降，容易出现脆性破坏。

图 10.4 普通组试件的破坏形态

10.2.2 荷载与变形

相同配筋率、不同锂渣掺量试件的荷载(N)-轴向压缩量(Δ)曲线如图 10.5 所示。从图 10.5 中可以看出，所有试件的轴向变形发展规律基本一致。配筋率为 1.13%和 2.01%的锂渣钢筋混凝土试件在承载力达到峰值时的轴向压缩量几乎都大于普通钢筋混凝土试件，这说明锂渣钢筋混凝土试件的延性相比于普通钢筋混凝土试件的延性要好。而当配筋率达到 3.14%时，锂渣钢筋混凝土试件达到峰值荷载时的轴向压缩量要略小于普通钢筋混凝土试件。

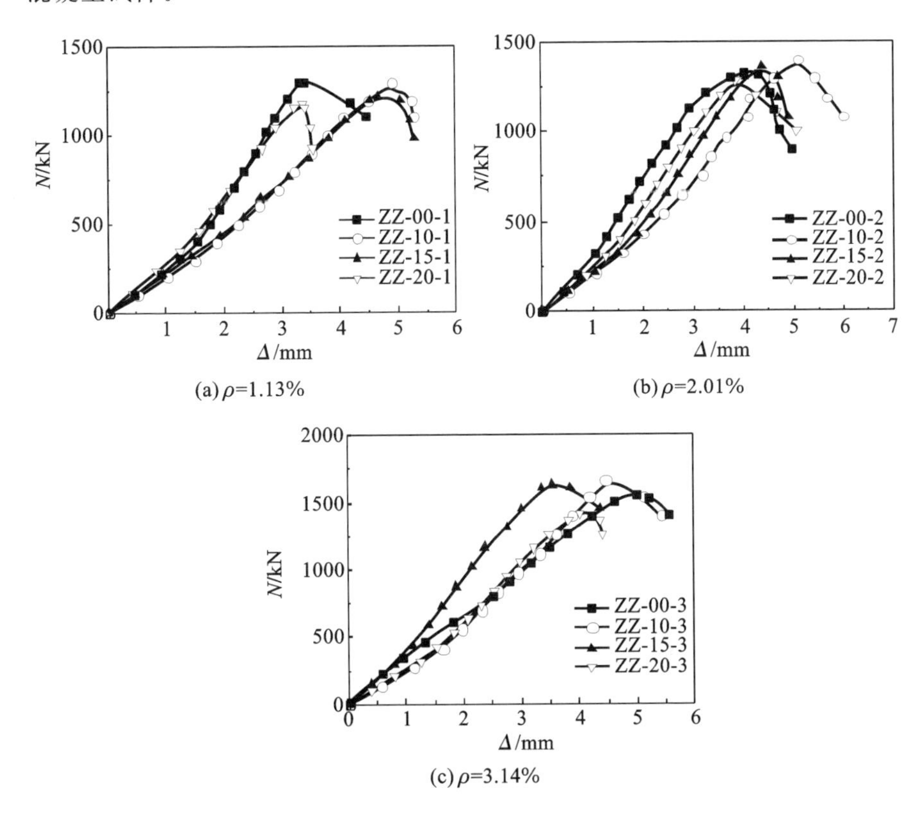

图 10.5　荷载-轴向压缩量曲线

相同配筋率、不同锂渣掺量试件的荷载(N)-混凝土应变(ε)曲线如图 10.6 所示。从图 10.6 中可以看出，配筋率相同、锂渣掺量不同的各试件的混凝土应变发展规律基本一致，在加载初期，混凝土应变增长与荷载增长为线性关系，随着荷载的增大，应变发展加快，在达到峰值荷载时，混凝土的应变值十分接近。这表明在单向轴心荷载作用下，锂渣钢筋混凝土试件的混凝土的受力特性与普通钢筋混凝土的混凝土的受力特性基本一致。

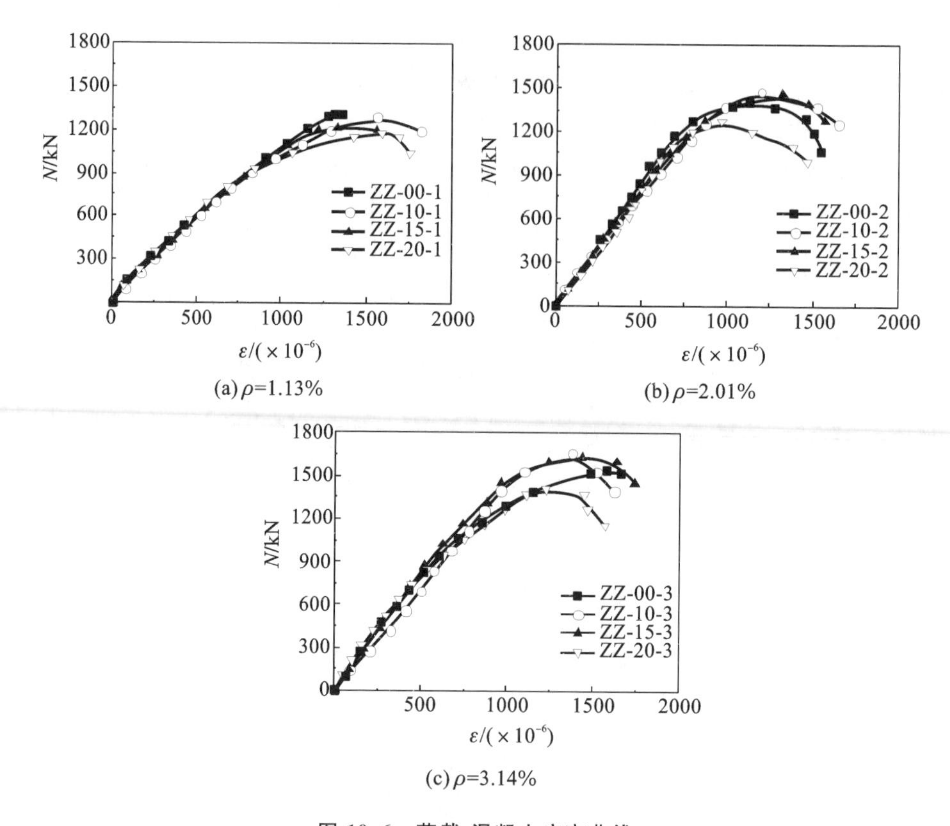

图 10.6 荷载-混凝土应变曲线

相同配筋率、不同锂渣掺量试件的荷载(N)-钢筋应变(ε)曲线如图 10.7 所示。从图 10.7 中可以看出,配筋率为 1.13%和 2.01%的锂渣钢筋混凝土试件与普通钢筋混凝土试件相比,两者的钢筋应变的发展规律基本一致,峰值应变也十分接近,这说明锂渣钢筋混凝土试件的钢筋受力特性与普通钢筋混凝土试件的钢筋受力特性是相似的。而配筋率为 3.24%的各试件中,锂渣掺量为 10%和 15%的试件在荷载达到峰值时的钢筋应变要明显小于普通钢筋混凝土,这说明适量掺入锂渣对提高试件的刚度有益。

相同配筋率、不同锂渣掺量试件的混凝土及钢筋荷载(N)-应变(ε)曲线如图 10.8 所示。在加载初期,各类试件的混凝土应变和钢筋应变发展基本保持同步,表明在试验进行的初期,钢筋与混凝土协同工作良好,并未产生明显的黏结滑移。随着荷载的不断增加,配筋率为 1.13%及 2.01%试件的

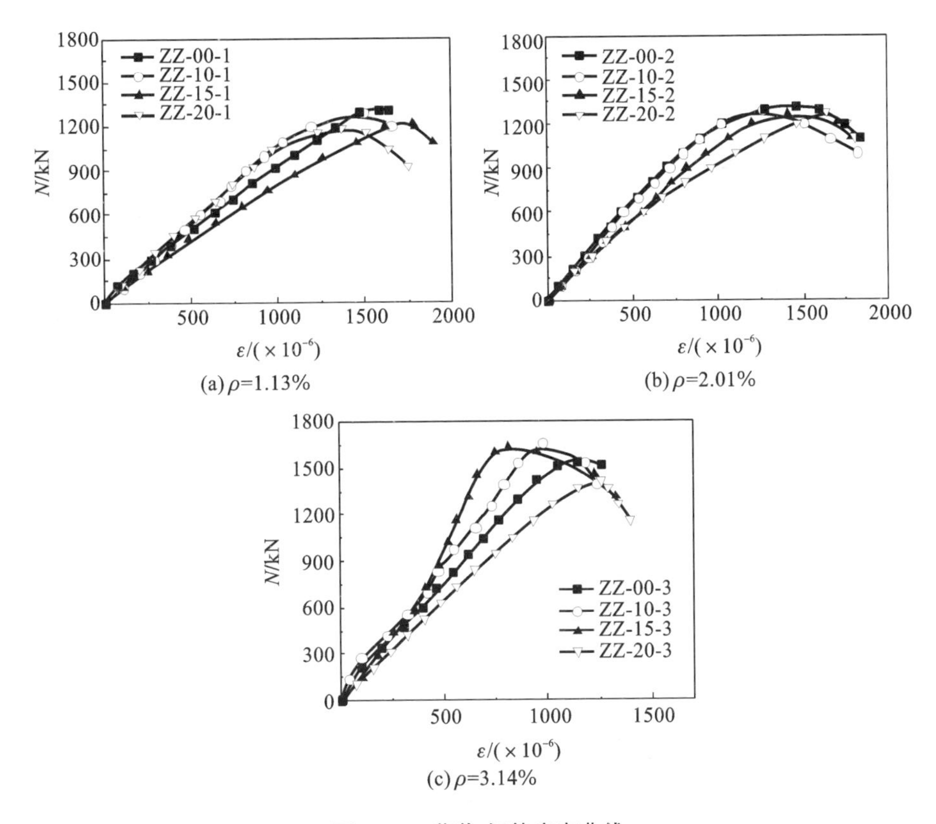

(a) ρ=1.13%

(b) ρ=2.01%

(c) ρ=3.14%

图 10.7　荷载-钢筋应变曲线

钢筋应变增长速度逐渐大于混凝土应变增长速度，而配筋率为 3.14％试件的钢筋应变增长速度小于混凝土应变增长速度，这说明钢筋与混凝土之间出现相对滑移，其中锂渣掺量为 10％的试件的钢筋与混凝土应变差值相对较小。从整体来看，锂渣钢筋混凝土中混凝土与钢筋的协同工作性能良好。

10.2.3　承载力试验值与承载力计算值对比

普通组轴压试验所得的试件的承载力试验值 N_{ue} 列于表 10.5 中。从各试件的承载力试验值可以看出，配筋率相同时，锂渣掺量为 10％和 15％的试件的极限承载力均要高于普通钢筋混凝土试件，而锂渣掺量为 20％的试件

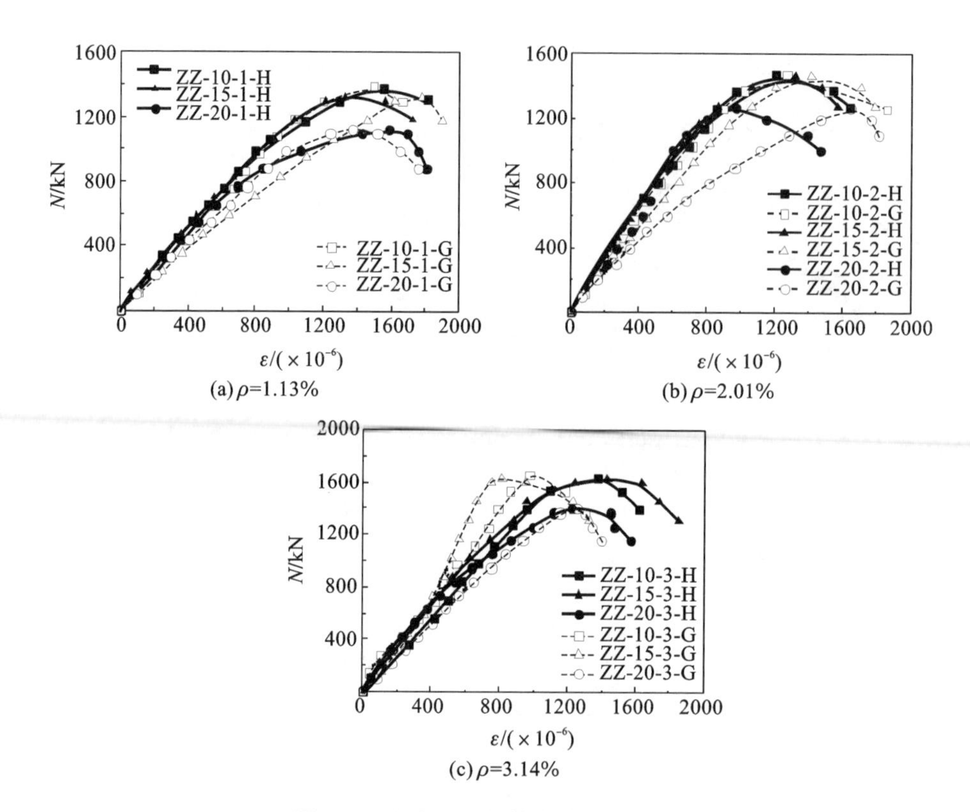

图 10.8　混凝土及钢筋荷载-应变曲线

（注：图中 H 代表混凝土；G 代表钢筋）

的极限承载力要稍低于普通钢筋混凝土试件。

通过轴压试验前进行的立方体抗压强度试验，测得了混凝土实际的立方体抗压强度 $f_{cu,k}$，并采用公式 $f_{ck}=0.88\alpha_{c1}\alpha_{c2}f_{cu,k}$ 将其换算为轴心抗压强度 f_{ck}（本试验中，$\alpha_{c1}=0.76$，$\alpha_{c2}=1.0$）。然后，根据《混凝土结构设计规范（2015 版）》（GB 50010—2010）中的式（6.2.15）计算出试件的极限承载力。计算公式如式（10.1）所示：

$$N = 0.9\varphi(f_c A + f'_y A'_s) \tag{10.1}$$

式中，N——轴向压力设计值，即表 11.5 中的 N_{uc}；

φ——钢筋混凝土构件的稳定系数，本试验取 1；

f_c——混凝土轴心抗压强度设计值，取本次试验实测值；

A——构件截面面积，当纵向钢筋配筋率大于3%时，式中A应改用$(A-A'_s)$；

f'_y——纵向钢筋抗压强度设计值，取本试验实测值；

A'_s——全部纵向普通钢筋的截面面积。

承载力计算值的计算结果也列于表10.5中。对比承载力试验值与承载力计算值可知，除锂渣掺量为20%的试件外，其余试件的承载力试验值与承载力计算值的比值均大于1。说明采用现行混凝土结构设计规范中的公式计算掺入适量锂渣的钢筋混凝土轴压短柱的极限承载力是可行的，并且计算结果偏于安全。

表10.5　普通组轴压试件参数一览表

试件编号	锂渣掺量/(%)	配筋情况	配筋率/(%)	立方体抗压强度$f_{cu,k}$/MPa	轴心抗压强度f_{ck}/MPa	钢筋屈服强度f_y/MPa	承载力试验值N_{ue}/kN	承载力计算值N_{uc}/kN	N_{ue}/N_{uc}
ZZ-00-1	0	4Φ12	1.13	44.20	29.56	455	1300	1249	1.041
ZZ-00-2	0	4Φ16	2.01	44.20	29.56	446	1410	1387	1.017
ZZ-00-3	0	4Φ20	3.24	44.20	29.56	439	1550	1527	1.015
ZZ-10-1	10	4Φ12	1.13	46.69	31.23	455	1390	1309	1.062
ZZ-10-2	10	4Φ16	2.01	46.69	31.23	446	1480	1447	1.023
ZZ-10-3	10	4Φ20	3.24	46.69	31.23	439	1660	1585	1.047
ZZ-15-1	15	4Φ12	1.13	45.65	30.53	455	1320	1284	1.028
ZZ-15-2	15	4Φ16	2.01	45.65	30.53	446	1460	1422	1.027
ZZ-15-3	15	4Φ20	3.24	45.65	30.53	439	1630	1561	1.044
ZZ-20-1	20	4Φ12	1.13	41.41	27.70	455	1120	1182	0.947
ZZ-20-3	20	4Φ16	2.01	41.41	27.70	446	1270	1320	0.962
ZZ-20-3	20	4Φ20	3.24	41.41	27.70	439	1410	1462	0.964

注：N_{ue}为试验中所测得的实际极限承载力；N_{uc}为按照我国现行规范计算公式所计算的轴心抗压承载力。

10.3 腐蚀组轴压试验

10.3.1 试验现象

普通钢筋混凝土试件和锂渣掺量为15%的钢筋混凝土试件在不同腐蚀龄期后混凝土表面的腐蚀程度如图10.9所示。从图10.9中可以看出，随着腐蚀龄期的增加，混凝土表面的腐蚀程度越深，坑蚀越严重。经历60 d模拟酸雨腐蚀后的普通钢筋混凝土试件和锂渣钢筋混凝土试件表面还未产生明显的坑洞，而经历90 d模拟酸雨腐蚀后的普通钢筋混凝土试件和锂渣钢筋混凝土试件表面均出现较为明显的腐蚀坑洞，而经历120 d及150 d模拟酸雨腐蚀后，两类试件的混凝土表面腐蚀现象变得尤其明显，且锂渣钢筋混凝土试件表面的混凝土腐蚀面积比普通钢筋混凝土试件表面的混凝土腐蚀面积大，这主要是由于锂渣在经过高低温烘干后吸水性极强，所以表层砂浆更容易被模拟酸雨溶液腐蚀[137]。

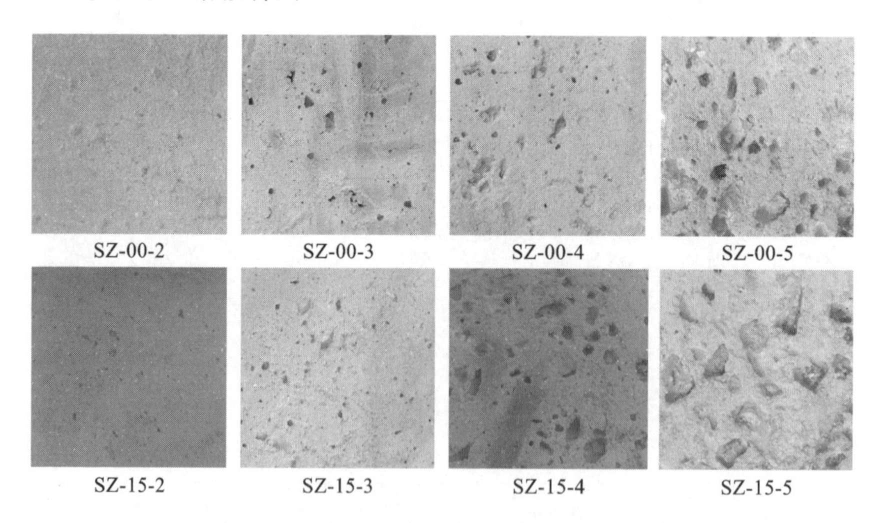

图10.9 不同腐蚀龄期后混凝土表面腐蚀程度

腐蚀组试件的破坏形态如图10.10所示。从图10.10中可以看出，各试

件的破坏形态接近,这说明受腐蚀后锂渣钢筋混凝土与普通钢筋混凝土的受力特性是基本一致的。在加载初期,混凝土应变与钢筋应变同步均匀增长,随着荷载的增加,混凝土开裂,混凝土应变增长速度与钢筋应变增长速度出现差异,二者协同工作性能逐渐下降。当试件出现贯穿式大裂缝时,说明荷载已接近承载力极限值,此时减缓加载速度,直至试件破坏,试验结束。在试验过程中观察到,腐蚀龄期长的试件从开裂到破坏,承载力下降的时间要明显短于腐蚀龄期短的试件,说明随着腐蚀龄期的增加,试件的延性明显下降,脆性增大。

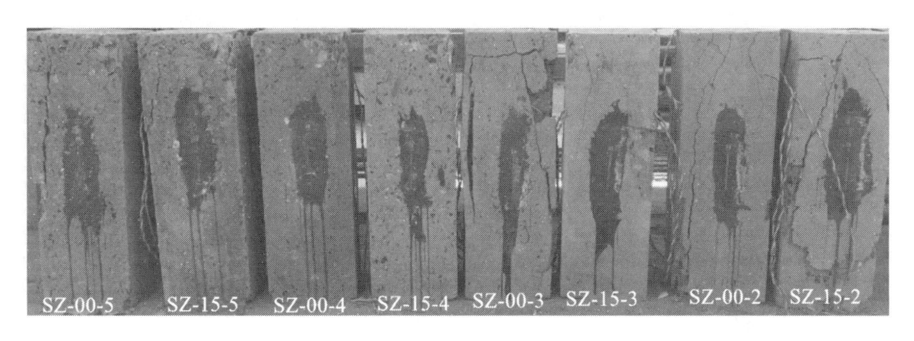

图 10.10 腐蚀组试件的破坏形态

10.3.2 应变与轴向压缩量

1. 应变分析

同种类型的钢筋混凝土试件在不同腐蚀龄期下的荷载(N)-混凝土应变(ε)曲线如图10.11所示。从图10.11中可以得出,试件的混凝土应变的发展规律相似,并没有随着腐蚀龄期的变化而发生较大改变,主要区别体现在试件的承载力上。随着腐蚀龄期的增加,试件的承载力逐渐下降。

同种类型的钢筋混凝土在不同腐蚀龄期下的荷载(N)-钢筋应变(ε)曲线如图10.12所示。从图10.12中可以看出,各类试件的钢筋应变发展规律基本一致,腐蚀试件比未腐蚀试件的钢筋应变发展明显要快,而且钢筋应变的发展速度与腐蚀龄期呈正比关系。

不同腐蚀龄期和锂渣掺量试件的混凝土及钢筋荷载(N)-应变(ε)曲线

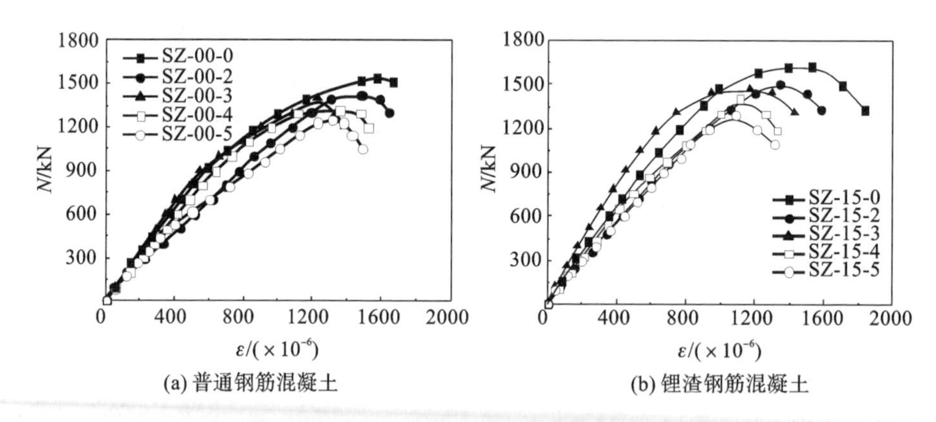

(a) 普通钢筋混凝土　　(b) 锂渣钢筋混凝土

图 10.11　荷载-混凝土应变曲线

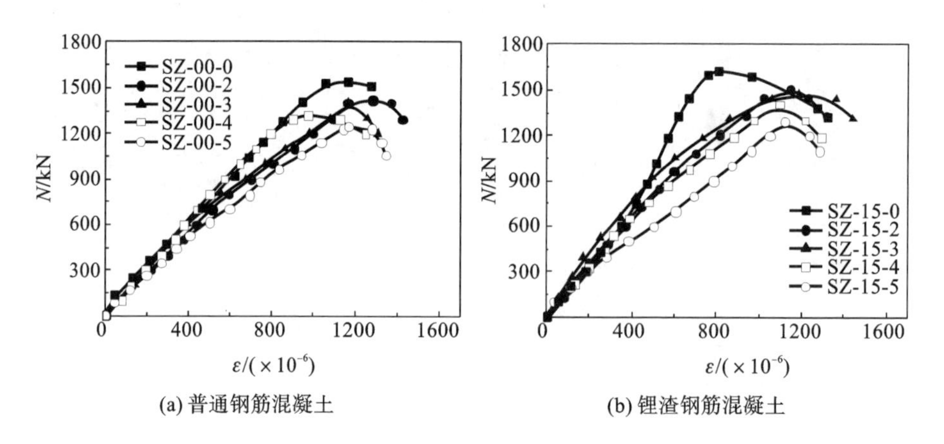

(a) 普通钢筋混凝土　　(b) 锂渣钢筋混凝土

图 10.12　荷载-钢筋应变曲线

如图 10.13 所示。从图 10.13 中可以看出，在轴向荷载作用下，锂渣钢筋混凝土试件与普通钢筋混凝土试件的应变发展规律相似。同一试件的混凝土应变及钢筋应变在加载初期弹性工作阶段基本吻合，说明二者黏结性较好，协同工作性能良好。但随着荷载的持续增加，混凝土应变与钢筋应变增长出现不一致，这表明钢筋与混凝土之间出现相对滑移。对比相同腐蚀龄期下不同类型试件的应变发展规律可知，锂渣钢筋混凝土试件的应变发展比普通钢筋混凝土试件的应变发展慢，说明锂渣钢筋混凝土试件整体刚度比普通钢筋混凝土强。从整体来看，随着腐蚀龄期的增加，各类试件在荷载达到峰值时所对应的应变呈下降趋势，说明随着腐蚀龄期的增加，试件的脆性

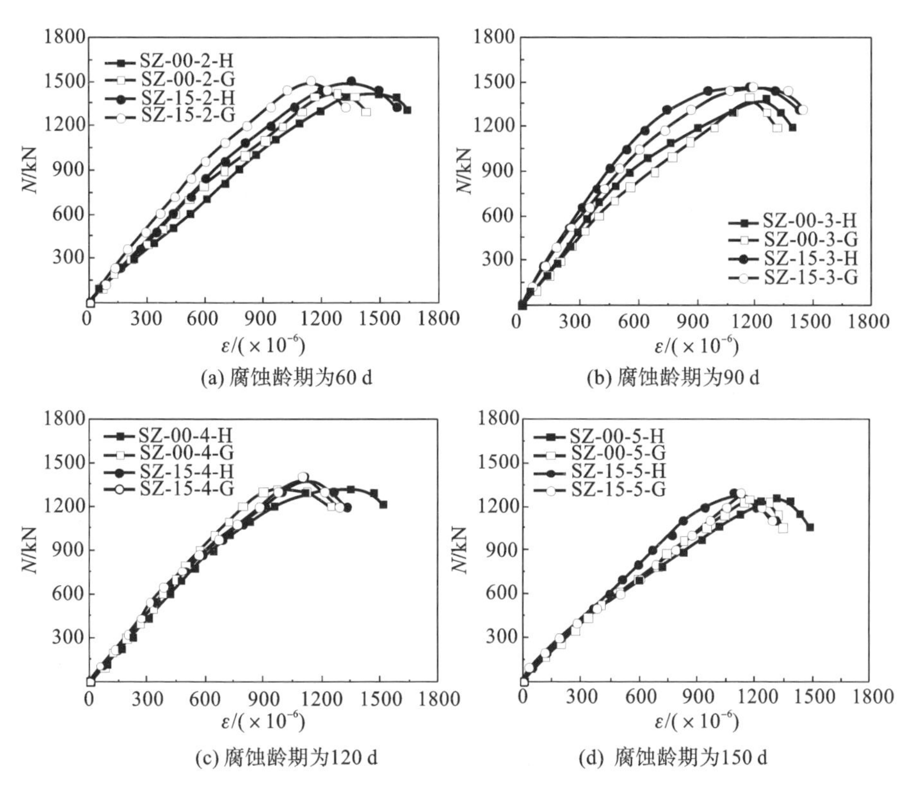

图 10.13　混凝土及钢筋荷载-应变曲线

（注：图中 H 代表混凝土；G 代表钢筋。）

增大，容易发生脆性破坏。

2. 轴向压缩量分析

相同腐蚀龄期下，普通钢筋混凝土试件和锂渣掺量为 15%的钢筋混凝土试件的荷载（N）-轴向压缩量（Δ）曲线如图 10.14 所示。从图 10.14 中可以看出，腐蚀龄期为 60 d、90 d 和 120 d 时，锂渣钢筋混凝土试件的轴向压缩量发展均比普通钢筋混凝土试件慢。荷载达到峰值时，试件的最大轴向压缩量也比普通钢筋混凝土试件小。这说明在相同模拟酸雨腐蚀龄期下，锂渣钢筋混凝土试件的整体刚度比普通钢筋混凝土试件强，锂渣钢筋混凝土相对于普通钢筋混凝土有更好的抗酸雨腐蚀性能。

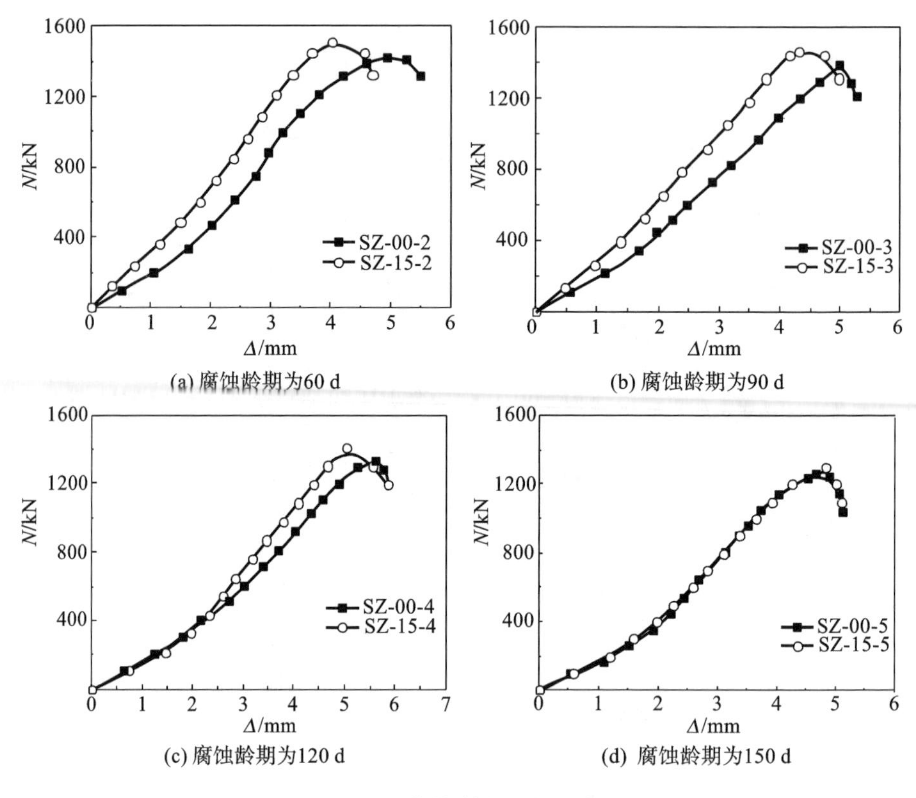

图 10.14 荷载-轴向压缩量曲线

10.3.3 超声波检测损伤厚度

1. 超声波平测法原理

超声波平测法检测时，换能器测点布置如图 10.15 所示。发射换能器置于测试表面 A 点耦合后保持不动，接收换能器依次耦合置于各测点（B_1，B_2，B_3等），且测点间距不宜大于 100 mm，依次读取相应测点的声时值（t_1，t_2，t_3等）及两换能器之间的距离（l_1，l_2，l_3等），每个测区内不得少于 5 个测点。根据各测点测得的声时值及测距，绘制混凝土表层损伤检测"时-距"坐标图，如图 10.16 所示。当混凝土中出现缺陷或损伤时，超声波通过缺陷时会产生绕射，其传播声速比无损混凝土中的传播声速小，声时大，表现在"时-距"坐标图上即直线斜率出现变化，由此可以计算出超声波在损伤混凝土和无损混凝土中的传播速度。

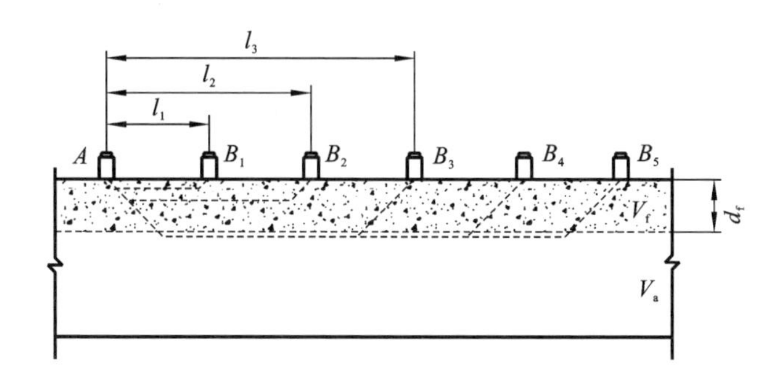

图 10.15　换能器测点布置

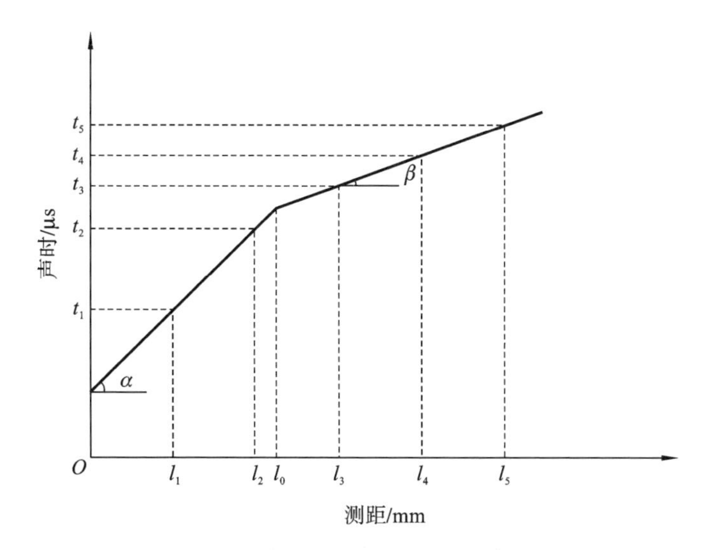

图 10.16　混凝土表面损伤检测"时-距"坐标图

混凝土表面损伤厚度可按式(10.2)计算：

$$d_f = \frac{l_0}{2}\sqrt{\frac{V_a - V_f}{V_a + V_f}} \tag{10.2}$$

其中，超声波在损伤混凝土中的声速 V_f 和在无损混凝土中的声速 V_a 分别按照式(10.3)和式(10.4)计算：

$$V_f = \cot\alpha = \frac{l_2 - l_1}{t_2 - t_1} \tag{10.3}$$

$$V_a = \cot\beta = \frac{l_5 - l_3}{t_5 - t_3} \tag{10.4}$$

式中，d_f——混凝土表面损伤厚度(mm)；

V_f——超声波在损伤混凝土中的声速(km/s)；

V_a——超声波在无损混凝土中的声速(km/s)；

l_0——声速发生突变时的测距(mm)；

l_1, l_2, l_3, l_5——分别为声速出现转折前后各测点的测距(mm)；

t_1, t_2, t_3, t_5——与 l_1, l_2, l_3, l_5 对应的声时(μs)。

2. 试验设计

本次超声波检测试验对经过不同腐蚀龄期后轴压短柱的 4 个侧面进行损伤厚度检测。为了获得更精确的试验数据，在每一个侧面的中部选取测区进行超声波检测，试验测点布置如图 10.17 所示。将发射换能器放于选取的固定点后，先将第一个接收点设置于距发射点 50 mm 处，再以第一个接收点为基点，以 25 mm 为步长依次设置其他接收点，试验实物图如图 10.18 所示。

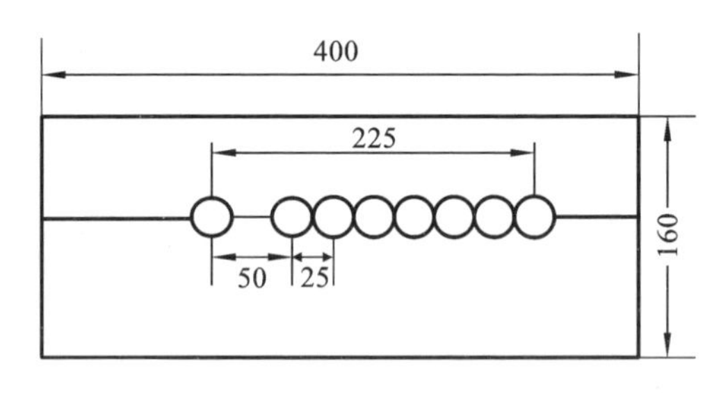

图 10.17　试验测点布置

3. 试验结果

通过试验测得超声波在混凝土中的声时和在无损混凝土中的声时后，绘制“时-距”坐标图，并由坐标图拟合出的直线计算出转折点处的横坐标 l_0，然后利用式(10.3)、式(10.4)计算出超声波在损伤混凝土中的声速 V_f 及在无损混凝土中的声速 V_a，最后由式(10.2)计算得出轴压短柱混凝土每一个

图 10.18　试验实物图

表面的损伤厚度 d_f，并以 4 个面的平均值作为该试件的混凝土表面损伤厚度。不同腐蚀龄期超声波平测法测得的声时结果见表 10.6。

表 10.6　不同腐蚀龄期超声波平测法测得的声时结果　　单位：μs

试件编号	测区	测距/mm								
		0	50	75	100	125	150	175	200	225
SZ-00-2	1	0	17.6	28.1	37.8	46.9	57.6	67.1	77.3	88.1
	2	0	18.8	29.3	38.2	47.1	56.4	65.4	76.6	86.9
	3	0	18.1	27.9	36.5	45.8	56.2	64.9	75.8	87.0
	4	0	19.1	29.5	37.1	47.8	58.6	67.8	77.9	86.8
	平均值	0	18.4	28.7	37.4	46.9	57.2	66.3	76.9	87.2
SZ-15-2	1	0	15.9	26.2	35.5	45.2	56.4	66.2	75.6	86.4
	2	0	17.2	27.3	36.3	45.8	54.6	65.0	75.2	83.9
	3	0	17.5	26.9	35.9	45.1	54.2	64.4	73.9	84.3
	4	0	16.6	25.6	34.7	43.1	55.2	65.6	74.5	83.8
	平均值	0	16.8	26.5	35.6	44.8	55.1	65.3	74.8	84.6

续表

试件编号	测区	测距/mm								
		0	50	75	100	125	150	175	200	225
SZ-00-3	1	0	20.4	31.6	42.3	51.7	62.2	73.5	85.2	97.0
	2	0	22.5	32.8	41.6	52.5	63.1	74.9	86.1	96.5
	3	0	21.3	32.3	40.8	50.6	62.4	75.2	86.9	98.5
	4	0	22.2	30.9	40.1	52.4	62.7	75.6	84.2	96.6
	平均值	0	21.6	31.9	41.2	51.8	62.6	74.8	85.6	97.4
SZ-15-3	1	0	19.2	28.1	39.4	51.2	62.4	73.9	85.7	94.9
	2	0	21.1	30.6	41.1	52.0	61.7	74.8	86.3	95.7
	3	0	19.7	29.7	38.8	48.6	61.2	75.2	86.9	94.6
	4	0	20.4	28.8	39.9	49.4	63.1	74.1	85.9	95.2
	平均值	0	20.1	29.3	39.8	50.3	62.1	74.5	86.2	95.1
SZ-00-4	1	0	27.8	38.4	49.2	58.9	70.6	84.1	97.8	111.5
	2	0	25.6	36.8	47.5	58.1	72.5	85.5	98.3	115.7
	3	0	26.1	39.1	48.9	59.6	73.4	86.7	101.4	114.6
	4	0	25.7	37.3	47.6	58.2	73.9	86.9	99.7	115.4
	平均值	0	26.3	37.9	48.3	58.7	72.6	85.8	99.3	114.3
SZ-15-4	1	0	29.0	40.3	49.5	61.3	74.4	85.4	96.4	102.5
	2	0	28.1	38.5	47.4	59.5	71.7	84.1	95.3	104.3
	3	0	28.8	37.9	47.2	60.3	73.8	82.5	93.7	101.2
	4	0	27.7	40.1	48.3	62.1	74.5	85.2	95.0	103.6
	平均值	0	28.4	39.2	48.1	60.8	73.6	84.3	95.1	102.9
SZ-00-5	1	0	28.6	43.5	57.6	71.6	85.5	94.7	106.2	118.5
	2	0	31.3	44.8	59.3	73.8	87.3	96.5	108.3	117.4
	3	0	29.2	42.4	58.8	73.1	86.7	95.8	104.9	115.8
	4	0	31.7	45.7	58.3	71.9	85.3	95.4	112.2	125.1
	平均值	0	30.2	44.1	58.5	72.6	86.2	95.6	107.9	119.2

续表

试件编号	测区	测距/mm								
		0	50	75	100	125	150	175	200	225
SZ-15-5	1	0	29.7	42.5	55.5	68.2	82.1	93.2	104.5	114.2
	2	0	27.8	40.4	53.6	66.3	81.5	92.1	102.6	111.8
	3	0	28.5	42.9	53.1	67.4	80.3	91.8	100.6	110.3
	4	0	31.2	44.2	54.2	69.3	80.9	92.5	105.1	113.3
	平均值	0	29.3	42.5	54.1	67.8	81.2	92.4	103.2	112.4

由表 10.6 中的超声波声时数据及测距进行线性回归分析，绘制出试件“时-距”拟合回归图，如图 10.19 所示。

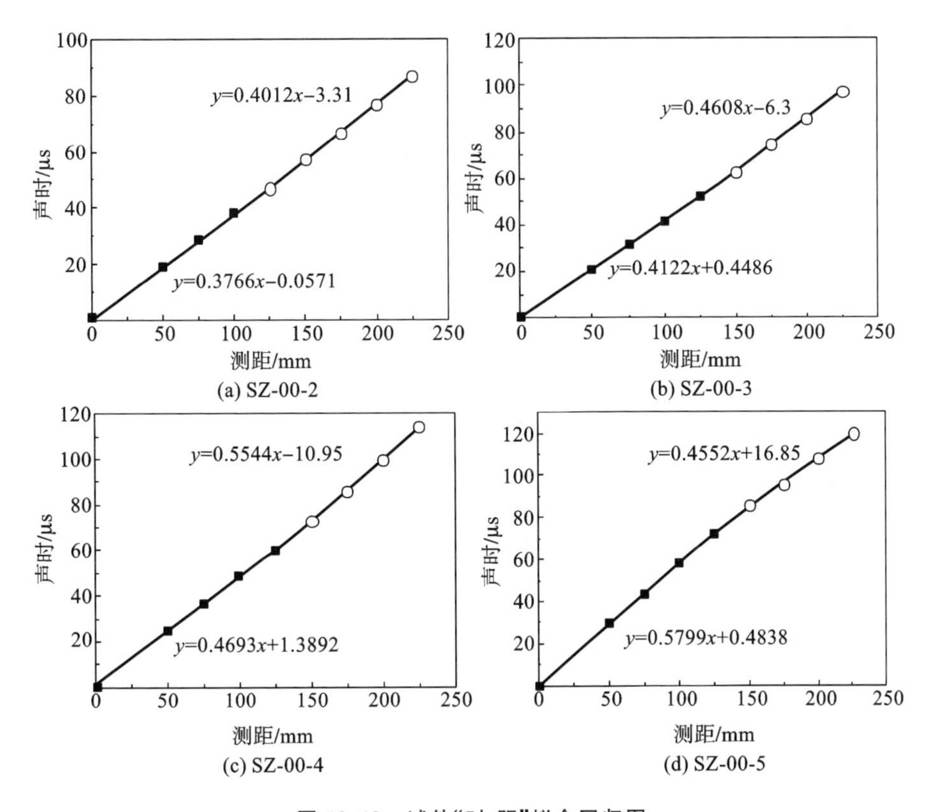

图 10.19　试件“时-距”拟合回归图

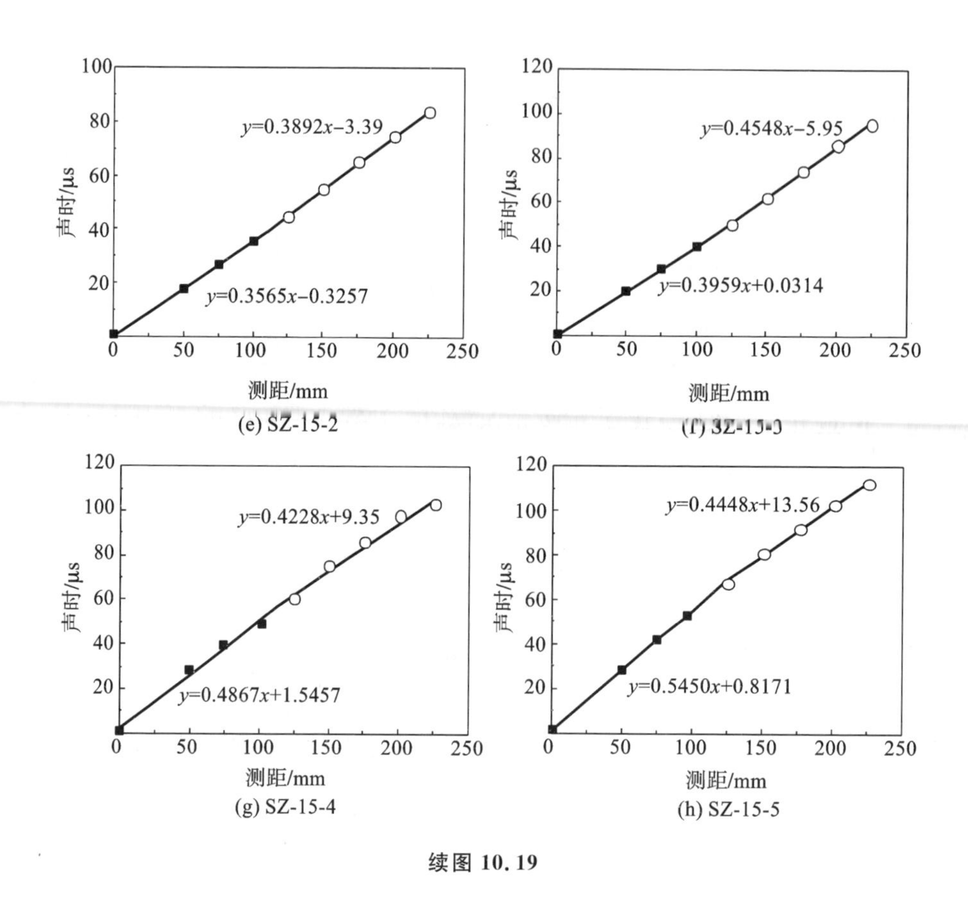

(e) SZ-15-2　(f) SZ-15-3

(g) SZ-15-4　(h) SZ-15-5

续图 10.19

试件表面损伤厚度计算结果见表 10.7，根据表 10.7 绘制试件损伤厚度 d_f 与腐蚀龄期的关系图，如图 10.20 所示。从图 10.20 中可以看出，两类钢筋混凝土的表层损伤程度均随腐蚀龄期的增加而加深；在经历相同的腐蚀龄期后，锂渣钢筋混凝土的表层损伤厚度均比普通钢筋混凝土表层损伤厚度小，由此可见，锂渣钢筋混凝土的抗酸雨腐蚀性能要优于普通混凝土，其原因在于锂渣钢筋混凝土内部存在活性二氧化硅，并会与水泥水化产物发生二次水化反应，进一步提高了混凝土内部结构的密实性，减缓了酸雨的腐蚀。

表 10.7　试件表面损伤厚度计算结果

试件编号	V_a/(km/s)	V_f/(km/s)	l_0/mm	d_f/mm
SZ-00-2	2.66	2.49	132.03	12.01
SZ-00-3	2.43	2.17	138.86	16.51
SZ-00-4	2.13	1.80	145.00	21.01
SZ-00-5	2.02	1.72	131.24	18.58
SZ-15-2	2.81	2.57	93.71	9.90
SZ-15-3	2.43	2.17	101.55	12.07
SZ-15-4	2.37	2.05	122.13	16.43
SZ-15-5	2.25	1.83	127.17	20.40

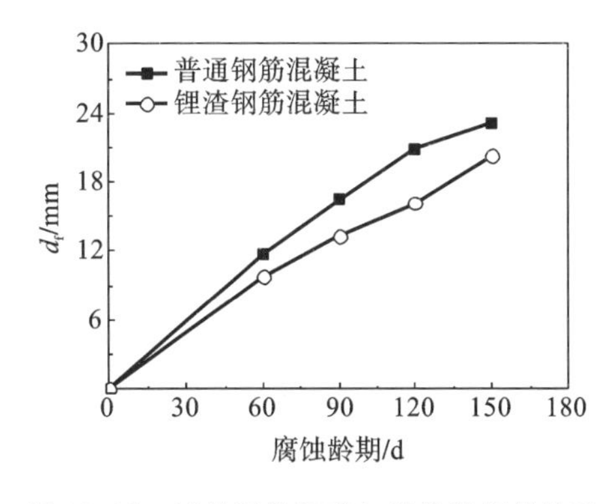

图 10.20　试件损伤厚度与腐蚀龄期的关系

10.3.4　抗压强度及承载力计算

通过对模拟酸雨腐蚀后的标准立方体试块进行立方体抗压强度试验，获得了不同腐蚀龄期后混凝土立方体抗压强度的变化规律，如图 10.21 所示。

从图 10.21 中可以看出，随着龄蚀龄期的增加，两类混凝土抗压强度都呈下降趋势，且腐蚀后期强度下降更明显。在相同腐蚀龄期下，锂渣混凝土的抗压强度高于普通混凝土的抗压强度。

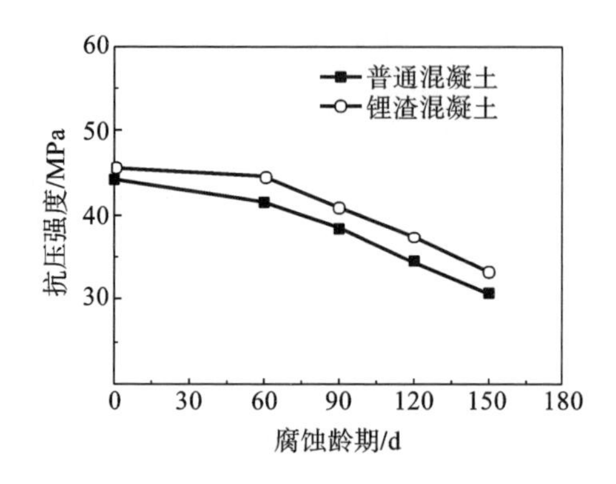

图 10.21 不同腐蚀龄期后混凝土立方体抗压强度的变化规律

腐蚀组轴压试件试验结果见表 10.8，按现行混凝土结构设计规范，其承载力的计算方法同式(10.1)，为了建立适合经过模拟酸雨腐蚀后的锂渣混凝土正截面受压承载力的计算方法，对式(10.1)进行修正。修正后的公式如式(10.5)所示：

$$N = 0.9\varphi(f_{cs}A_{sf} + f'_{y}A'_{s}) \tag{10.5}$$

式中，f_{cs}为轴压试验前，利用试验获得的腐蚀后混凝土立方体抗压强度换算所得到的混凝土轴心抗压强度，即经过不同腐蚀龄期后的混凝土实测轴心抗压强度；A_{sf}为利用超声波探测混凝土表面后，所测得的混凝土表面损伤厚度 d_f对构件截面面积进行折减后所得到的计算截面面积。

从表中 N_{ue}/N_{uc}可以看出，承载力试验值与承载力计算值十分接近，且试件具有足够的安全储备。说明通过获得混凝土的实测抗压强度，并对腐蚀后混凝土的截面面积进行折减后来计算腐蚀试件的承载力是可行的。

表 10.8 腐蚀组轴压试件试验结果

试件编号	锂渣掺量/(%)	配筋情况	配筋率 ρ/(%)	腐蚀龄期/d	立方体抗压强度 $f_{cu,k}$/MPa	轴心抗压强度 f_{cs}/MPa	承载力试验值 N_{ue}/kN	承载力计算值 N_{uc}/kN	N_{ue}/N_{uc}
SZ-00-0	0	4Φ20	3.14	0	44.20	29.56	1550	1525	1.016
SZ-00-2	0	4Φ20	3.14	60	41.59	27.82	1420	1382	1.027
SZ-00-3	0	4Φ20	3.14	90	38.48	25.74	1400	1276	1.097

续表

试件编号	锂渣掺量/(%)	配筋情况	配筋率 ρ/(%)	腐蚀龄期/d	立方体抗压强度 $f_{cu,k}$/MPa	轴心抗压强度 f_{cs}/MPa	承载力试验值 N_{ue}/kN	承载力计算值 N_{uc}/kN	N_{ue}/N_{uc}
SZ-00-4	0	4Φ20	3.14	120	34.49	23.07	1320	1161	1.136
SZ-00-5	0	4Φ20	3.14	150	30.75	20.57	1250	1076	1.162
SZ-15-0	15	4Φ20	3.14	0	45.65	30.53	1630	1559	1.045
SZ-15-2	15	4Φ20	3.14	60	44.60	29.83	1510	1467	1.029
SZ-15-3	15	4Φ20	3.14	90	41.04	27.45	1470	1361	1.080
SZ-15-4	15	4Φ20	3.14	120	37.51	25.09	1410	1258	1.120
SZ-15-5	15	4Φ20	3.14	150	33.36	22.31	1300	1144	1.166

注：N_{ue}为试验中所测得的实际极限承载力；N_{uc}为按照我国现行规范计算公式所计算的轴心抗压承载力。

不同腐蚀龄期后钢筋混凝土试件的承载力下降率如图10.22所示，在腐蚀龄期为60 d时，普通钢筋混凝土试件承载力较同类未腐蚀试件下降了130 kN，下降率为8.39%，而锂渣钢筋混凝土试件承载力较同类未腐蚀试件下降了120 kN，下降率为7.36%，腐蚀龄期为90 d和120 d时，普通钢筋混凝土试件承载力分别下降了150 kN及230 kN，下降率分别为9.68%和14.84%；锂渣钢筋混凝土试件承载力分别下降了160 kN及220 kN，下降率分别为9.82%和13.50%。普通钢筋混凝土试件腐蚀150 d后承载力下降了300 kN，下降率为19.35%。锂渣钢筋混凝土试件腐蚀150 d后承载力下降了330 kN，下降率为20.25%。可见，当腐蚀龄期较短时，锂渣钢筋混凝土试件承载力下降程度基本低于普通钢筋混凝土试件；当腐蚀龄期增加到150 d时，锂渣钢筋混凝土试件的承载力下降程度略微大于普通钢筋混凝土试件，但经过150 d模拟酸雨腐蚀后的锂渣钢筋混凝土试件的承载力仍然要大于普通钢筋混凝土试件。

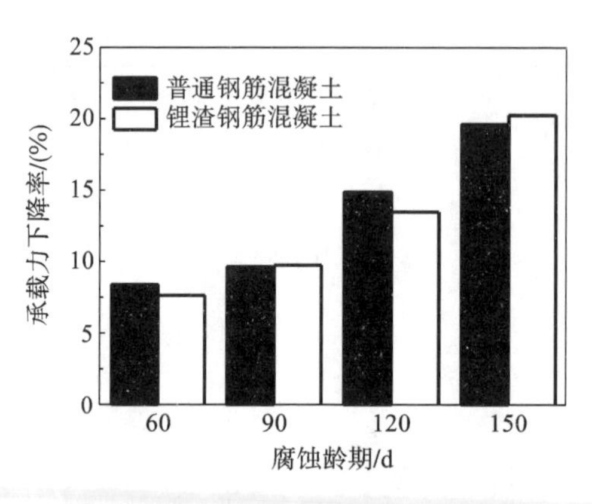

图 10.22　不同腐蚀龄期后钢筋混凝土试件的承载力下降率

10.4　有限元模拟

10.4.1　模型建立

本章选取分离式有限元模型。混凝土采用 SOLID65 单元，钢筋采用 LINK8 单元，为防止在加载顶端产生应力集中，添加由 SOLID45 单元模拟的刚性垫块。模拟所需要的钢筋与混凝土的参数均取实测值，钢筋参数见表 10.2，混凝土参数见表 10.3。钢筋按照完全弹塑性的双直线模型建模，此处采用双线性等向强化模型 BISO 模拟，并假设钢筋弹性模量保持不变，为 2.0×10^5 MPa，钢筋应力-应变曲线如图 10.23 所示。不考虑下降段的本构模型如式(10.6)所示：

$$\sigma_c=\begin{cases}f_c\left[A\left(\frac{\varepsilon}{\varepsilon_0}\right)+(3-2A)\left(\frac{\varepsilon}{\varepsilon_0}\right)^2+(A-2)\left(\frac{\varepsilon}{\varepsilon_0}\right)^3\right], \varepsilon\leqslant\varepsilon_0\\ f_c, \varepsilon_0<\varepsilon<\varepsilon_{cu}\end{cases}\tag{10.6}$$

为适用于比例加载和大应变分析的情况，混凝土按照多线性等向强化模型 MIOS 输入，各试件混凝土应力-应变关系将采用第 10 章中各试件应力-应变试验曲线。在建立好有限元模型后，分别对纵筋、箍筋、混凝土和垫块赋予材料属性，然后对有限元模型划分网格和施加荷载约束，经过施加荷

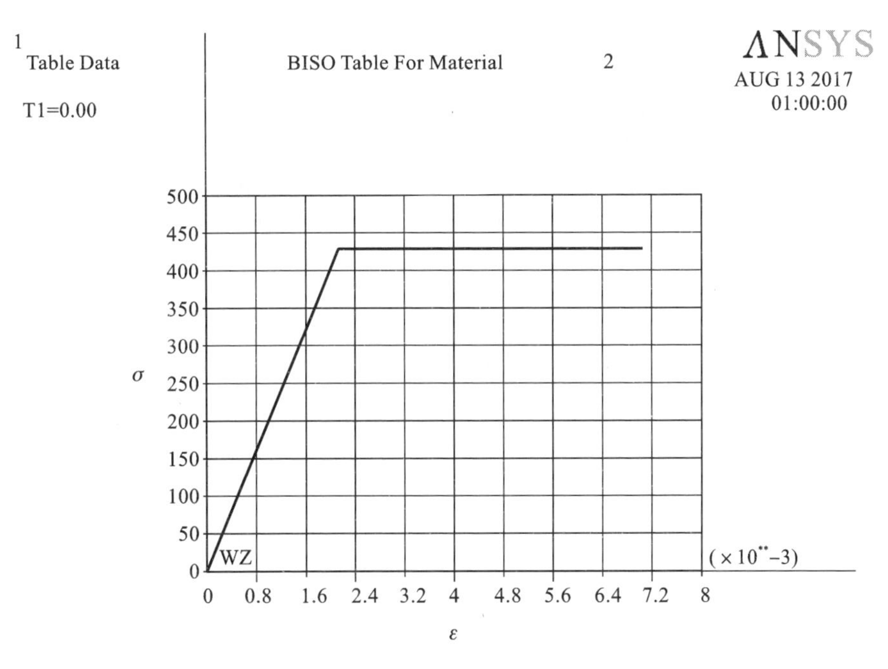

图 10.23　钢筋应力-应变曲线

载与求解，在后处理过程中能得到各单元应力云图与模型变形图，如图10.24所示。

10.4.2　普通组轴压有限元模拟结果分析

1. 试验与模拟裂缝发展形态对比

ZZ-00-1 试件的裂缝发展图如图 10.25 所示，F 为裂缝不同发展阶段时试件实际承受的荷载，F_{cu}为试件极限承载力。12 根试件裂缝发展情况大致相同，在轴心荷载作用下，试件截面上的应变基本上是均匀分布。在加载初期，各材料都处于弹性阶段，柱的压缩变形量与施加荷载的增量呈线性关系。随着荷载继续增加，混凝土与钢筋相继进入塑性发展状态，且二者的压应力发展速率不同，当荷载达到 0.87 倍极限荷载[图 10.25(a)]时，混凝土柱顶部与底部出现微裂缝，由于建模时钢筋并未通长设置，故顶部与底部的部分单元未设置钢筋，此部分单元最先出现微裂缝，与此同时柱中部单元开

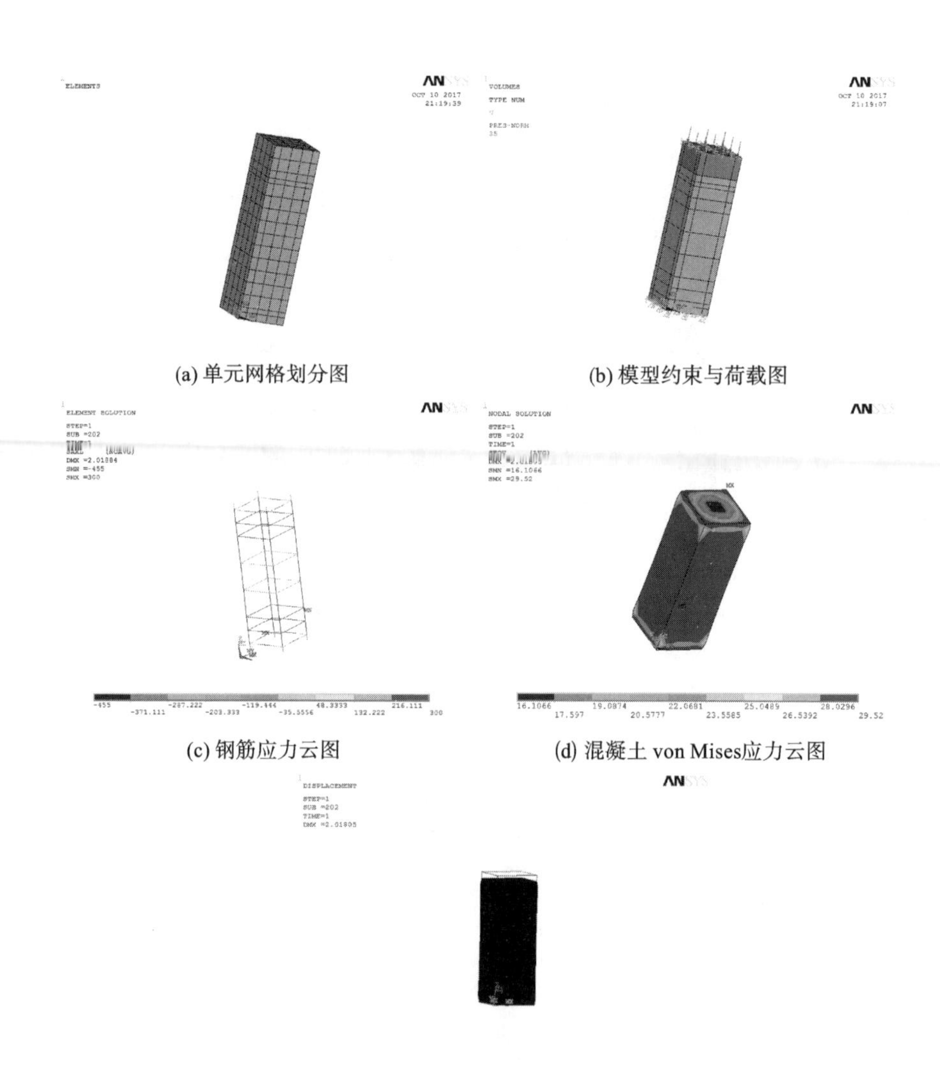

(a) 单元网格划分图

(b) 模型约束与荷载图

(c) 钢筋应力云图

(d) 混凝土 von Mises应力云图

(e) 模型变形图

图 10.24　有限元模型图

始出现微裂缝，随着荷载继续增加到 0.96 倍极限荷载[图 10.25(b)]时，混凝土柱中部表面出现大量明显纵向裂缝，随后箍筋到达极限强度，纵筋发生压曲并向外凸出，混凝土被压碎，试件破坏状态如图 10.25(c)所示。通过对比试件裂缝的模拟图与实际试验图 10.4，可知二者裂缝的破坏情况较为吻合。

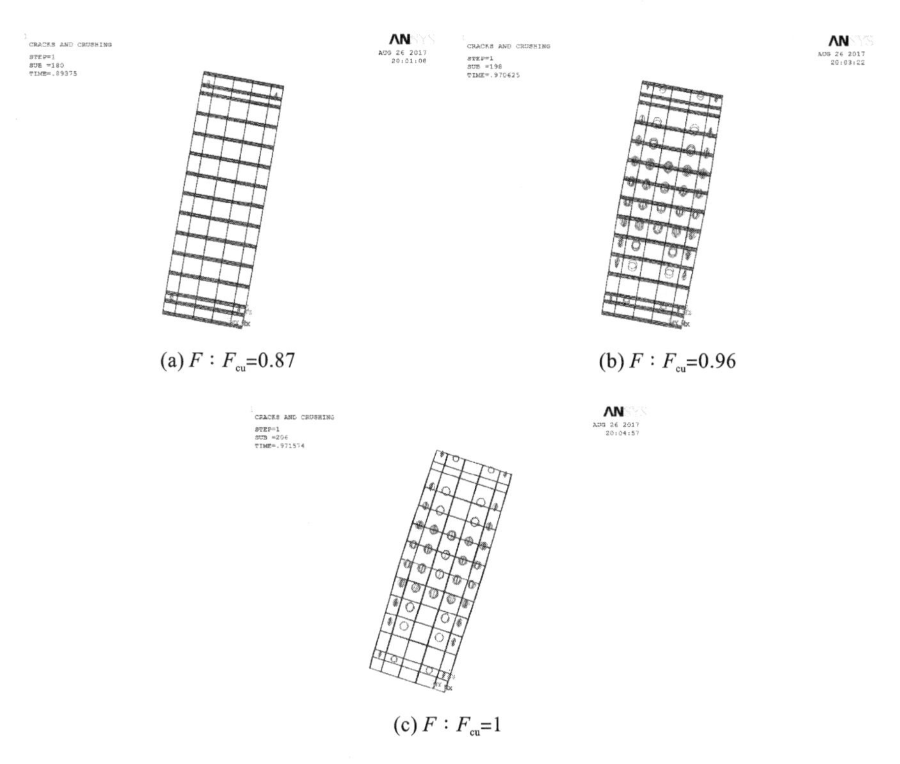

图 10.25　ZZ-00-1 试件的裂缝发展图

2. 试验与模拟荷载-位移曲线对比

因为在试验中记录位移数据时存在一定的误差，且试件与机械接触面之间存在一定的间隙，所以试验曲线初始会有一段凹形段，此即由试验柱与承台之间的间隙引起的。现对试验曲线稍作修正（即舍去曲线凹形部分），并与模拟曲线进行对比。普通组试件经处理后的试验曲线与模拟曲线如图 10.26 所示。由图 10.26 可知，试件由试验刚度总是小于模拟刚度。这是因为浇筑不均匀等因素使试件存在初始缺陷，导致试件在试验中刚度有所减弱，而在进行有限元模拟时，则假设试件是质地均匀的材料，不存在初始缺陷。对比模拟值与试验值的极限承载力可知，二者吻合情况良好，满足工程要求，但由于混凝土自身的离散性，个别试验值与模拟值之间的偏差略大。普通组试件承载力试验值与模拟值对比见表 10.9。

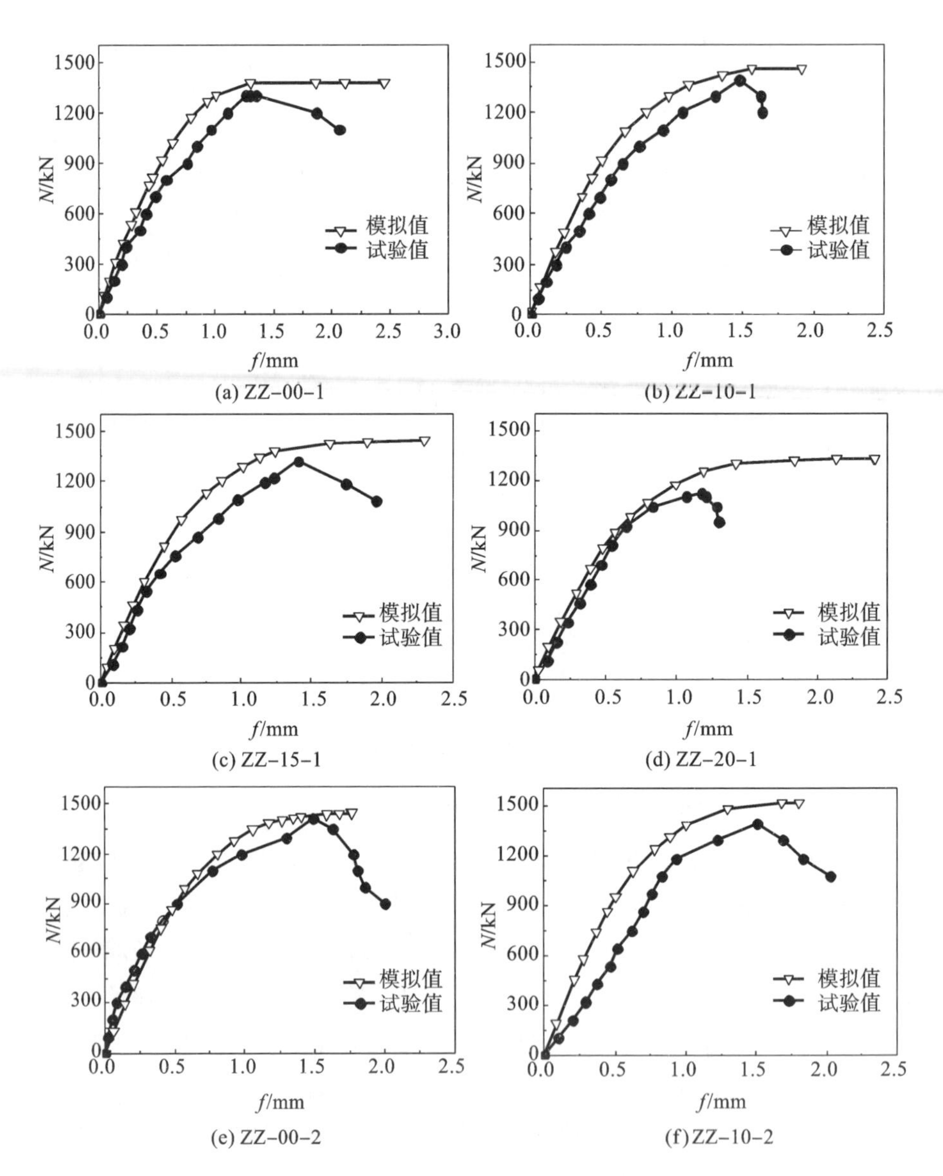

图 10.26　普通组试件经处理后的试验曲线与模拟曲线

（注：图中 N 表示荷载，f 表示位移。）

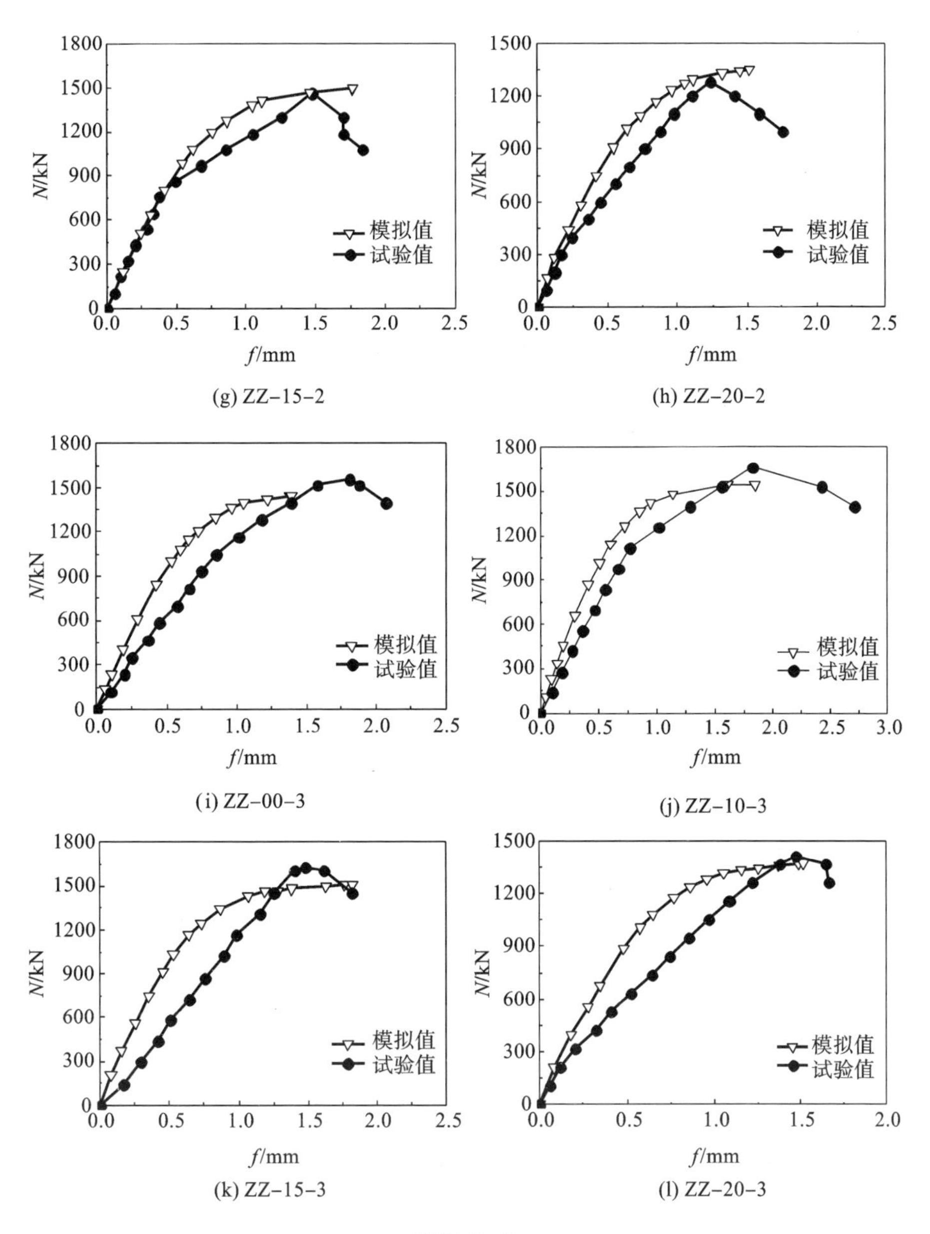

(g) ZZ-15-2

(h) ZZ-20-2

(i) ZZ-00-3

(j) ZZ-10-3

(k) ZZ-15-3

(l) ZZ-20-3

续图 10.26

表 10.9 普通组试件承载力试验值与模拟值对比

试件	承载力试验值 N_{ue}/kN	承载力模拟值 N/kN	承载力计算值 N_{uc}/kN	N/N_{ue}	N/N_{uc}
ZZ-00-1	1300	1382	1289	1.06	1.11
ZZ-00-2	1410	1445	1387	1.02	1.04
ZZ-00-3	1550	1480	1527	0.95	0.97
ZZ-10-1	1390	1455	1309	1.05	1.11
ZZ-10-2	1480	1518	1447	1.03	1.05
ZZ-10-3	1660	1546	1585	0.93	0.98
ZZ-15-1	1320	1445	1284	1.09	1.13
ZZ-15-2	1460	1493	1422	1.02	1.05
ZZ-15-3	1630	1511	1561	0.93	0.97
ZZ-20-1	1120	1329	1182	1.19	1.12
ZZ-20-2	1270	1349	1320	1.06	1.02
ZZ-20-3	1410	1372	1462	0.97	0.94

3. 锂渣掺量对荷载-位移曲线及极限承载力的影响

通过控制试件截面尺寸、钢筋的配筋率等变量，对比分析锂渣钢筋混凝土轴压短柱试件中的不同锂渣掺量对其荷载-位移曲线的影响。不同锂渣掺量试件的荷载(N)-位移(f)曲线(ρ为试件配筋率)如图 10.27 所示。通过图 10.27(a)～(c)中的模拟曲线可知，锂渣掺量的改变对试件的影响主要表现在极限承载力和刚度上。在初始加载阶段，各组试件的曲线大致重合，当试件处于弹性阶段时，各个试件的初始刚度大致相同，即锂渣掺量对试件的初始刚度影响不大。在达到塑性阶段之后，各曲线开始逐渐分层，其斜率逐渐减小，对于锂渣掺量为 20%的试件，其刚度下降较为明显。

不同配筋率(ρ)试件的锂渣掺量与极限承载力的关系如图 10.28 所示。相对于普通钢筋混凝土试件，锂渣钢筋混凝土试件的极限承载力都有不同程度的变化。当 $\rho=1.13\%$时，随着锂渣掺量的增加，其极限承载力分别提高了 5.4%、4.6%和－3.8%；当 $\rho=2.01\%$时，随着锂渣掺量的增加，其极限

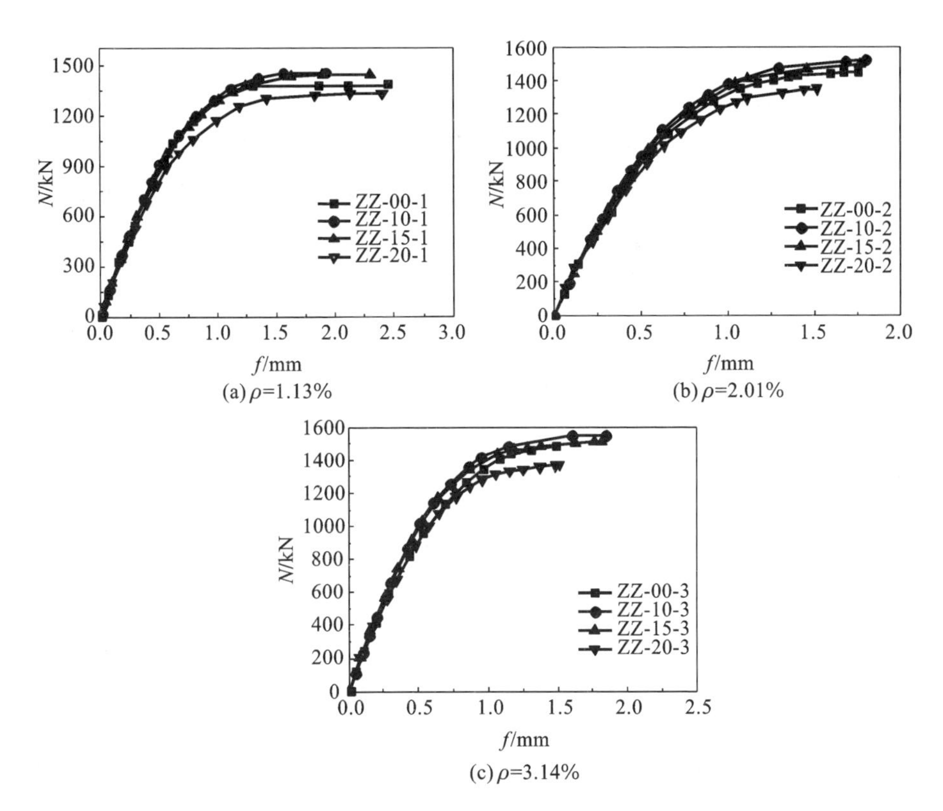

图 10.27　不同锂渣掺量试件的荷载-位移曲线

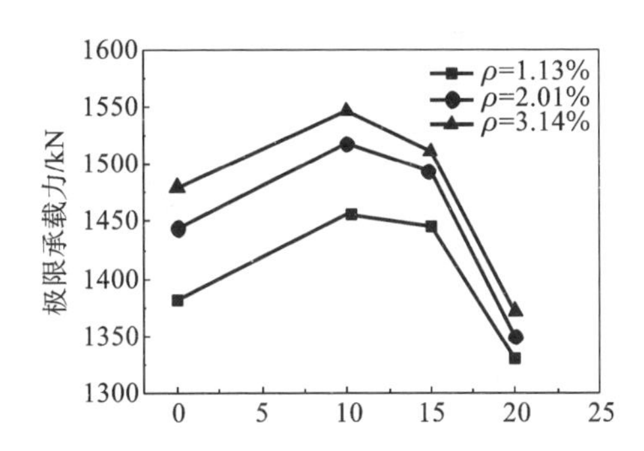

图 10.28　不同配筋率试件的锂渣掺量与极限承载力的关系

承载力分别提高了 5.1%、3.4%和−6.6%；当 ρ=3.14%时，随着锂渣掺量的增加，其极限承载力分别提高了 4.5%、2.1%和−7.3%。由此可知，适量锂渣的掺入可提高钢筋混凝土短柱的极限承载力，但对其初始刚度的影响较小。

4. 配筋率对荷载-位移曲线及极限承载力的影响

采用控制变量法，控制试件截面尺寸、锂渣掺量等因素而只改变试件配筋率，以此研究配筋率对锂渣混凝土轴压短柱荷载-位移曲线的影响。图 10.29 为相同锂渣掺量、不同配筋率试件的荷载(N)-位移(f)曲线。由图 10.29 可知，在加载初期，各钢筋混凝土短柱试件处于弹性阶段，其初始刚度相差无几，说明配筋率对各试件的初始刚度影响不大。随着荷载逐渐增加，各试件的斜率开始变化，其中配筋率为 1.13%的试件斜率下降最快，最先达到极限荷载。

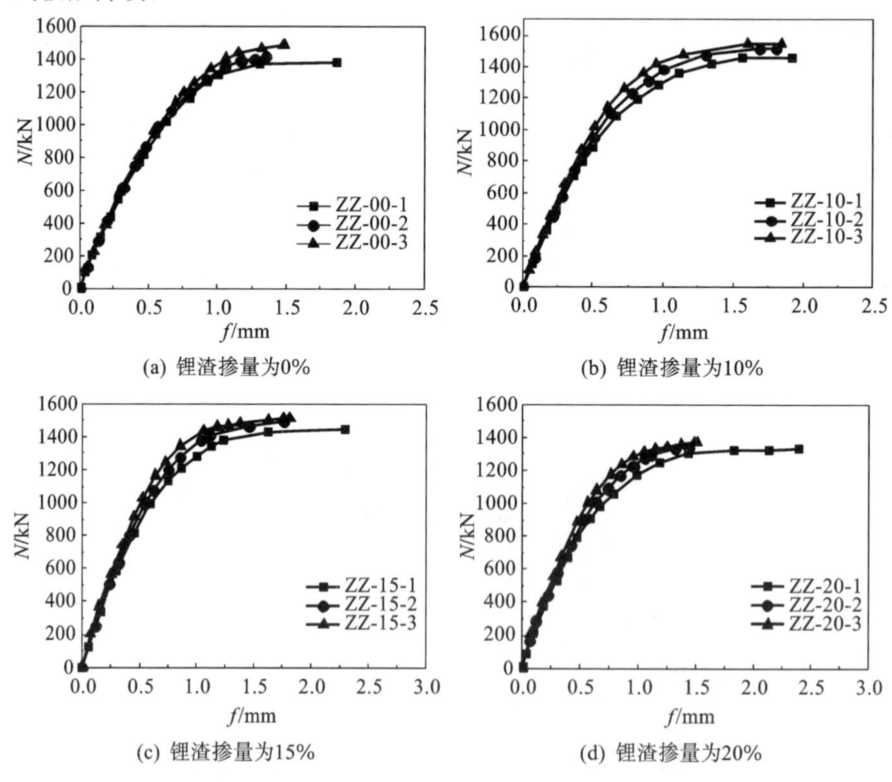

图 10.29 相同锂渣掺量、不同配筋率试件的荷载-位移曲线

图 10.30 为不同锂渣掺量试件的配筋率(ρ)与极限承载力的关系。相对于配筋率为 1.13%的试件,其他配筋率试件的极限承载力都有不同程度的提升。当锂渣掺量为 0%时,随着配筋率的提高,试件的极限承载力分别提高了 4.6%和 7.1%;当锂渣掺量为 15%时,随着配筋率的提高,试件的极限承载力分别提高了 4.3%和 6.2%;当锂渣掺量为 10%时,随着配筋率的提高,试件的极限承载力分别提高了 3.4%和 4.7%;当锂渣掺量为 20%时,随着配筋率的提高,试件的极限承载力分别提高了 1.1%和 3.3%。由此可知,配筋率的不同对试件极限承载力提升速率的影响并无明显规律,且试件极限承载力的提升速率受配筋率及锂渣掺量共同影响。

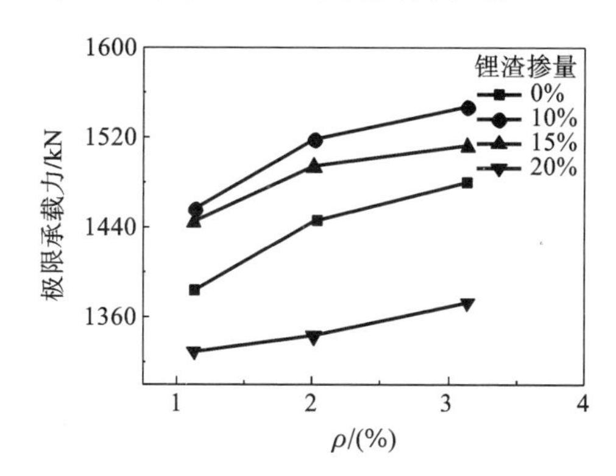

图 10.30　不同锂渣掺量试件的配筋率与极限承载力的关系

10.4.3　腐蚀组轴压有限元模拟结果分析

1. 试验与模拟荷载-位移曲线对比

如图 10.31 所示为腐蚀组试件经处理后的试验曲线与模拟曲线。由图 10.31 可知,试件的试验刚度略小于模拟刚度,一方面是因为试件在浇筑过程中产生了不可避免的初始缺陷,而不是模拟过程中所假设的试件为均质材料,故在实际受力过程中试件会因受力不均匀而导致应力集中、刚度退化等问题;另一方面是因为模拟酸雨腐蚀使试件内部出现大量坑蚀,而在实际模拟酸雨腐蚀时会导致试件内部腐蚀程度不同,故试件各局部受力性能不同,导致其刚度有不同程度的退化。

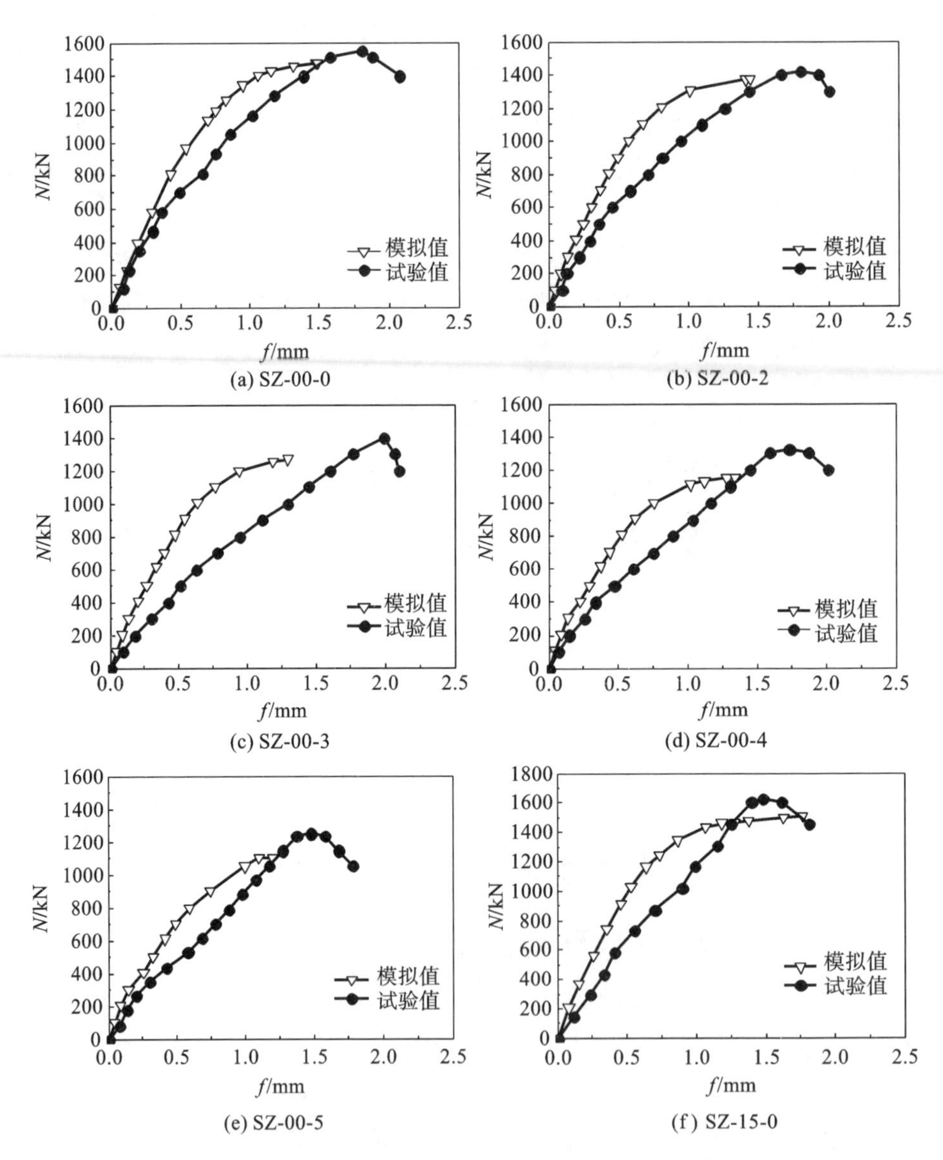

图 10.31 腐蚀组试件经处理后的试验曲线与模拟曲线

（注：图中 N 表示荷载，f 表示位移。）

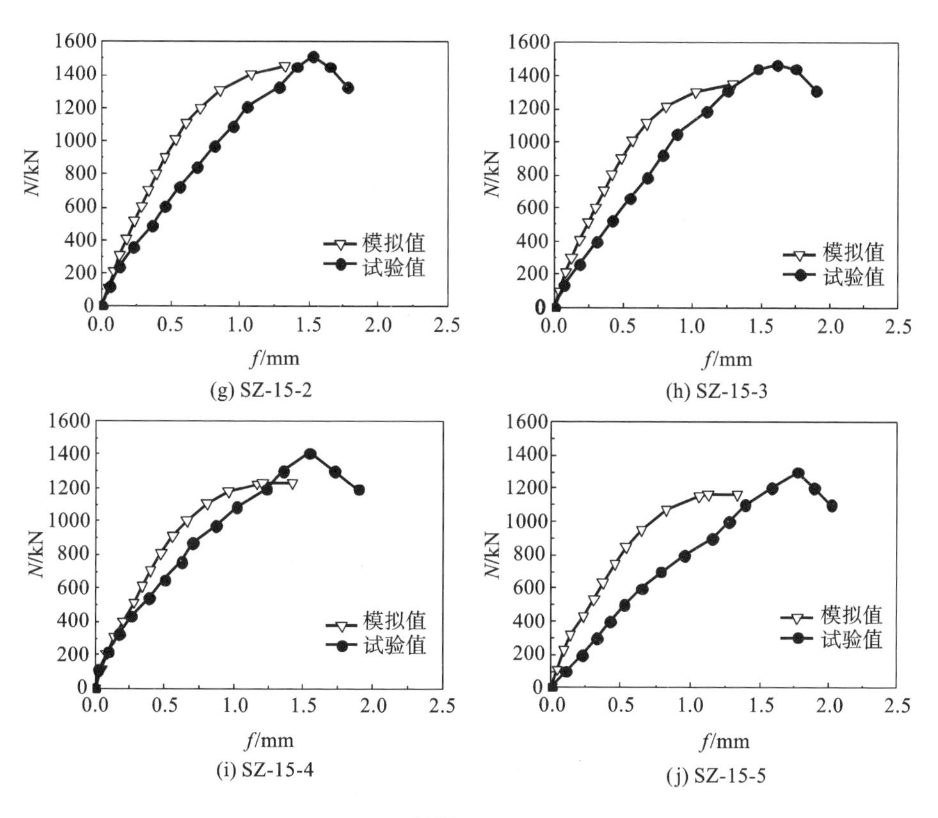

(g) SZ-15-2

(h) SZ-15-3

(i) SZ-15-4

(j) SZ-15-5

续图 10.31

腐蚀组试件承载力试验值与模拟值对比见表10.10。由表10.10可知，各试件承载力试验值均略高于其模拟值。原因为：虽然模拟酸雨环境对试件的腐蚀使其承载力有所降低，但腐蚀前中期产生的钙矾石等晶体填充在试件内部增加其致密性，使其强度有不同程度的增加，故试件承载力试验值要略高于承载力模拟值。通过对比模拟值与计算值可知，两者误差较小，则该模型可对其相关的理论研究和工程设计提供参考。

表 10.10　腐蚀组试件承载力试验值与模拟值对比

试件编号	承载力试验值 N_{ue}/kN	承载力模拟值 N/kN	承载力计算值 N_{uc}/kN	N/N_{ue}	N/N_{uc}
SZ-00-0	1550	1480	1525	0.95	0.97

续表

试件编号	承载力试验值 N_{ue}/kN	承载力模拟值 N/kN	承载力计算值 N_{uc}/kN	N/N_{ue}	N/N_{uc}
SZ-00-2	1420	1374	1382	0.97	0.99
SZ-00-3	1400	1268	1276	0.91	0.99
SZ-00-4	1320	1153	1161	0.87	0.99
SZ-00-5	1250	1100	1076	0.88	1.02
SZ-15-0	1630	1508	1559	0.93	0.97
SZ-15-2	1510	1451	1467	0.96	0.99
SZ-15-3	1470	1349	1361	0.92	0.99
SZ-15-4	1410	1229	1258	0.87	0.98
SZ-15-5	1300	1161	1144	0.89	1.01

2. 腐蚀龄期对荷载-位移曲线及极限承载力的影响

如图 10.32 所示为腐蚀龄期对荷载(N)-位移(f)曲线的影响。由图10.32可知，当试件处于弹性阶段时，各试件的刚度大致相同；当荷载超过比例极限时，随着腐蚀龄期的增加，试件刚度退化速率也随之增大，最终导致试件极限承载力降低。这说明腐蚀龄期越长，试件的刚度退化越明显，极限承载力越低。

图 10.33 为腐蚀龄期与极限承载力的关系曲线，未掺锂渣的普通钢筋混凝土试件随着腐蚀龄期的增加，其极限承载力相比未腐蚀时分别降低了7.2%、14.3%、22.1%和 25.7%；锂渣掺量为 15%的钢筋混凝土试件随着腐蚀龄期的增加，其极限承载力相比未腐蚀时分别降低了 3.8%、10.5%、18.5%和 23.0%。由此数据说明：随着腐蚀龄期的增长，试件承载力逐渐降低但无明显规律。通过对比两类钢筋混凝土承载力退化程度可知，普通钢筋混凝土试件比锂渣钢筋混凝土试件承载力衰减更为严重，说明锂渣的掺入使钢筋混凝土柱具有更好的抗酸雨腐蚀性。

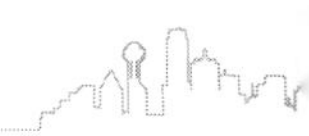

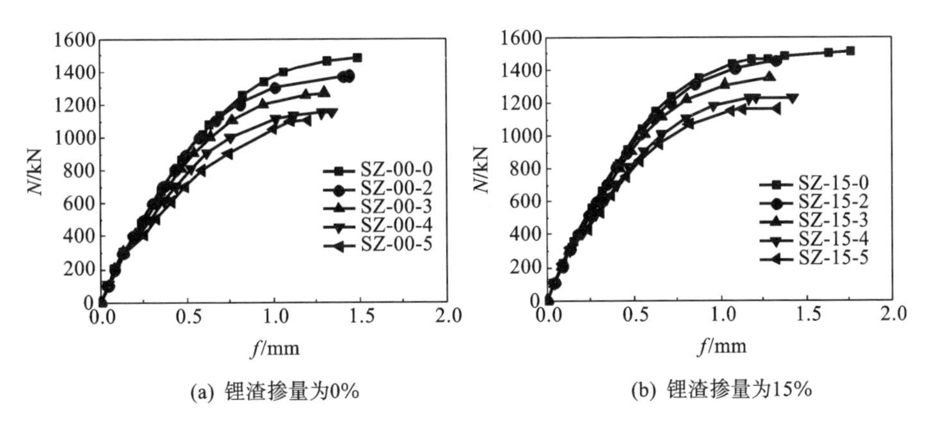

(a) 锂渣掺量为0%　　(b) 锂渣掺量为15%

图 10.32　腐蚀龄期对荷载-位移曲线的影响

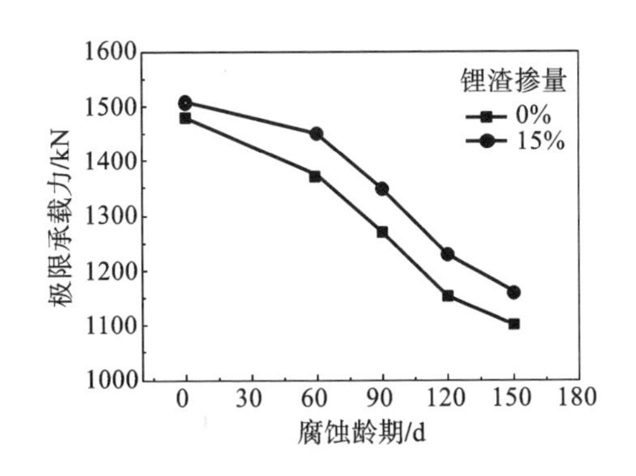

图 10.33　腐蚀龄期与极限承载力的关系曲线

3. 锂渣掺量对荷载-位移曲线的影响

如图 10.34 所示为锂渣掺量对荷载(N)-位移(f)曲线的影响。对比相同腐蚀龄期的两组试件曲线可知，在施加荷载初期，两组试件均处于弹性阶段，二者刚度大致相同；随着荷载的增加，试件进入塑性发展阶段，普通钢筋混凝土试件刚度下降趋势略大于锂渣钢筋混凝土试件。由此说明，锂渣掺量对各试件的初始刚度影响不大，对试件极限承载力影响较大。由图 10.34 可知，锂渣掺量为 15%的试件极限承载力均高于普通混凝土。这说明随着腐蚀龄期的增加，锂渣钢筋混凝土试件比普通钢筋混凝土试件具有更高的承载力。

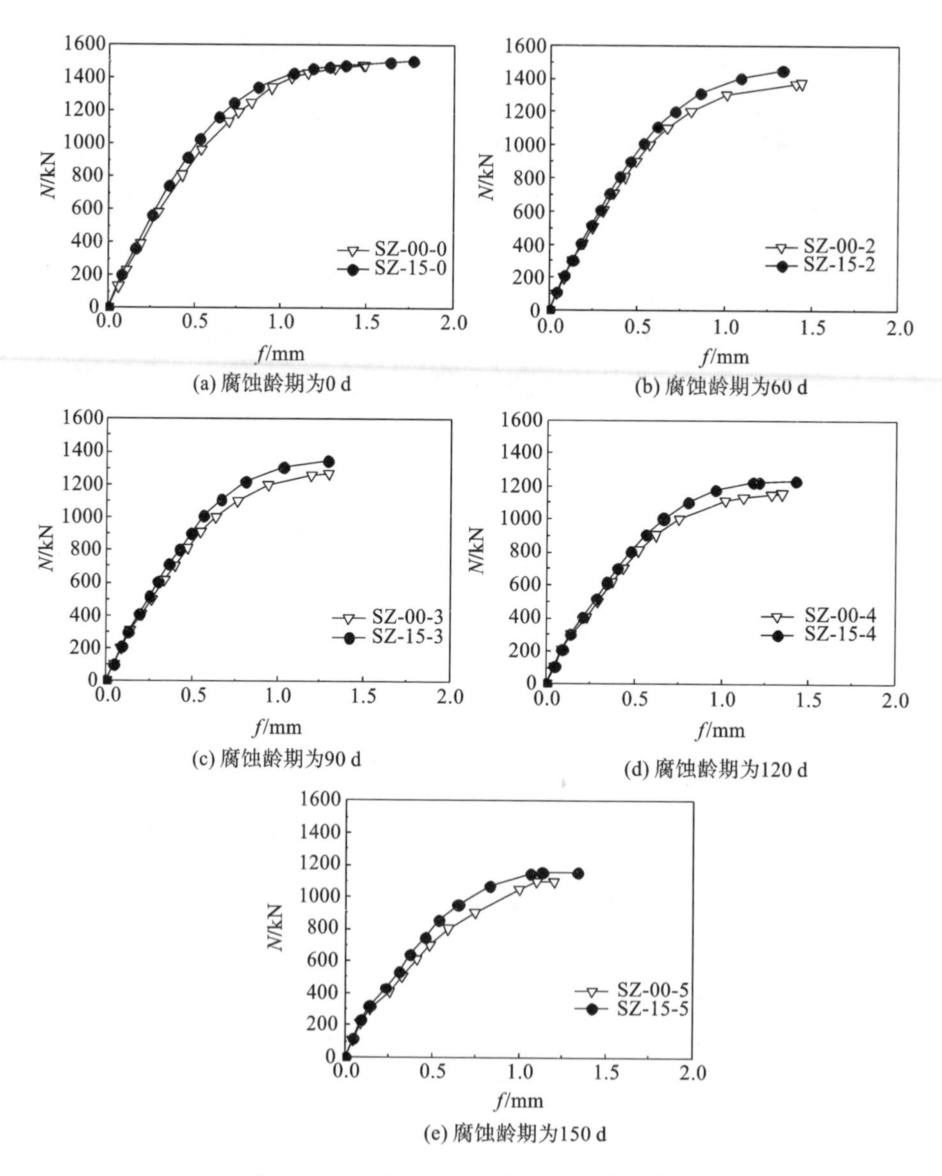

图 10.34　锂渣掺量对荷载-位移曲线的影响

10.5　本章小结

通过对普通钢筋混凝土试件与锂渣钢筋混凝土试件进行轴压试验，研究了锂渣掺量、配筋率对轴心受压试件的承载力的影响。并采用配制溶液循环喷淋的方式来模拟酸雨腐蚀，对相同配筋率不同类型的钢筋混凝土试件进行不同周期的模拟酸雨腐蚀，以研究分析锂渣钢筋混凝土试件与普通钢筋混凝土试件在耐腐蚀性能方面的区别。

（1）在钢筋混凝土中掺入适量的锂渣可以提高钢筋混凝土抗压强度。当锂渣掺量为 10%和 15%时，锂渣钢筋混凝土的抗压强度比普通钢筋混凝土分别提高 5.66%和 3.32%。

（2）锂渣钢筋混凝土试件与普通钢筋混凝土试件在轴心荷载作用下的最终破坏形态、钢筋应变发展趋势和混凝土应变发展趋势均相似，且锂渣混凝土与钢筋的协同工作性能良好。在同种配筋率情况下，锂渣掺量为 10%和 15%的钢筋混凝土试件比普通钢筋混凝土试件的轴心抗压承载力要高，但锂渣掺量为 20%时，钢筋混凝土试件的轴心抗压承载力略低于普通钢筋混凝土试件。采用现行混凝土结构设计规范计算锂渣钢筋混凝土试件的轴心抗压极限承载力是可行的，并且计算结果偏于安全。

（3）在模拟酸雨腐蚀龄期为 150 d 时，锂渣钢筋混凝土试件的轴心抗压极限承载力下降率略高于普通钢筋混凝土试件，但锂渣钢筋混凝土试件的极限承载力仍然高于普通钢筋混凝土试件。经历不同龄期模拟酸雨腐蚀后，锂渣钢筋混凝土试件的刚度均要强于普通钢筋混凝土试件。利用腐蚀后钢筋混凝土的实测抗压强度及超声法检测腐蚀后钢筋混凝土表面损伤厚度来对现行混凝土结构设计规范中的正截面承载力计算公式进行修正，修正后的公式计算结果与试验值十分接近。

（4）通过对普通组分析模拟结果，得到模拟的破坏现象与实际试验过程吻合良好。锂渣掺量对试件的初始刚度影响不大，但对于其极限承载力略有影响，掺入适量的锂渣能提高试件的极限承载力。配筋率对试件的初始刚度影响不大，但试件的承载力随着配筋率的增大而逐渐提高。

(5) 通过对腐蚀组分析模拟结果,可知模拟的腐蚀后锂渣钢筋混凝土破坏模式与试验现象相似。腐蚀龄期对试件初始刚度影响不大,但腐蚀龄期的增加会导致试件刚度逐渐下降,极限承载力降低。锂渣的掺入不影响试件的初始刚度,但对试件极限承载力有较大影响。锂渣使钢筋混凝土试件具有更高的抗酸雨腐蚀能力和承载力。

第 11 章 锂渣钢筋混凝土偏心受压柱的力学性能

实际工程中，一些钢筋混凝土构件处于偏心受压状态，分为大偏心受压和小偏心受压。钢筋混凝土大偏心受压构件在桥梁及其他工程中应用较多，如拱桥中的主拱圈、梁桥中的墩身、柱基础等。而小偏心受压构件常见于屋架的上弦杆、框架结构柱、砖墙及砖垛等。从实际工程看，进行锂渣钢筋混凝土偏心受压柱的力学性能研究非常必要。因此，本章共设计 14 根锂渣钢筋混凝土偏心受压试件，其中普通组 8 根，腐蚀组 6 根。试验所采用的混凝土配合比与轴压试验时的一致，钢筋及混凝土原材料等也是与轴压试验时的同批购买，材料的基本力学性能相同。所有偏心受压试件配筋均一致，普通组试件分为 4 种锂渣掺量，每种锂渣掺量制作两根试件，分别进行大偏心受压试验及小偏心受压试验。腐蚀组试件分为锂渣掺量为 15%的钢筋混凝土试件和普通钢筋混凝土试件，每种试件制作 3 根，用以进行 3 个不同龄期的模拟酸雨腐蚀。

11.1 试验概况

11.1.1 试件的设计及制作

试验共设计 14 根偏心受压试件，尺寸为 250 mm×450 mm×1400 mm，混凝土强度为 C40，保护层厚度为 30 mm，纵筋为 HRB400 级钢筋，采用对称配筋，箍筋级别为 HPB300，水泥为 42.5 级。为了便于对试件进行偏心加载，在试件两端设计了牛腿，并配置了加密箍筋，加密长度为 250 mm。偏心受压柱试件尺寸及配筋如图 11.1 所示。

为方便对试件进行偏心加载，本试验专门定制了一组刀口铰，如图 11.2

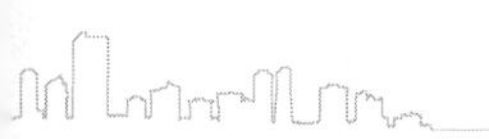

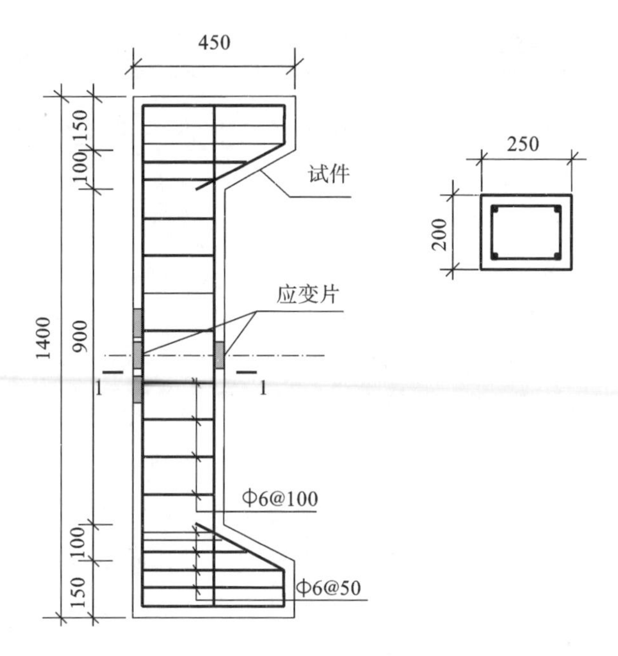

图 11.1　偏心受压柱试件尺寸及配筋

图 11.2　刀口铰

所示。同时，为了保证在加载过程中，试件不至于产生局部承压破坏，在试件两端垫上了比牛腿截面略大的加载平衡钢板，如图 11.3 所示。钢板上钻有螺孔，螺孔的间距与试件尺寸一致。

图 11.3　加载平衡钢板

11.1.2　普通组试验

1. 试验设计

普通组偏心受压试件参数见表 11.1。普通组偏心受压试验共设计 8 根试件，所有试件配筋均为 4 根直径为 16 mm 的 HRB400 级钢筋，且为对称配筋，主要考虑锂渣掺量及偏心距的影响。锂渣掺量为 0%、10%、15% 和 20%，偏心距分为大偏心和小偏心两种情况，大偏心的偏心距为 160 mm，小偏心的偏心距为 40 mm。

表 11.1　普通组偏心受压试件参数

试件编号	锂渣掺量/(%)	纵向钢筋	偏心距 e_0/mm	配筋率/(%)	箍筋
PY-00-40	0	4Φ16	40	2.01	Φ6@50/100
PY-00-160	0	4Φ16	160	2.01	Φ6@50/100
PY-10-40	10	4Φ16	40	2.01	Φ6@50/100
PY-10-160	10	4Φ16	160	2.01	Φ6@50/100
PY-15-40	15	4Φ16	40	2.01	Φ6@50/100
PY-15-160	15	4Φ16	160	2.01	Φ6@50/100
PY-20-40	20	4Φ16	40	2.01	Φ6@50/100
PY-20-160	20	4Φ16	160	2.01	Φ6@50/100

注：试件编号中，PY 表示偏心受压短柱，中间的数字表示锂渣掺量，最后的数字 40 和 160 表示偏心距。

2. 加载方案和测量内容

(1) 加载方案。

在正式加载前,先对试件进行预加载(加载荷载为计算极限荷载的10%左右),以检查仪器仪表是否正常工作。正式加载采用分级加载制度,自加载开始至加载到计算极限荷载的80%区间内,每级荷载约为计算极限荷载的10%,每级持荷5 min;超过计算极限荷载的80%之后,每级荷载为计算极限荷载的5%左右,直至试件破坏,试验结束。

(2) 测量内容。

①钢筋应变。钢筋的应变测点布置如图11.1所示,在远离荷载一侧每根纵向钢筋中部等距布置3个应变片,靠近荷载一侧每根纵向钢筋中部布置1个应变片。

②试件位移。在远离荷载一侧,沿高度四等分点布置5个电子位移计,用来测量试验时试件的位移;在承载小车上布置3个电子位移计,用来测量试验时试件的轴向压缩量。

③混凝土应变。在试件高度1/2处沿横截面高度方向布置5个应变片,靠近荷载面沿试件高度方向布置5个应变片,远离荷载面沿试件高度方向布置3个应变片,共计13个应变片,用来测量试验时混凝土的应变分布及极限压应变,并验证混凝土应变是否符合平截面假定。

普通组偏心受压柱外部的测点布置如图11.4所示。

11.1.3 腐蚀组试验

1. 试验设计

受模拟酸雨喷淋室空间大小影响,腐蚀组偏心受压试验共设计6根试件,试件的尺寸及配筋与普通组试件完全一致。腐蚀组偏心受压试件参数见表11.2。模拟酸雨腐蚀龄期为90 d、120 d和150 d,酸雨腐蚀方案除酸雨溶液pH值改为2.0外,其他与轴压试验腐蚀组一致。腐蚀组偏心受压试验的偏心距均为160 mm,保证试件破坏时为典型的大偏心受压破坏,并将腐蚀组试件与普通组未腐蚀的同类型试件进行对比分析。

(a) 试验图

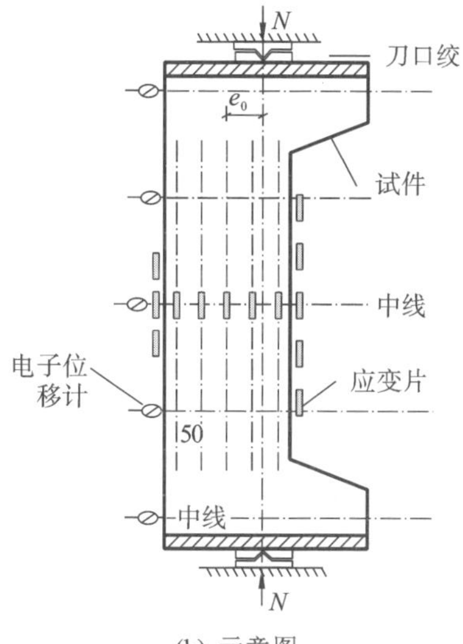

(b) 示意图

图 11.4　普通组偏心受压柱外部的测点布置

表 11.2　腐蚀组偏心受压试件参数

试件编号	锂渣掺量 /(%)	纵向钢筋	偏心距 e_0/mm	配筋率 /(%)	腐蚀龄期 /d	箍筋
PSPY-3	0	4Φ16	160	2.01	90	Φ6@50/100
PSPY-4	0	4Φ16	160	2.01	120	Φ6@50/100
PSPY-5	0	4Φ16	160	2.01	150	Φ6@50/100
LSPY-3	15	4Φ16	160	2.01	90	Φ6@50/100
LSPY-4	15	4Φ16	160	2.01	120	Φ6@50/100
LSPY-5	15	4Φ16	160	2.01	150	Φ6@50/100

注：试件编号中，PSPY 表示普通的受模拟酸雨腐蚀的偏心受压短柱；LSPY 表示掺锂渣的受模拟酸雨腐蚀的偏心受压短柱；数字表示腐蚀龄期，3、4、5 对应的腐蚀龄期分别为 90 d、120 d、150 d。

2. 加载方案和测量内容

(1) 加载方案。

腐蚀组偏心受压试验的加载方案与普通组的相同。

(2) 测量内容。

①钢筋应变。其测点布置与普通组的相同。

②试件位移。在远离荷载一侧,沿高度四等分点布置 5 个电子位移计,用来测量试验时试件的位移;在承载小车上布置 2 个电子位移计,用来测量试验时试件的轴向压缩量。腐蚀组偏心受压柱外部的测点布置如图 11.5 所示。

腐蚀组偏心受压试验并未对混凝土应变进行系统测量,这是因为腐蚀组试件表面混凝土坑蚀过于严重,不仅在混凝土表面粘贴应变片十分困难,而且测量数据不佳。

图 11.5　腐蚀组偏心受压柱外部的测点布置

11.2　普通组偏心受压试验

11.2.1　试验现象

由表10.5中的立方体抗压强度试验数据可知，除锂渣掺量为20%的混凝土的立方体抗压强度降低了6.3%外，锂渣掺量为10%和15%的混凝土的立方体抗压强度都比普通混凝土高，这说明在混凝土中掺入适量锂渣对提升其抗压强度有一定帮助。

对于偏心距为40 mm的小偏心受压试件，在加载初期，试件处于弹性工作阶段，钢筋及靠近荷载一侧的混凝土均受压，应变均匀增长，位移增长缓慢。当荷载逐渐增大，远离荷载一侧混凝土出现第一条横向裂缝之后，位移开始加速增长，钢筋和混凝土的应变增长也逐渐加快。随后，远离荷载一侧裂缝不断增多，受压侧混凝土开始剥落。随着受压区混凝土被压碎，试件破坏，试验结束。

对于偏心距为160 mm的大偏心受压试件，在加载初期，试件也经历了短暂的弹性工作阶段，随着远离荷载一侧混凝土出现第一条横向裂缝，位移增长迅速，靠近荷载一侧钢筋受压，远离荷载一侧钢筋受拉。随着荷载不断增大，受拉侧混凝土裂缝不断增多，开始出现贯穿整个试件横截面的大裂缝。最后，受压区混凝土被压碎脱落，承载力迅速下降，试件破坏，试验结束。

小偏心受压试件破坏过程中，试件截面大部分受压，近轴力侧混凝土先被压坏，随后受压钢筋也达到屈服强度。而大偏心受压试件破坏过程中，首先在远轴力侧产生横向裂缝，裂缝宽度随着荷载的增加不断增加，数量也逐渐增多，远轴力侧钢筋应力不断增长，基本达到受拉屈服强度，此时近轴力侧混凝土压应变值已经接近极限，混凝土被压碎。图11.6(a)为普通钢筋混凝土试件的小偏心受压破坏形态；图11.6(b)为普通钢筋混凝土试件的大偏心受压破坏形态；图11.6(c)为锂渣钢筋混凝土试件的小偏心受压破坏形态；图11.6(d)为锂渣钢筋混凝土试件的大偏心受压破坏形态。与普通钢筋

(a) 普通钢筋混凝土小偏心受压

(b) 普通钢筋混凝土大偏心受压

(c) 锂渣钢筋混凝土小偏心受压

(d) 锂渣钢筋混凝土大偏心受压

图 11.6　不同类型偏心受压试件的破坏形态

混凝土试件的破坏形态相比，锂渣钢筋混凝土的破坏形态并没有实质区别，但是在大偏心试验中，锂渣钢筋混凝土试件远离荷载侧的混凝土出现第一条横向裂缝的相对时间要比普通钢筋混凝土试件晚，说明在混凝土中掺入锂渣，对提高试件的抗裂性有所帮助。

11.2.2　承载力与变形

1. 计算承载力与试验承载力对比分析

表 11.3 为普通组偏心受压试件的试验承载力与计算承载力对比，其中承载力计算值 N_{uc} 根据《混凝土结构设计规范（2015 年版）》（GB 50010—2010）计算，计算公式如式（11.1）～式（11.4）所示：

$$N = \alpha_1 f_c bx + f'_y A'_s - \sigma_s A_s \tag{11.1}$$

$$Ne = \alpha_1 f_c bx \left(h_0 - \frac{x}{2}\right) + f'_y A_s (h_0 - a'_s) \tag{11.2}$$

$$e = ne_i + \frac{n}{2} - a_s \tag{11.3}$$

$$e_i = e_0 + e_a \tag{11.4}$$

式中，N——轴向压力设计值；

α_1——系数，本试验取 1.0；

σ_s——受拉边或受压较小边的纵向普通钢筋的应力；

Ne——轴向压力作用点至纵向受拉普通钢筋合力点的距离；

η——偏心受压构件考虑二阶效应影响的轴向力偏心距增大系数；

e_i——初始偏心距；

e_0——轴向力对截面重心的偏心距；

e_a——附加偏心距；

b——截面宽度；

h——截面高度；

h_0——截面有效高度；

x——等效矩形应力图受压区高度；

f_c——混凝土轴心抗压强度设计值，取本试验实测值；

f'_y——纵向钢筋抗压强度设计值，取本次试验实测值；

a_s、a'_s——纵向非预应力受拉钢筋合力点、受压钢筋合力点至截面近边的距离；

A_s、A'_s——受拉区、受压区纵向钢筋截面面积。

由表 11.3 可知，承载力试验值与承载力计算值的比值均大于 1，说明采用现有的公式计算锂渣钢筋混凝土偏心受压柱的承载力是可行的，且二者比值的最小值达 1.12，留有足够安全储备。

表 11.3　普通组偏心受压试件的试验承载力与计算承载力对比

试件编号	轴心抗压强度/MPa	承载力试验值 N_{ue}/kN	承载力计算值 N_{uc}/kN	N_{ue}/N_{uc}
PY-00-40	44.20	1340	1024.9	1.31
PY-00-160	44.20	420	371.9	1.13
PY-10-40	46.69	1250	1076.4	1.16
PY-10-160	46.69	450	377.4	1.19
PY-15-40	45.65	1450	1055.2	1.37
PY-15-160	45.65	420	375.2	1.12
PY-20-40	41.41	1200	983.9	1.22
PY-20-160	41.41	470	367.5	1.28

注：N_{ue}为试验中所测得的实际极限承载力，N_{uc}为按照我国现行规范计算公式所计算的偏心受压承载力。

2. 钢筋应变分析

e_0=40 mm 的小偏心受压试件钢筋荷载(N)-应变(ε)曲线如图 11.7 所示。从图 11.7 中可以看出，在加载初期，试件处于弹性工作阶段，近轴力侧钢筋应变和远轴力侧钢筋应变都随荷载的增加而呈线性增长趋势，但近轴力侧钢筋应变增长要明显快于远轴力侧钢筋应变增长。在加载中期，近轴力侧钢筋应变发展规律并没有因为混凝土类型的不同而体现出较大差异，但锂渣钢筋混凝土柱的钢筋应变发展要略快于普通钢筋混凝土柱，此时，远轴力侧钢筋的压应变依然发展缓慢。在加载后期，近轴力侧钢筋应变的增长和荷载的增加已呈非线性关系，且近轴力侧钢筋基本接近屈服，而远轴力侧钢筋应变则出现了随荷载增加而逐渐减小的趋势。从整体上看，锂渣钢筋混凝土柱与普通钢筋混凝土柱在小偏心压荷载作用下的钢筋应变发展规律基本接近[138]。

e_0=160 mm 的大偏心受压试件钢筋荷载(N)-应变(ε)曲线如图 11.8 所示。从图 11.8 中可以看出，近轴力侧钢筋应变发展与远轴力侧钢筋应变发

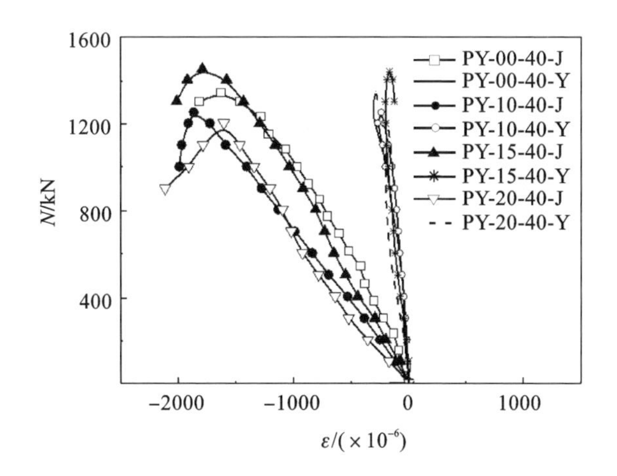

图 11.7　e_0＝40 mm 的小偏心受压试件钢筋荷载-应变曲线

（注:J 表示近轴力侧钢筋,Y 表示远轴力侧钢筋。）

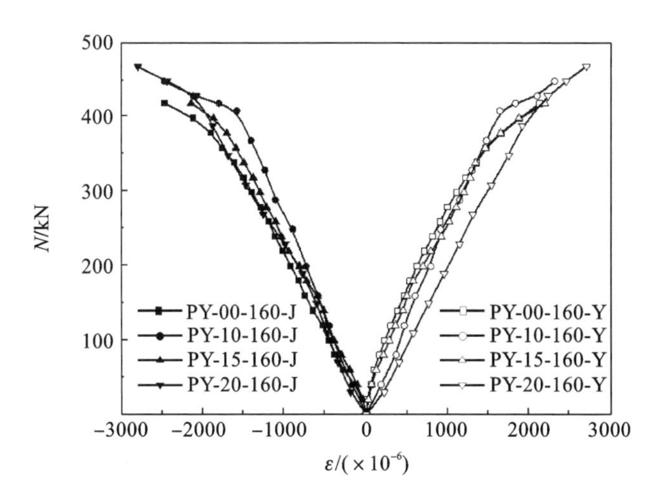

图 11.8　e_0＝160 mm 的大偏心受压试件钢筋荷载-应变曲线

（注:J 表示近轴力侧钢筋,Y 表示远轴力侧钢筋。）

展规律基本一致,且拉应变与压应变在相同荷载作用下的数值也十分接近,说明受拉钢筋的强度得到了有效利用,受压钢筋和受拉钢筋都接近屈服强度,为典型的大偏心受压破坏。对于不同类型的试件,锂渣钢筋混凝土柱的钢筋压应变增长均比普通钢筋混凝土柱的钢筋压应变增长慢;而对于远轴力侧钢筋的拉应变,锂渣钢筋混凝土柱则要比普通钢筋混凝土柱增长快些。

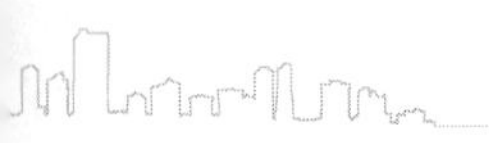

不过从总体上看，在大偏心压荷载作用下，不同类型的混凝土对试件的钢筋应变影响不大。

3. 沿截面高度方向的混凝土应变分析

偏心受压的钢筋混凝土构件最后都是因混凝土被压碎而破坏的。为了研究加载过程中，构件跨中截面处沿横截面高度方向上的混凝土应变分布情况，并验证平截面假定，本次试验在所有试件高度1/2处沿横截面高度方向等距布置了5个混凝土应变片，用以测量在施加偏心荷载过程中，试件高度1/2处的混凝土沿横截面高度方向的应变。经过处理分析，在试件高度1/2处，截面高度(h)-混凝土应变(ε)曲线如图11.9所示。

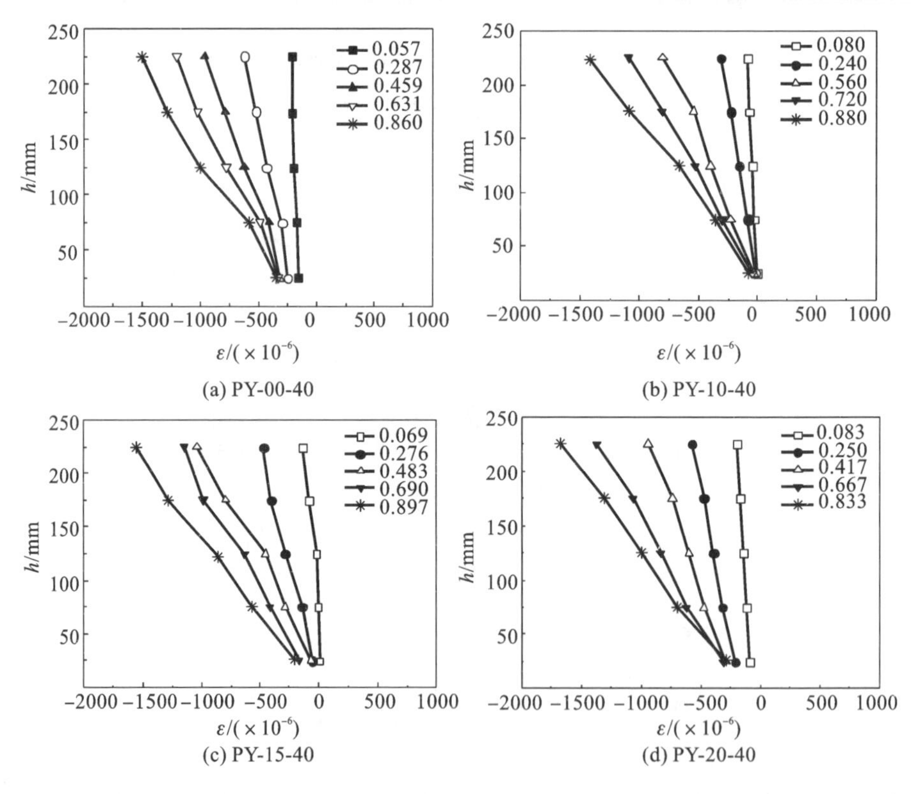

图11.9 在试件高度1/2处，截面高度-混凝土应变曲线

（注：图例中的数字表示本级荷载与极限荷载的比值。）

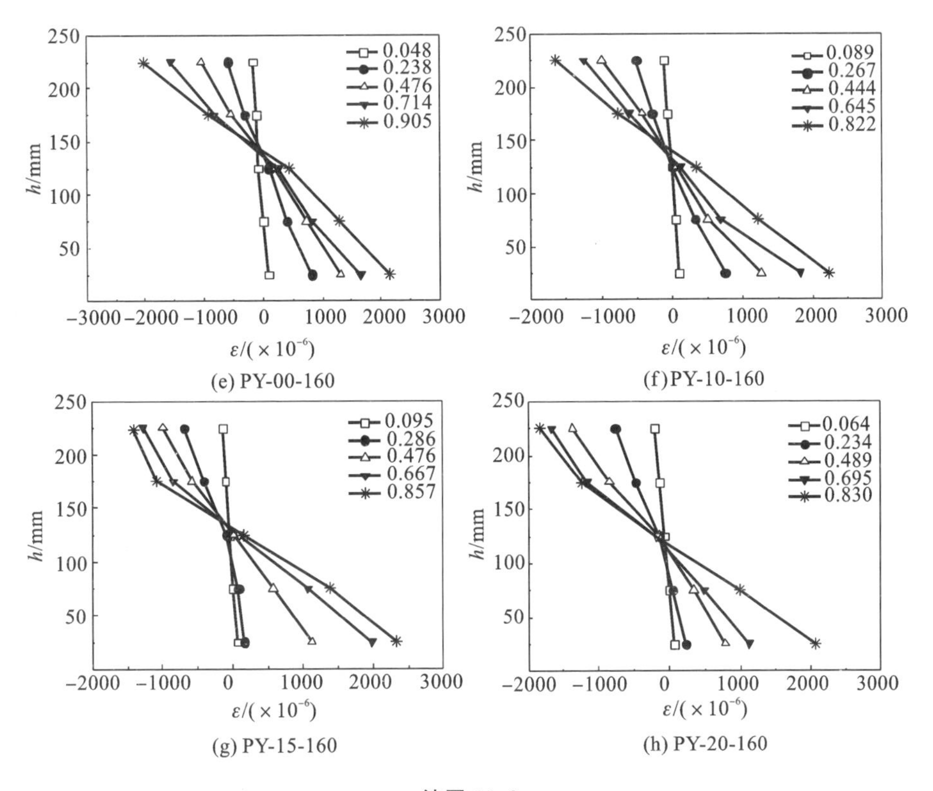

(e) PY-00-160　(f) PY-10-160

(g) PY-15-160　(h) PY-20-160

续图 11.9

从图 11.9 中可以看出，偏心距为 40 mm 的小偏心受压试件，混凝土应变基本为负值，说明在加载过程中，柱中截面的混凝土基本处于受压状态，加载到同级别的荷载时，柱中截面不同高度处的应变分布近似在一条直线上。偏心距为 160 mm 的大偏心受压试件，远离偏心荷载一侧的混凝土为受拉状态，靠近偏心荷载一侧的混凝土为受压状态。在同级荷载下，沿截面高度的混凝土应变分布也近似在一条直线上；但随着荷载增加，在加载中后期，柱中截面不同高度处的混凝土应变分布偏离直线的程度要明显大于加载前期。这是因为随着荷载的增加，远离偏心荷载一侧的混凝土受拉开裂，裂缝不断发展，造成混凝土内部出现应力重分布的情况，所以应变分布的线性规律被破坏。此外，柱中截面的中性轴随着荷载的增加不断地向靠近偏心荷载的一侧移动。从整体上看，试件的混凝土应变分布基本符合《混凝土结构设计规范(2015 年版)》(GB 50010—2010)中的平截面假定,锂渣钢筋混凝土试件与普通钢筋混凝土试件并没有明显区别。

4. 混凝土平均应变分析

在 $e_0=40$ mm 的小偏心受压状态下,不同类型试件近轴力侧荷载(N)-混凝土平均应变(ε)曲线如图 11.10 所示。从图 11.10 中可以看出,锂渣掺量的变化对混凝土压应变的发展规律影响不大,其主要影响的还是偏心受压柱的承载力。当荷载较小时,曲线基本呈线性变化;随着荷载增加,混凝土开裂,曲线逐渐呈现出非线性变化。当试件达到极限荷载时,混凝土平均应变接近 0.002,且锂渣钢筋混凝土试件在达到极限荷载时的应变小于普通钢筋混凝土试件达到极限荷载时的应变。

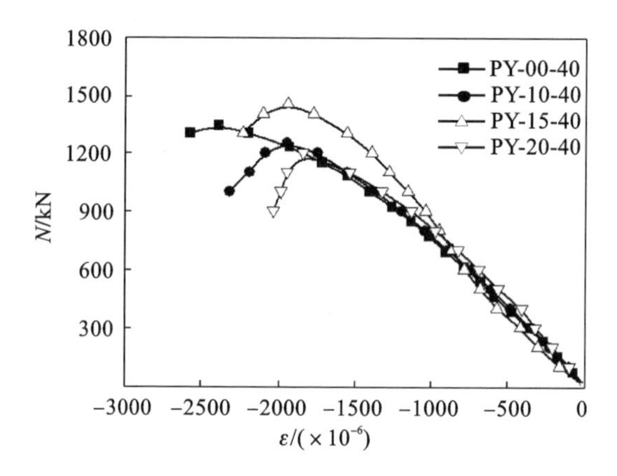

图 11.10 $e_0=40$ mm 的小偏心受压状态下,不同类型试件近轴力侧荷载-混凝土平均应变曲线

在 $e_0=160$ mm 的大偏心受压状态下,不同类型试件远轴力侧荷载(N)-混凝土平均应变(ε)曲线如图 11.11 所示。在加载初期,所有试件的应变随荷载的增加呈线性增长趋势,但在远轴力侧混凝土开裂后,受压区混凝土应变增长加快,应变与荷载呈非线性关系。在加载中后期,锂渣钢筋混凝土试件的混凝土应变增长要略快于普通钢筋混凝土试件的应变增长,但所有试件的混凝土应变发展规律相似。

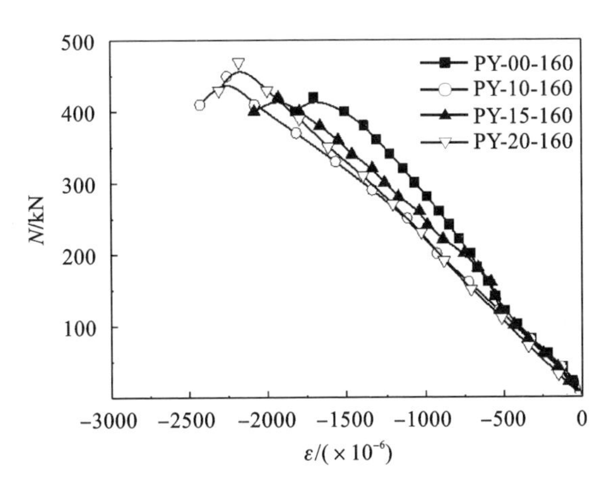

图 11.11　$e_0=160$ mm 的大偏心受压状态下，不同类型试件远轴力侧荷载-混凝土平均应变曲线

5. 试件变形分析

$e_0=40$ mm 的小偏心受压试件柱中段荷载（N）-位移（f）曲线如图 11.12(a)所示，从图中可以看出，在加载初期，小偏心受压试件位移增长较慢，而且锂渣掺量越高，前期位移增长越慢。随着荷载的持续增加，远离荷载一侧混凝土开裂，导致试件的位移明显加快。从整体上看，锂渣钢筋混凝土试件达到极限荷载时的位移要小于普通钢筋混凝土试件。$e_0=160$ mm 的大偏心受压试件柱中段荷载（N）-位移（f）曲线如图 11.12(b)所示，从图中可以看出，

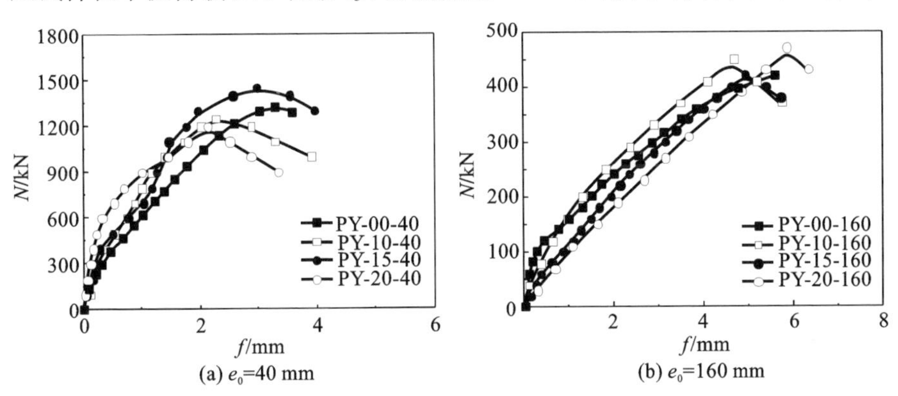

图 11.12　偏心受压试件柱中段荷载-位移曲线

大偏心受压试件与小偏心受压试件相反，其锂渣掺量越低，前期位移增长越慢，在试件开裂后，位移增长迅速。对比相同锂渣掺量但不同偏心距的试件破坏时的位移可知，偏心距较大的试件破坏时承受的荷载较小，位移较大；偏心距较小的试件破坏时承受的荷载较大，位移较小。锂渣钢筋混凝土试件的荷载-位移曲线与普通钢筋混凝土试件的基本一致。

偏心受压试件荷载（N）-轴向压缩量（Δ）曲线如图 11.13 所示。由图 11.13可知，偏心距相同时，轴向变形的发展规律相似，但锂渣钢筋混凝土偏心受压试件的轴向压缩量随荷载的增加而增加，但其发展速度比普通钢筋混凝土偏心受压试件的慢，且达到极限荷载时的轴向压缩量也比普通钢筋混凝土偏心受压试件的小。这说明在掺入锂渣后，偏心受压试件的整体刚度有所提升。

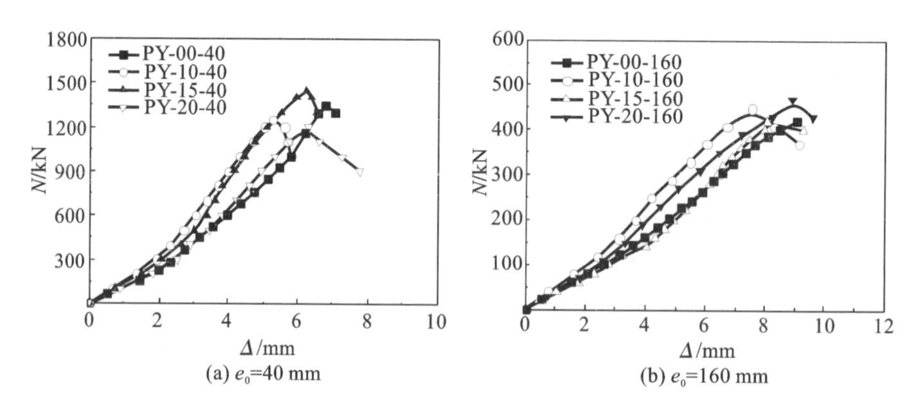

图 11.13　偏心受压试件荷载-轴向压缩量曲线

11.3　腐蚀组偏心受压试验

11.3.1　试验现象

图 11.14 为不同模拟酸雨龄期的两类钢筋混凝土试件表面腐蚀程度。从图 11.14 中可以看出，腐蚀龄期越长，混凝土表面的坑蚀现象越严重。当腐蚀龄期为 150 d 时，两类钢筋混凝土试件表面的水泥砂浆已被完全腐蚀，

呈现蜂窝状，粗骨料也被腐蚀成枣核状，锂渣钢筋混凝土试件的表面腐蚀程度要比普通钢筋混凝土试件的严重。

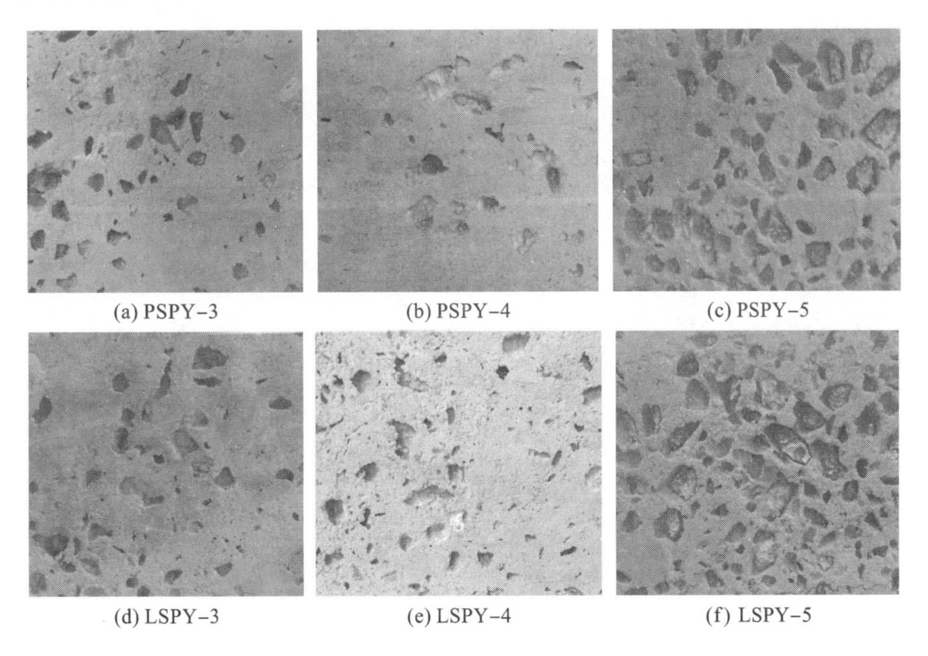

(a) PSPY-3　(b) PSPY-4　(c) PSPY-5

(d) LSPY-3　(e) LSPY-4　(f) LSPY-5

图 11.14　不同模拟酸雨腐蚀龄期的两类钢筋混凝土试件表面腐蚀程度

图 11.15 为腐蚀组大偏心受压试件的破坏形态。在加载初期，腐蚀组偏心受压试件经历了短暂的弹性工作阶段，随着远离荷载一侧的混凝土出现第一条裂缝，位移迅速增长，靠近荷载一侧钢筋受压，远离荷载一侧钢筋受拉。随着荷载不断增加，远离荷载一侧混凝土裂缝不断增多，开始出现贯穿整个试件横截面的大裂缝。最后，受压区混凝土被压碎脱落，承载力迅速下降，试件破坏，试验结束。试验中观察到，腐蚀龄期越长，远离荷载一侧的混凝土出现裂缝的时间越早，且试件承载力随着腐蚀龄期的增加呈现下降趋势。

11.3.2　承载力与变形

1. 计算承载力与试验承载力对比分析

表 11.4 列出了偏心受压试件的试验承载力与计算承载力，其中承载力

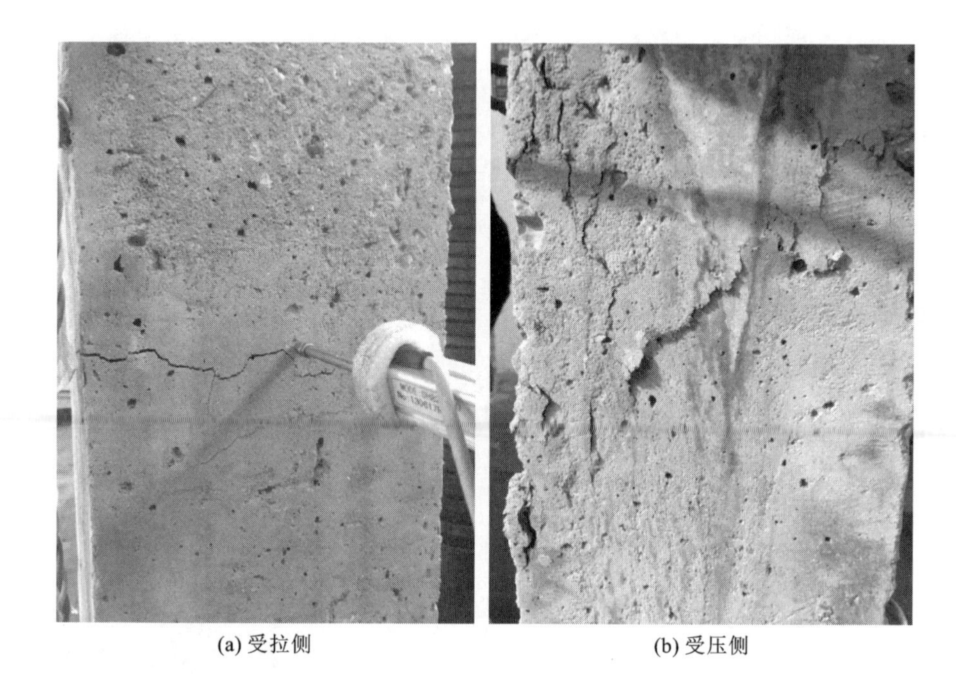
(a) 受拉侧　　(b) 受压侧

图 11.15　腐蚀组大偏心受压试件的破坏形态

计算值 N_{uc} 根据《混凝土结构设计规范(2015 年版)》(GB 50010—2010)计算,计算公式如式(11.1)～式(11.4)所示。

由表 11.4 可知,承载力试验值与承载力计算值的比值均大于 1,说明采用现行规范中的公式计算锂渣钢筋混凝土偏心受压柱腐蚀后的承载力是可行的,且比例均值达 1.29,具有足够的安全储备。

表 11.4　腐蚀组偏心受压试件的试验承载力和极限承载力对比

试件编号	轴心抗压强度/MPa	承载力试验值 N_{ue}/kN	承载力计算值 N_{uc}/kN	N_{ue}/N_{uc}
PSPY-3	38.48	440	314.4	1.40
PSPY-4	34.69	400	307.6	1.30
PSPY-5	30.75	370	299.6	1.23
LSPY-3	41.04	410	318.4	1.29

续表

试件编号	轴心抗压强度/MPa	承载力试验值 N_{ue}/kN	承载力计算值 N_{uc}/kN	N_{ue}/N_{uc}
LSPY-4	37.51	390	312.7	1.25
LSPY-5	33.36	380	305.1	1.25

注：N_{ue}为试验中所测得的实际极限承载力，N_{uc}为按照我国现行规范计算公式所计算的偏心受压承载力。

2. 钢筋应变分析

图 11.16 腐蚀组试件钢筋的荷载（N）-应变（ε）曲线。从图 11.16 中可以

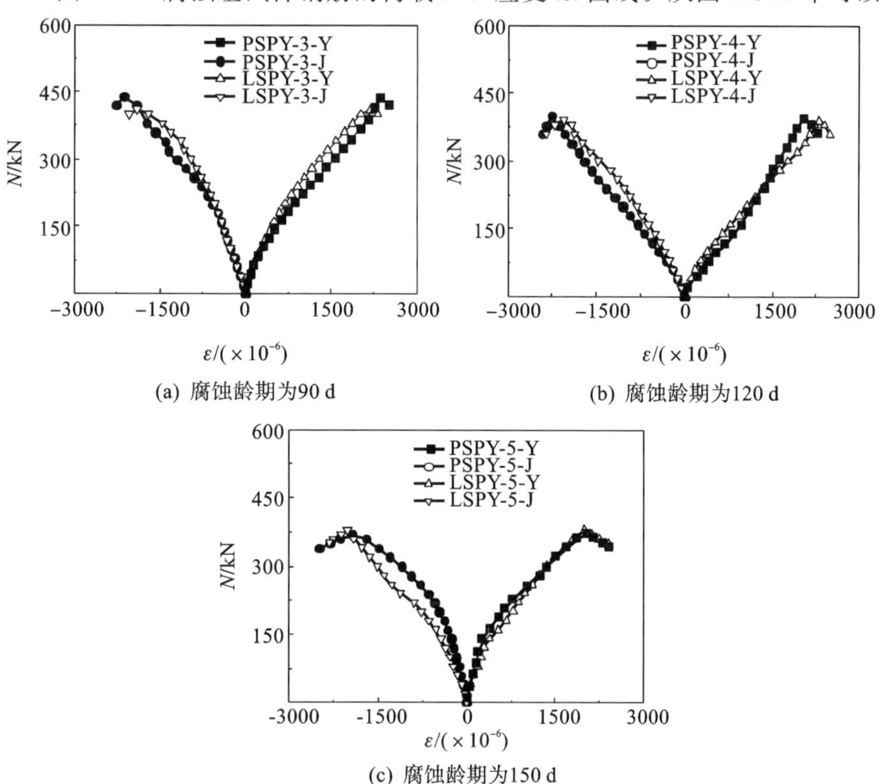

图 11.16　腐蚀组试件钢筋的荷载-应变曲线

（注：J 表示近轴力侧钢筋，Y 表示远轴力侧钢筋。）

看出，在经过相同龄期的模拟酸雨腐蚀后，锂渣钢筋混凝土试件的钢筋应变发展规律与普通钢筋混凝土试件的基本一致，且在相同荷载作用下，钢筋的拉应变值与压应变值相近，当荷载达到峰值时，受拉钢筋和受压钢筋都基本达到屈服强度，锂渣掺量对试件钢筋应变的发展影响不大[139]。在加载初期，钢筋应变发展较为缓慢，荷载增长和应变增长呈线性关系。随着荷载的逐渐增加，远轴力侧混凝土开裂失效，钢筋应变增长加快。对比不同腐蚀龄期的同种类型试件在荷载达到峰值时的钢筋应变可知，随着腐蚀龄期的增加，试件达到极限荷载时的钢筋应变逐渐减小，表明因模拟酸雨腐蚀的作用，试件在纵向钢筋强度未完全利用时就已经接近破坏。

3. 试件变形分析

图 11.17 为腐蚀组试件的荷载(N)-位移(f)曲线。从图 11.7 中可以看出，不同类型的钢筋混凝土偏心受压试件位移随荷载变化的发展规律相似，锂渣的掺入并未改变试件位移的发展规律。对比相同腐蚀龄期的两类钢筋混凝土试件，锂渣钢筋混凝土试件的位移发展要比普通钢筋混凝土试件慢些。而随着腐蚀龄期的增加，同种类型的钢筋混凝土试件的位移发展呈加快趋势，达到极限荷载时的位移也逐渐增加，相比于腐蚀龄期短的试件，腐蚀龄期长的试件位移明显增加，说明酸雨腐蚀使得试件的变形加快，试件的整体性下降。

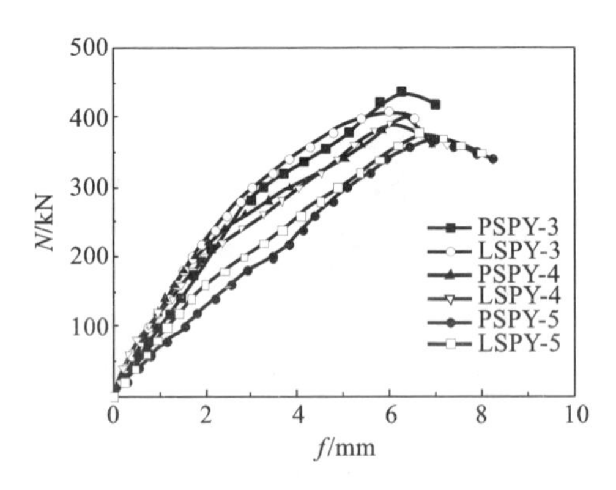

图 11.17　腐蚀组试件的荷载-位移曲线

图 11.18 为腐蚀组试件的荷载(N)-轴向压缩量(Δ)曲线。由图 11.18

可知，各类试件的荷载-轴向压缩量曲线很接近，发展规律基本一致，锂渣的掺入并未对试件的荷载-轴向压缩量曲线发展规律产生明显影响。随着腐蚀龄期的增加，试件在达到极限荷载时的轴向压缩量整体上呈增大趋势。

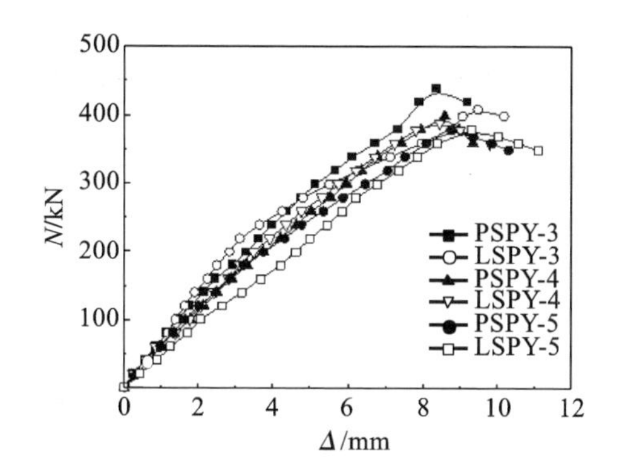

图 11.18　腐蚀组试件的荷载-轴向压缩量曲线

11.4　有限元模拟

11.4.1　模型建立

本节对混凝土偏心受压柱采用分离式建模。混凝土、钢筋及加载钢板分别采用 SOLID65、LINK8 及 SOLID45 单元，为实现试件的偏心加载和防止集中应力，在试件两端添加刚性垫块并施加荷载。如图 11.19(a)～(d)所示为 e_0=160 mm 和 e_0=40 mm 的试件的网格划分图和荷载约束图。在建模过程中，因偏心距不同，荷载加载区域划分、模型网格划分、单元尺寸及荷载步大小等也有所不同。经加载与求解，得到的 e_0=160 mm 和 e_0=40 mm 的试件的变形图以及混凝土、钢筋应力云图如图 11.19(e)～(f)所示。由图 11.19(g)～(h)的 e_0=160 mm 和 e_0=40 mm 试件的混凝土应力云图可以看出，两类试件混凝土受力形态明显不同，小偏心受压试件混凝土正截面有较大的受压区高度。由图 11.19(i)～(j)的 e_0=160 mm 和 e_0=40 mm 试件的钢筋应力云图可以看出，对于大偏心受压试件，受拉钢筋已达到其屈服强

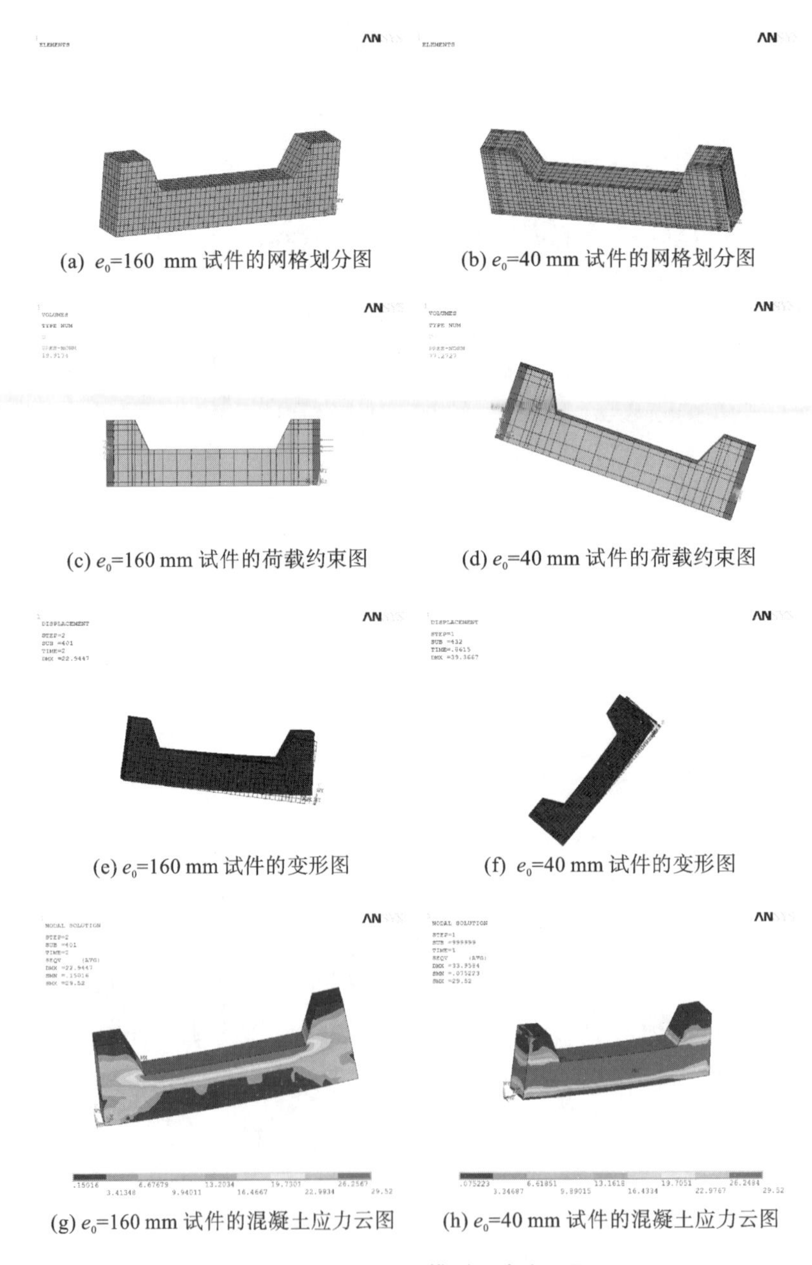

(a) e_0=160 mm 试件的网格划分图　(b) e_0=40 mm 试件的网格划分图

(c) e_0=160 mm 试件的荷载约束图　(d) e_0=40 mm 试件的荷载约束图

(e) e_0=160 mm 试件的变形图　(f) e_0=40 mm 试件的变形图

(g) e_0=160 mm 试件的混凝土应力云图　(h) e_0=40 mm 试件的混凝土应力云图

图 11.19　有限元模型及应力云图

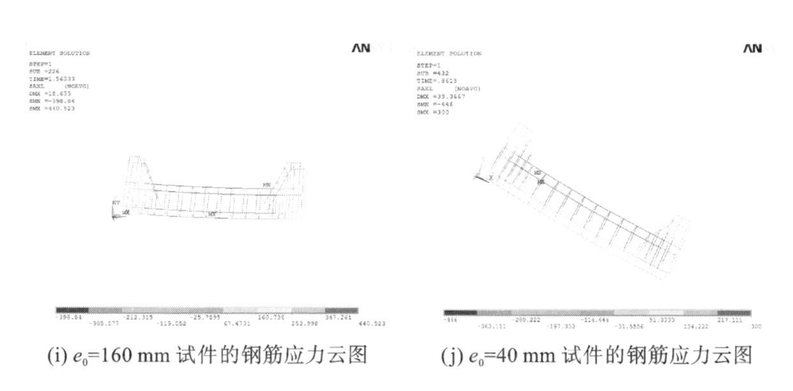

(i) e_0=160 mm 试件的钢筋应力云图　　(j) e_0=40 mm 试件的钢筋应力云图

续图 11.19

度，而对于小偏心受压试件，远离荷载一侧的钢筋处于受压状态，且并未达到屈服强度。

11.4.2　普通组偏心受压有限元模拟结果分析

1. 试验与模拟裂缝发展形态对比

图 11.20 为 e_0＝40 mm 试件的裂缝发展图（F 为裂缝不同发展阶段时试件实际承受的荷载，F_{cu}为试件极限承载力）。在加载初期，试件处于弹性状态，位移缓慢增长。随着荷载的增加，当荷载子步达到 160 kN[图 11.20(a)]时，近轴力侧的混凝土端部开始出现微裂缝。当荷载继续加载至如图 11.20(b)所示的时刻时，近轴力侧混凝土边缘的压应变达到极限压应变，受压区混凝土出现裂纹并且部分混凝土被压碎。随着荷载的继续增加，远轴力侧混凝土受压应力逐渐增大并出现裂缝，如图 11.20(c)所示。荷载继续增加直至试件破坏，近轴力侧混凝土被压碎，远轴力侧混凝土出现大量裂缝，如图 11.20(d)所示。不过，当试件破坏时，远轴力侧钢筋并未达到屈服强度，如图 11.19(j)所示。如图 11.20(e)所示为试验裂缝图，通过对比模拟裂缝发展图与实际裂缝发展图可知，模拟裂缝发展情况与试验裂缝发展情况较为吻合。

图 11.21 为 e_0＝160 mm 试件的裂缝发展图。在加载初期，随着荷载的增加，首先出现横向裂缝的是混凝土受拉区，如图 11.21(a)所示。荷载继续

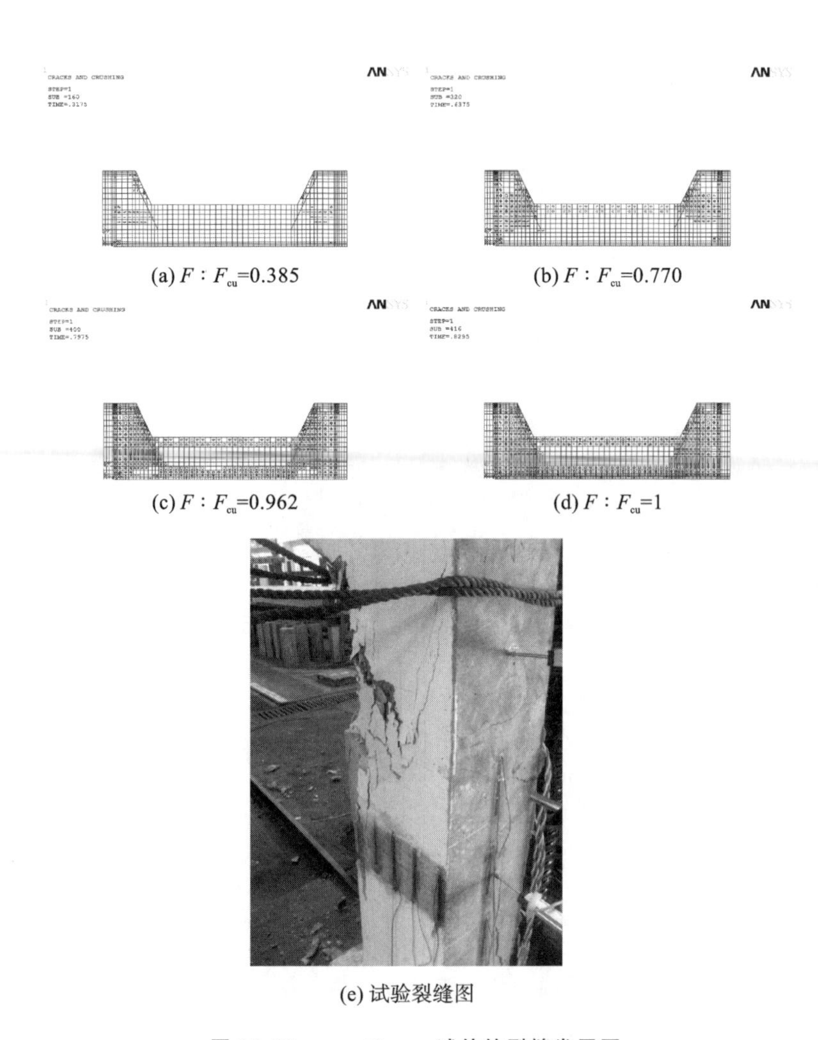

图 11.20　e_0＝40 mm 试件的裂缝发展图

增加至如图 11.21(b)和(c)所示时，受拉区的主裂缝不断发展并更加明显，且受拉钢筋达到屈服强度，如图 11.19(i)所示。随着荷载增加至试件破坏，试件中和轴上升，混凝土受压区高度减小，致使其受压区边缘混凝土被压碎，如图 11.21(d)所示。如图 11.21(e)所示为试验裂缝图，通过对比模拟裂缝发展图与实际裂缝发展图可知，模拟裂缝发展情况与试验裂缝发展情况较为吻合。

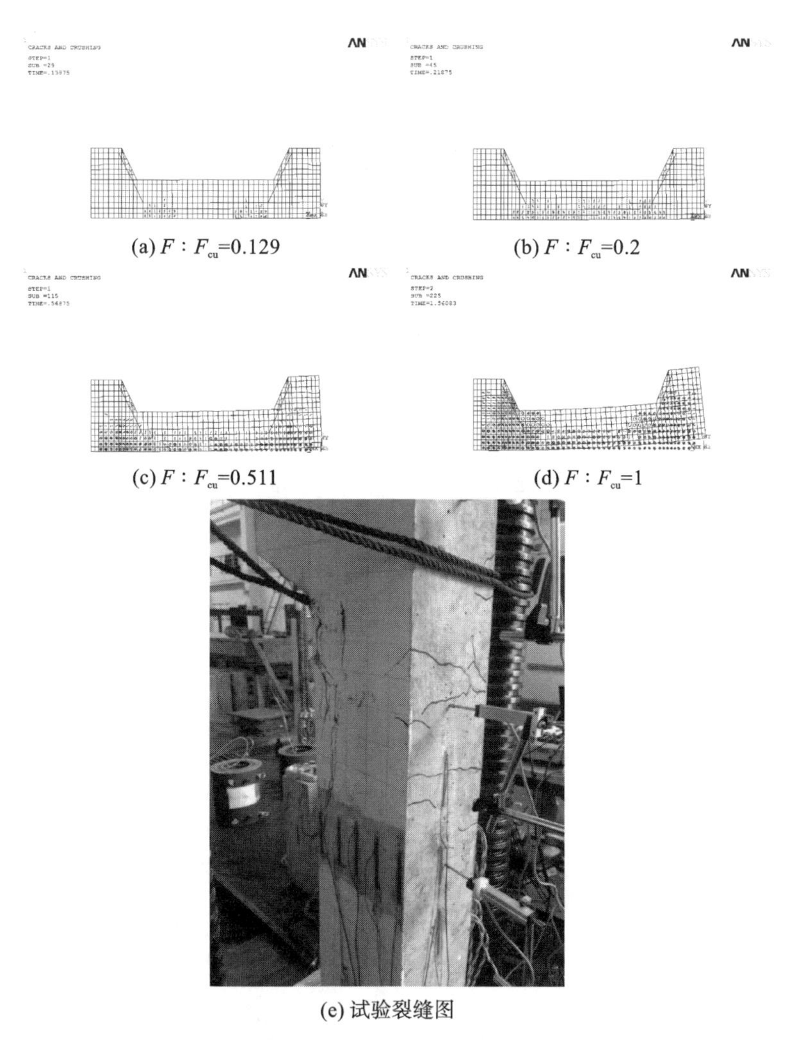

图 11.21　e_0＝160 mm 试件的裂缝发展图

2. 试验与模拟荷载-位移曲线及极限承载力对比

图 11.22 为普通组试件荷载(N)-位移(f)曲线。通过对比模拟曲线与试验曲线可知，多数试件试验承载力比模拟承载力大，最大位移的试验值也比模拟值偏小。究其原因可能为以下 4 点：①由于混凝土材料本身的特点，试验结果有时离散性较大，造成试验数据并不能反映其真实规律；②在试验

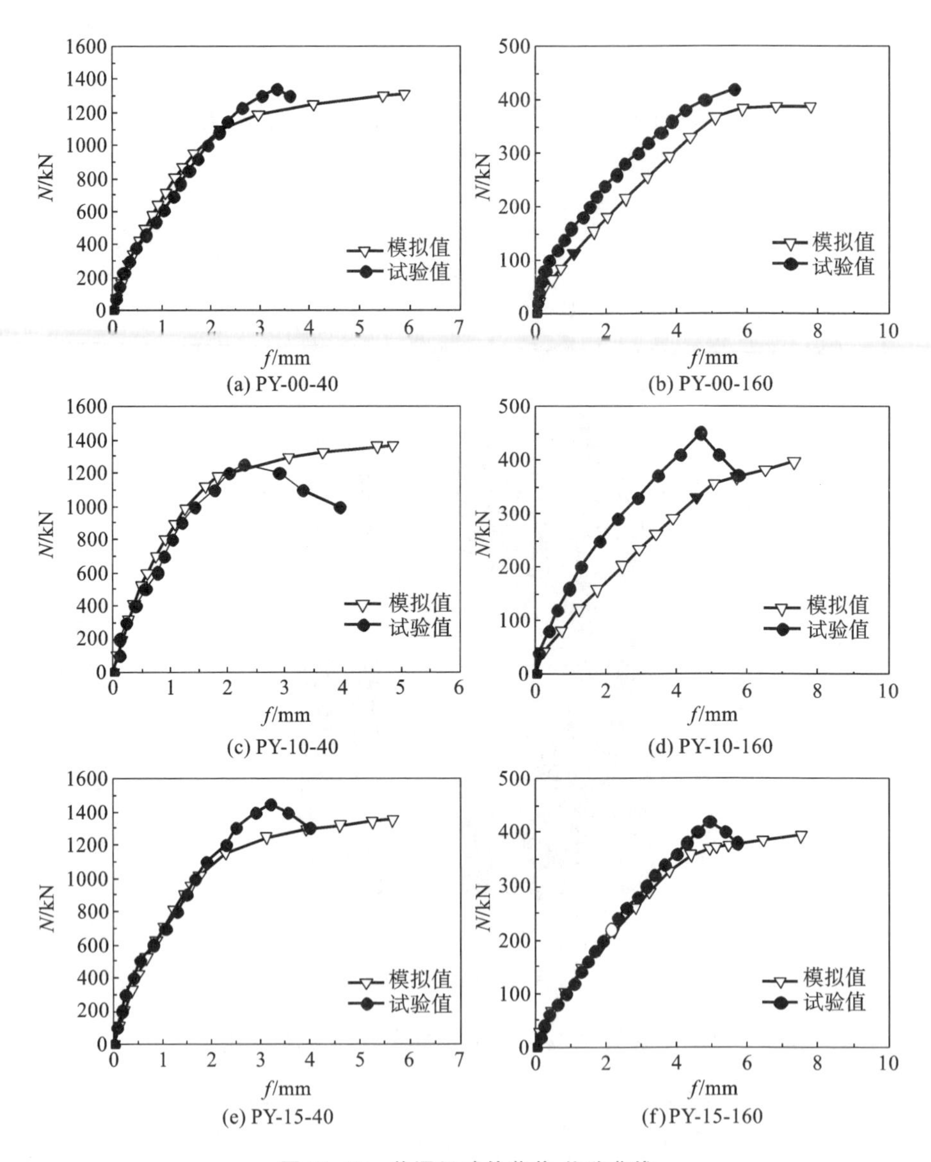

图 11.22 普通组试件荷载-位移曲线

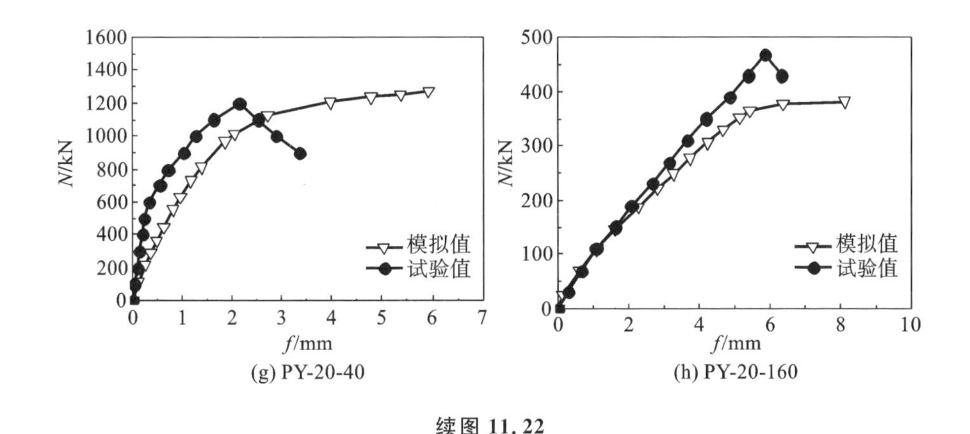

(g) PY-20-40　　(h) PY-20-160

续图 11.22

过程中由于存在一定的机械误差和偶然误差，导致试验曲线与模拟曲线略有差异；③模拟曲线中钢筋本构模型采用双直线模型，并未考虑纵向钢筋的强化作用；④模拟曲线中并未考虑横向箍筋对混凝土试件的环箍作用。

普通组试件承载力对比结果见表 11.5。由表 11.5 可知，对于偏心距为 40 mm 的混凝土试件，其承载力试验值与模拟值吻合良好，最大相对误差为 10%，最小相对误差为 5%，这说明模拟的偏心距为 40 mm 偏心受压试件的承载力与实际情况较为吻合。对比其承载力计算值与模拟值可知，模拟值高于计算值 25%以上，说明应用 ANSYS 有限元分析软件模拟偏心距为 40 mm 偏心受压试件承载力满足我国现行规范要求，且有足够的安全系数。对于偏心距为 160 mm 的偏心受压试件，其承载力试验值均偏高于模拟值，最小相对误差为 7%，最大相对误差为 19%；但通过对比承载力模拟值与计算值可知，二者吻合较好，相对误差均在 5%以内，由此说明应用 ANSYS 有限元分析软件模拟偏心距为 160 mm 偏心受压试件承载力与我国现行规范的计算承载力较为吻合，且满足现行规范的要求。

表 11.5　普通组试件承载力对比结果

试件编号	承载力试验值 N_{ue}/kN	承载力计算值 N_{uc}/kN	承载力模拟值 N/kN	N/N_{ue}	N/N_{uc}
PY-00-40	1340	1024.9	1313.25	0.98	1.28
PY-00-160	420	371.9	388.34	0.92	1.04

续表

试件编号	承载力 试验值 N_{ue}/kN	承载力 计算值 N_{uc}/kN	承载力 模拟值 N/kN	N/N_{ue}	N/N_{uc}
PY-10-40	1250	1076.4	1369.30	1.10	1.27
PY-10-160	450	377.4	396.14	0.88	1.05
PY-15-40	1450	1055.2	1352.39	0.93	1.28
PY-15-160	420	375.2	393.76	0.94	1.05
PY-20-40	1200	983.9	1268.13	1.06	1.29
PY-20-160	470	367.5	381.95	0.81	1.04

3. 锂渣掺量对荷载-位移曲线及极限承载力的影响

在偏心距、配筋率、截面尺寸相同的条件下，锂渣掺量对试件荷载(N)-位移(f)曲线的影响如图 11.23 所示。图 11.23(a)为 $e_0=40$ mm 试件的荷载-位移曲线。由图 11.23(a)可知，锂渣掺量对试件的初始刚度、极限承载力和延性有一定影响。在初始加载阶段，各试件的初始刚度差异不大，但锂渣掺量为 10%试件的初始刚度略高于其他锂渣掺量的试件。随着荷载继续增加至极限荷载，试件极限承载力和最大位移受锂渣掺量的影响较大。图 11.23(b)为 $e_0=160$ mm 试件的荷载-位移曲线。由图 11.23(b)可知，不同锂渣掺量的钢筋混凝土试件的荷载-位移曲线相差较小，说明锂渣对试件的

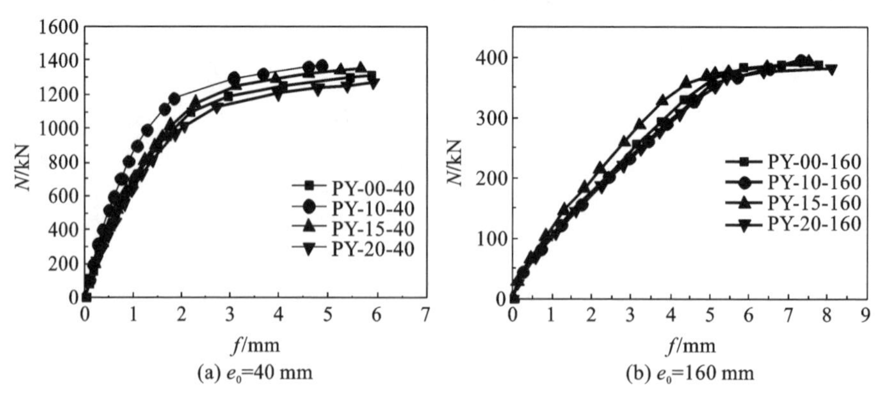

图 11.23　锂渣掺量对试件荷载-位移曲线的影响

初始刚度、极限承载力和位移影响较小。

e_0＝40 mm 试件的锂渣掺量与极限承载力的关系如图 11.24(a)所示，相对于普通钢筋混凝土试件，锂渣钢筋混凝土试件极限承载力有不同程度的变化，其他 3 种锂渣钢筋混凝土试件的极限承载力相对普通钢筋混凝土试件极限承载力分别提高了 4.3％、3.0％和－3.4％。这说明对于偏心距为 40 mm 的试件，掺入适量锂渣能提高其极限承载力。e_0＝160 mm 试件的锂渣掺量与极限承载力的关系如图 11.24(b)所示，相对于普通钢筋混凝土试件而言，锂渣掺量为 10％、15％和 20％试件的极限承载力分别提升了 2.0％、1.4％和－1.6％。对比图 11.24(a)、图 11.24(b)中的数据可以得出，锂渣掺量对小偏心受压试件极限承载力的影响更显著，原因是小偏心受压试件的承载力受混凝土影响更大。

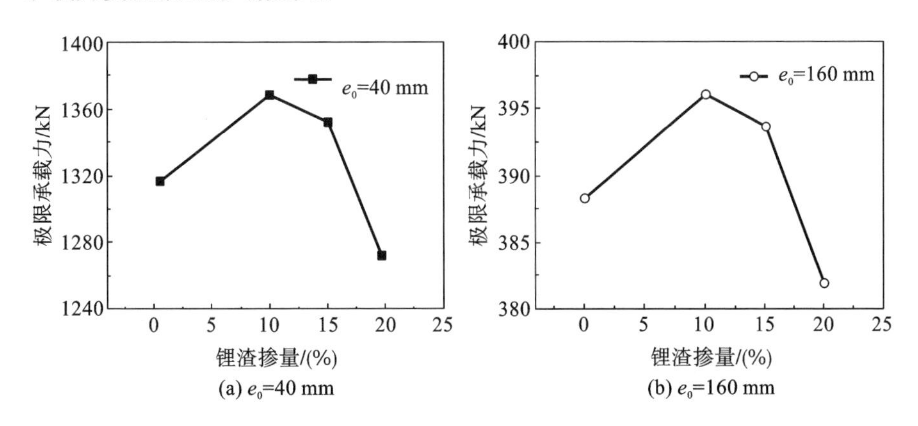

图 11.24　锂渣掺量与极限承载力的关系

4. 偏心距对荷载-位移曲线的影响

采用控制变量法，即控制试件截面尺寸、锂渣掺量等因素，只改变试件加载的偏心距，以此研究偏心距对试件荷载-位移曲线的影响，由此得到的偏心距对试件荷载(N)-位移(f)曲线的影响如图 11.25 所示。由图 11.25 可知，随着偏心距的增大，试件初始刚度和极限承载力都明显下降，试件的最大位移有一定程度的增加。由此可知，随着偏心距的增大，试件极限承载力与刚度逐渐降低，偏心距的改变对试件极限承载力和刚度的影响非常显著。

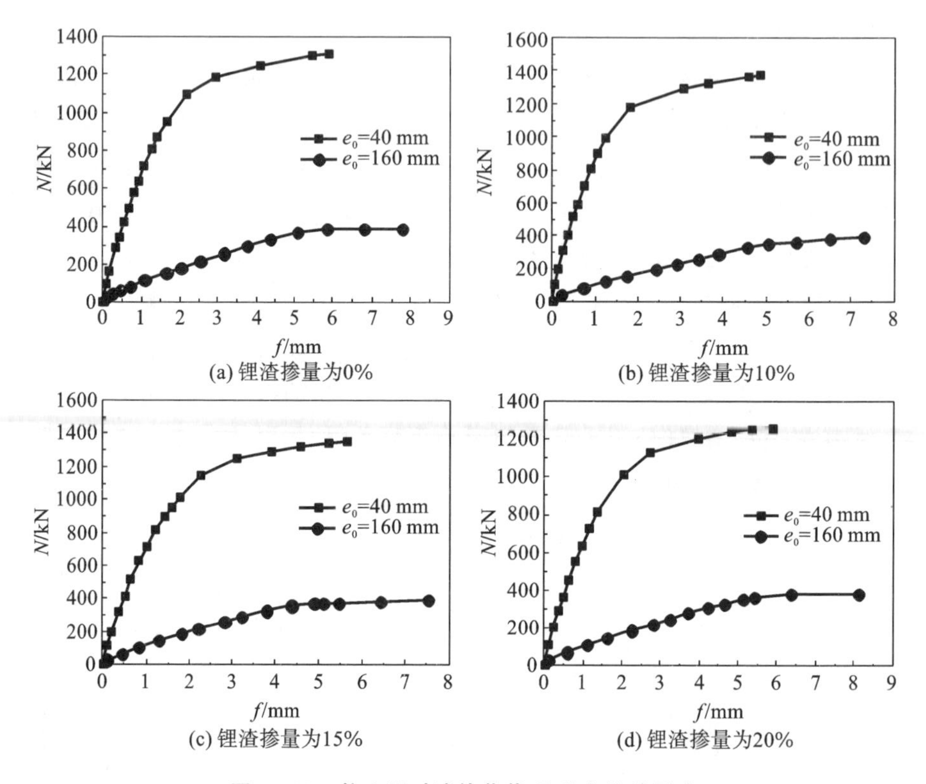

图 11.25　偏心距对试件荷载-位移曲线的影响

11.4.3　腐蚀组偏心受压有限元模拟结果分析

1. 试验与模拟荷载-位移曲线及极限承载力对比

图 11.26 为腐蚀组试件荷载(N)-位移(f)曲线。由图 11.26 可知，试验曲线与模拟曲线初始刚度大部分吻合情况较好，但承载力试验值均比模拟值略大，最大位移的试验值也比模拟值偏小，导致这个结果的原因除与普通组考虑因素相同的之外，还可能为：①经模拟酸雨腐蚀后，因试件腐蚀不均匀，材料具有更大的离散性；②经模拟酸雨腐蚀后，试件表面坑蚀较多，对试验数据的采集有较大影响。

腐蚀组试件承载力对比结果见表 11.6。由表 11.6 可知，腐蚀组试件承载力试验值均要高于其模拟值，最小误差为 8%，最大误差为 18%。但对比

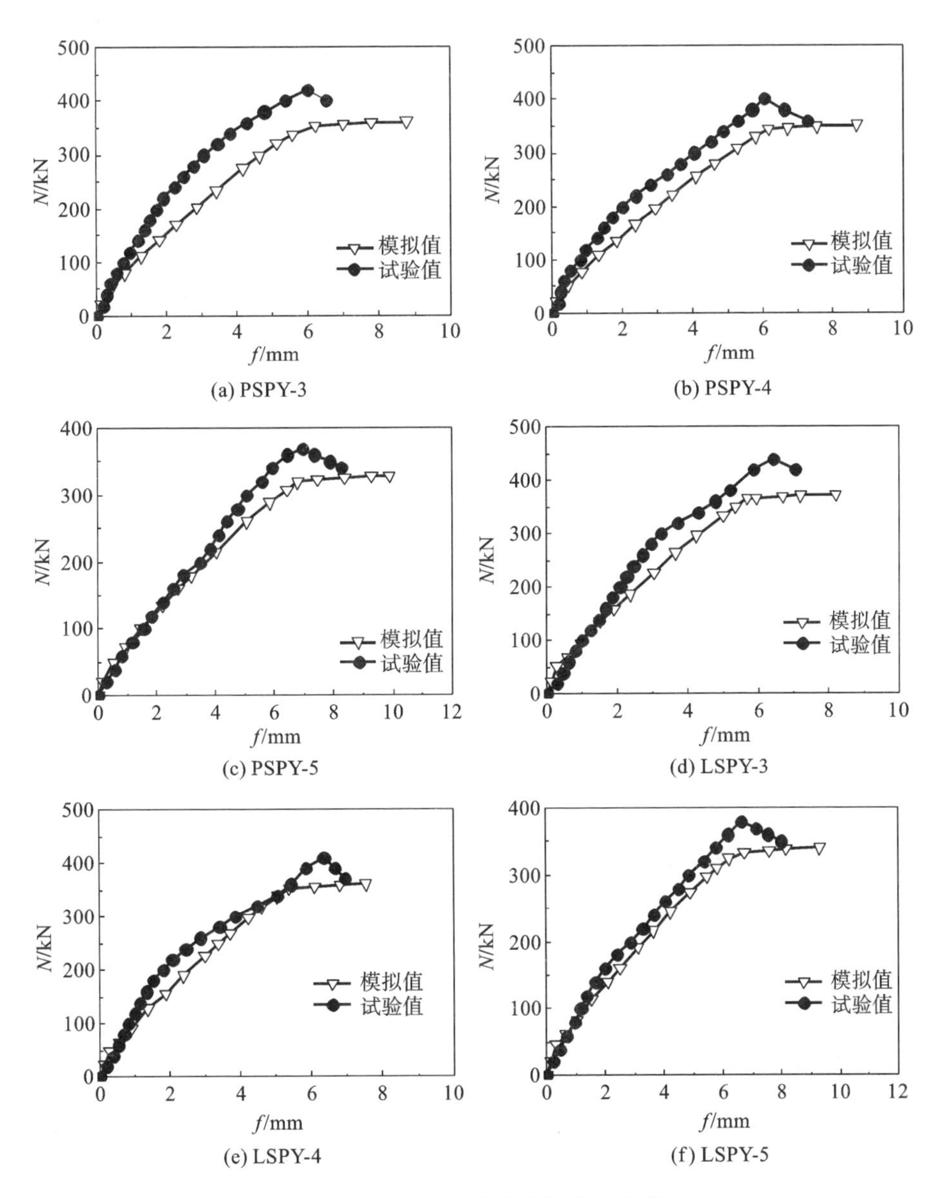

图 11.26　腐蚀组试件荷载-位移曲线

其承载力模拟值与计算值可知，二者吻合良好，相对误差均在 5%以内，这说明应用 ANSYS 有限元分析软件模拟经酸雨腐蚀的偏心受压试件承载力与我国现行规范的计算承载力较为吻合，且相对于实际承载力有一定的安全系数，对实际设计有一定参考价值。

表 11.6　腐蚀组试件承载力对比结果

试件编号	承载力 试验值 N_{ue}/kN	承载力 计算值 N_{uc}/kN	承载力 模拟值 N/kN	N/N_{ue}	N/N_{uc}
PSPY-3	440	357.69	360.93	0.82	1.01
PSPY-4	400	347.32	351.40	0.88	1.01
PSPY-5	370	335.31	328.13	0.89	0.98
LSPY-3	410	364.16	371.90	0.91	1.02
LSPY-4	390	355.14	360.15	0.92	1.01
LSPY-5	380	343.42	340.13	0.90	0.99

2. 锂渣掺量对荷载-位移曲线的影响

在偏心距、配筋率、截面尺寸及腐蚀龄期相同的条件下，锂渣掺量对试件荷载(N)-位移(f)曲线的影响如图 11.27 所示。由图 11.27 可知，锂渣掺量对试件的初始刚度、极限承载力和延性有一定影响。在未出现第一条裂缝时，两种试件刚度基本一致。当继续加载至出现裂缝后，锂渣钢筋混凝土刚度退化程度略低于普通钢筋混凝土。随着继续加载至试件破坏，不同腐蚀龄期的锂渣钢筋混凝土试件的极限承载力均高于普通钢筋混凝土试件，且其最大位移低于普通钢筋混凝土试件。这说明锂渣的掺入能使经模拟酸雨腐蚀后的试件具有更高的承载力和更强的抗侧刚度。

3. 腐蚀龄期对荷载-位移曲线及极限承载力的影响

图 11.28 为腐蚀龄期对试件的荷载(N)-位移(f)曲线的影响。由图 11.28可知，两类钢筋混凝土试件经过不同龄期的模拟酸雨腐蚀后，其刚度和极限承载力都有不同程度的降低。

图 11.29 为腐蚀龄期与极限承载力的关系曲线。随着腐蚀龄期由 90 d 增加到 150 d，普通钢筋混凝土极限承载力分别降低了 2.6%和 9.1%，锂渣钢筋混凝土极限承载力分别降低了 3.2%和 8.5%。由此说明：随着腐蚀龄期的增加，试件极限承载力呈现下降趋势；但随着腐蚀龄期的延长，掺入适

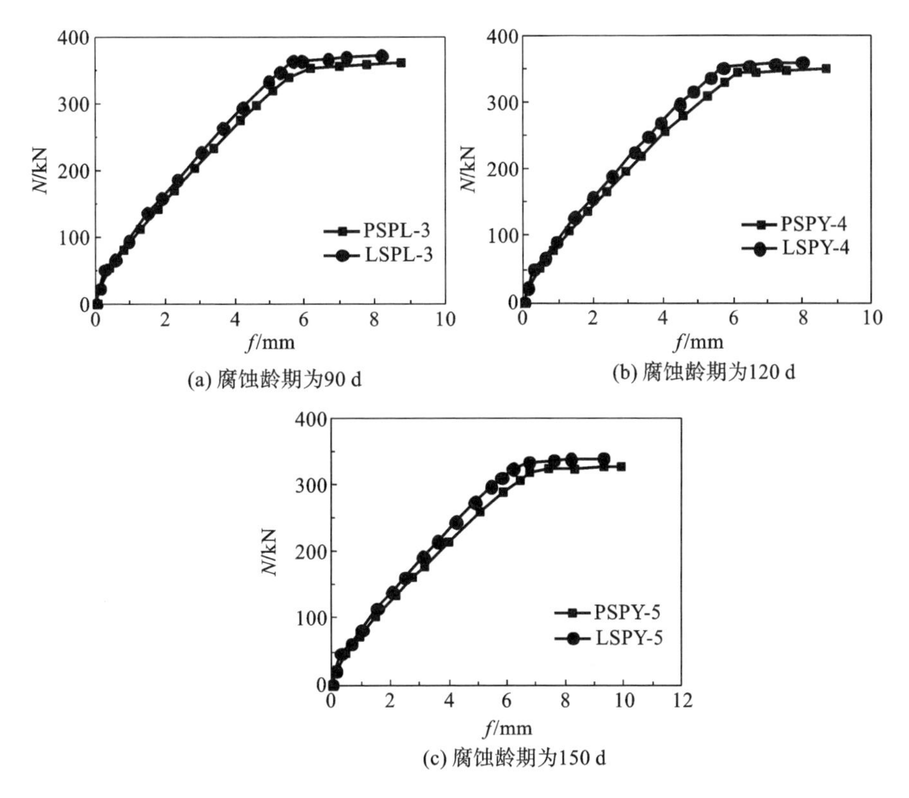

(a) 腐蚀龄期为90 d

(b) 腐蚀龄期为120 d

(c) 腐蚀龄期为150 d

图 11.27　不同锂渣掺量试件的荷载-位移曲线

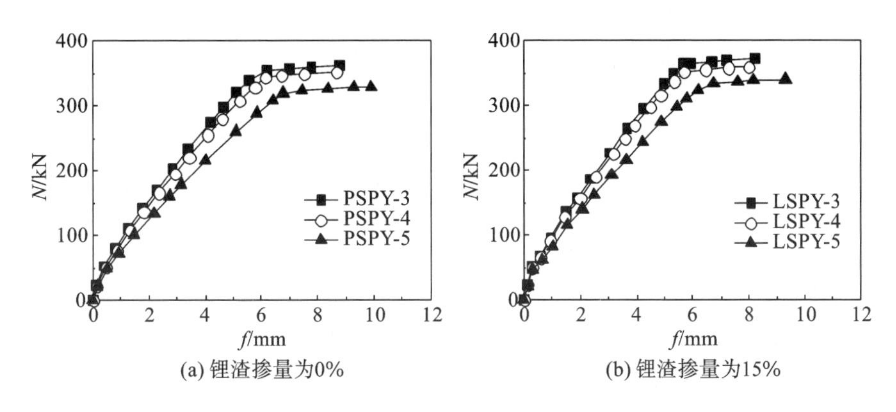

(a) 锂渣掺量为0%

(b) 锂渣掺量为15%

图 11.28　腐蚀龄期对试件荷载-位移曲线的影响

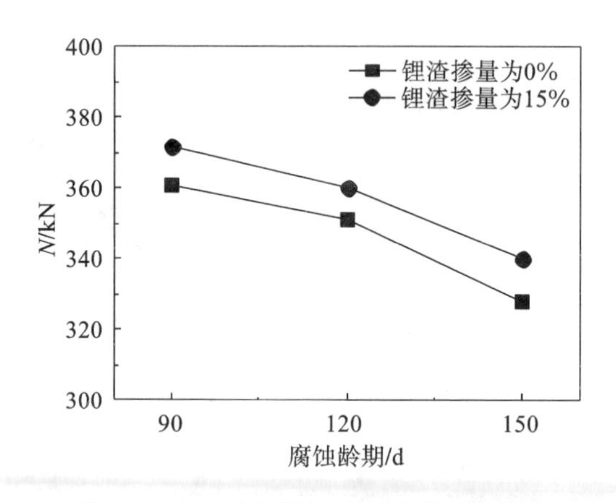

图 11.29　腐蚀龄期与极限承载力的关系

量锂渣能在一定程度上延缓钢筋混凝土试件承载力的降低。

11.5　本章小结

本章研究了锂渣钢筋混凝土偏心受压试件在大偏心、小偏心荷载作用下的力学性能，并与普通钢筋混凝土偏心受压试件进行对比。同时，为了研究锂渣钢筋混凝土试件及普通钢筋混凝土试件在经过模拟酸雨腐蚀后的偏心受压性能，对两类混凝土试件均进行了为期 90 d、120 d 和 150 d 的模拟酸雨腐蚀，并得出以下结论。

(1) 锂渣钢筋混凝土偏心受压试件的破坏形态与普通钢筋混凝土偏心受压试件的破坏形态基本一致，并无明显区别。锂渣钢筋混凝土偏心受压试件在大偏心荷载及小偏心荷载作用下的力学性能与普通钢筋混凝土偏心受压试件相似，锂渣的掺入对提高试件的抗裂性有一定的帮助。采用《混凝土结构设计规范(2015 年版)》(GB 50010—2010)中的公式计算锂渣钢筋混凝土偏心受压试件的极限承载力是可行的，且计算结果偏于安全。

(2) 相同偏心距的锂渣钢筋混凝土偏心受压试件和普通钢筋混凝土偏心受压试件的钢筋应变随荷载变化的规律相似，锂渣的掺入对钢筋应变的发展基本没有影响。掺锂渣试件在达到极限荷载时的轴向变形都要比未掺锂渣试件的小，说明掺入锂渣能提高试件的整体刚度。锂渣钢筋混凝土偏

心受压试件在偏心荷载作用下，柱中截面混凝土应变分布符合平截面假定。

(3) 在经历相同龄期的模拟酸雨腐蚀后，锂渣钢筋混凝土试件的表面腐蚀程度比普通钢筋混凝土试件严重，初步认为这是由于前期锂渣经过高低温烘干后吸水性极强，在模拟酸雨腐蚀作用下更容易被溶蚀。

(4) 随着腐蚀龄期的增加，所有试件的侧向变形及轴向变形均呈增大趋势，但锂渣钢筋混凝土偏心受压试件的变形发展要比普通钢筋混凝土偏心受压试件慢。随着腐蚀龄期的增加，同种类型试件在荷载达到峰值时的钢筋应变呈减小趋势，这说明随着腐蚀龄期的增加，试件被破坏时，钢筋强度的利用程度降低。

(5) 应用 ANSYS 有限元分析软件模拟普通养护下未掺锂渣和掺锂渣的钢筋混凝土偏心受压试件的极限承载力满足我国现行规范要求，且对于工程设计有足够的安全系数。在一定范围内，锂渣的掺入能提高试件的极限承载力，且对偏心距较小的试件效果更为显著；在一定范围内，偏心距的改变对试件的极限承载力和初始刚度都有较大影响，偏心距越大，试件的极限承载力和抗侧刚度越小。

(6) 应用 ANSYS 有限元分析软件模拟腐蚀情况下不同锂渣掺量偏心受压试件的极限承载力与我国现行规范的计算值较为吻合，且具有足够的安全系数，可为实际应用提供参考。锂渣的掺入对经模拟酸雨腐蚀后试件的抗侧刚度和极限承载力都有所提高；随着腐蚀龄期的增加，未掺锂渣和掺锂渣的钢筋混凝土偏心受压试件的极限承载力呈下降趋势，但在腐蚀龄期较长的情况下，掺入适量锂渣能在一定程度上延缓试件极限承载力的降低。

第 12 章　锂渣钢筋混凝土受弯构件的力学性能

在建筑的发展过程中，工程师不断尝试跨越障碍，以为人类活动提供充足的空间。而想要获得充足的活动空间，就离不开受弯构件。钢筋混凝土梁是常见的受弯构件，因此，本章就锂渣钢筋混凝土受弯构件的力学性能进行研究。本章试验设计制作了 3 根普通钢筋混凝土梁和 9 根锂渣钢筋混凝土梁进行抗弯性能研究，同时设计制作了 10 根钢筋混凝土梁进行模拟酸雨腐蚀后的力学性能研究，其中 5 根为普通钢筋混凝土梁，另外 5 根为锂渣钢筋混凝土梁，对比分析了两种钢筋混凝土梁随腐蚀龄期的增加，混凝土表面、构件抗弯承载力和构件整体性能的损伤退化过程。

12.1　试验概况

12.1.1　普通组试验

1. 试验设计

试验所采用的锂渣化学组分见表 2.3，混凝土的设计强度为 C40，锂渣掺量分为 0%、10%、15%和 20%四种，混凝土具体的配合比见表 9.1。通过对预留的标准立方体试块进行抗压试验测得混凝土的立方体抗压强度。混凝土和钢筋力学性能见表 12.1。

表 12.1　混凝土和钢筋力学性能

混凝土		纵向钢筋			
锂渣掺量/(%)	立方体抗压强度 f_{cu}/MPa	钢筋品种	直径/mm	屈服强度/MPa	抗拉强度/MPa
0	44.2	HPB300	6	312.0	442

续表

混凝土		纵向钢筋			
锂渣掺量/(%)	立方体抗压强度 f_{cu}/MPa	钢筋品种	直径/mm	屈服强度/MPa	抗拉强度/MPa
10	48.4	HRB400	8	429.5	580
15	45.7	HRB400	10	438.1	595
20	41.4	HRB400	12	455.2	615

本次试验共设计制作 12 根试验梁，梁截面尺寸及配筋图如图 12.1 所示。

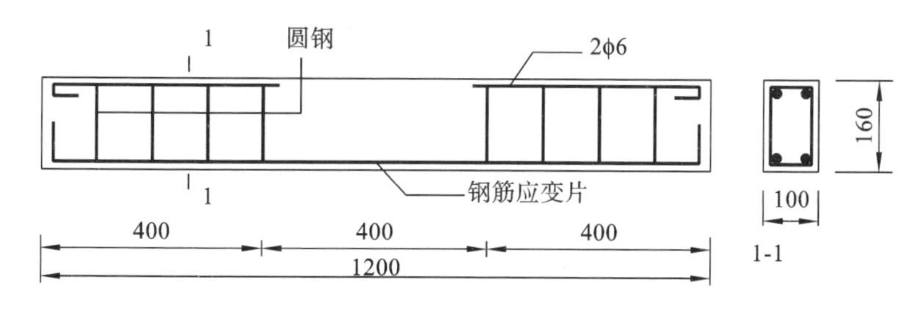

图 12.1　梁截面尺寸及配筋图

试验梁设计制作时主要考虑的变化参数为锂渣掺量和纵向受力钢筋的配筋率。具体分组如下。

第一组：共 4 根梁，纵筋配筋均为 2Φ8，配筋率为 0.72%，锂渣掺量分别为 0%、10%、15%和 20%，编号分别为 PL-1、LL-10-1、LL-15-1 和 LL-20-1。

第二组：共 4 根梁，纵筋配筋均为 2Φ10，配筋率为 1.12%，锂渣掺量分别为 0%、10%、15%和 20%，编号分别为 PL-2、LL-10-2、LL-15-2 和 LL-20-2。

第三组：共 4 根梁，纵筋配筋均为 2Φ12，配筋率为 1.61%，锂渣掺量分别为 0%、10%、15%和 20%，编号分别为 PL-3、LL-10-3、LL-15-3 和 LL-20-3。试件基本参数见表 12.2。

表 12.2 试件基本参数

分组	试件编号	锂渣掺量/(%)	梁长 l/mm	梁高 h/mm	梁宽 b/mm	纵向配筋	钢筋面积 A_s/mm^2	配筋率 ρ/(%)
第一组	PL-1	0	1200	160	100	2Φ8	101	0.72
	LL-10-1	10	1200	160	100	2Φ8	101	0.72
	LL-15-1	15	1200	160	100	2Φ8	101	0.72
	LL-20-1	20	1200	160	100	2Φ8	101	0.72
第二组	PL-2	0	1200	160	100	2Φ10	157	1.12
	LL-10-2	10	1200	160	100	2Φ10	157	1.12
	LL-15-2	15	1200	160	100	2Φ10	157	1.12
	LL-20-2	20	1200	160	100	2Φ10	157	1.12
第三组	PL-3	0	1200	160	100	2Φ12	226	1.61
	LL-10-3	10	1200	160	100	2Φ12	226	1.61
	LL-15-3	15	1200	160	100	2Φ12	226	1.61
	LL-20-3	20	1200	160	100	2Φ12	226	1.61

2. 加载装置和测点布置

试验采用两点对称加载的方法，以消除剪力对正截面受弯的影响，通过分配梁对称地同步分级施加荷载，在梁跨中形成 400 mm 的纯弯段。在长度为 400 mm 的纯弯段内和支座处布置位移传感器，以观察加载后梁的受力全过程。钢筋应变片布置在受力筋中部位置(见图 12.1)，试件加载装置及混凝土应变测点布置示意图如图 12.2 所示，试验实际加载装置如图 12.3 所示。

试验采用分级加载制度，并按照《混凝土结构试验方法标准》(GB/T 50152—2012)中相关规定执行。

(1) 预加载：在正式加载前，对每根试验梁进行预加载，预加载值约为极限荷载计算值的 10%，且应小于开裂荷载的 70%，预加载一般进行 2～3 次。

(2) 正式加载：在试验梁未开裂前，每级加载值约为预计开裂荷载的 5%。开裂后，每级加载值按极限荷载计算值的 10%进行加载，当荷载达到

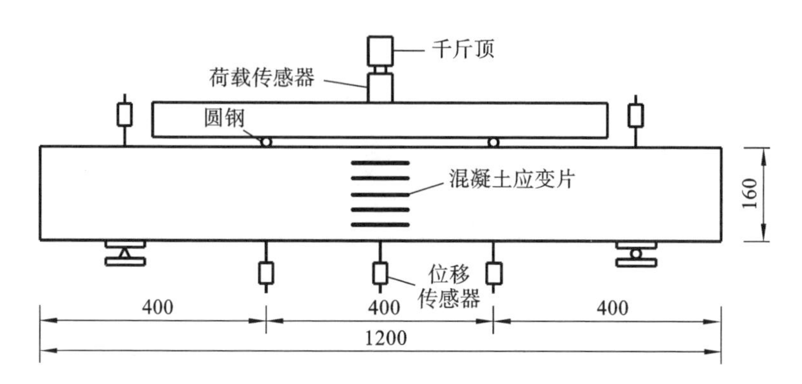

图 12.2 试件加载装置及混凝土应变测点布置示意图

图 12.3 试验实际加载装置

极限荷载计算值的90%时，每级加载值按极限荷载计算值的5%进行加载，直至试验梁破坏。

12.1.2 腐蚀组试验

选取表9.1中锂渣掺量为0%和15%的配合比制备混凝土标准立方体试块和钢筋混凝土梁。其中，混凝土标准立方体试块的大小为150 mm×150 mm×150 mm，钢筋混凝土梁的配筋情况如图12.1所示。为了较好地模拟自然降雨情况下酸雨对锂渣钢筋混凝土的腐蚀，本试验采用循环喷淋方式，每天进行3个循环，每个循环设置为先喷淋3 h，再静置3 h。模拟酸雨的配制方案同轴心受压试件。每次喷淋开始前用硝酸溶液调节酸雨溶液pH值至2.3,酸雨溶液每7 d更换一次。根据腐蚀龄期将试件分为5组,各组的腐蚀龄期分别为0 d、60 d、90 d、120 d和150 d。试件分组及编号见表12.3。每组试件在喷淋到相应的腐蚀龄期后从喷淋房取出,静置一周待其自然风干后,先利用超声波平测法确定混凝土损伤厚度,然后对腐蚀完成的标准立方体试块进行抗压试验测得相应的标准立方体抗压强度。

表12.3 试件分组及编号

分组	试件编号	标准立方体试块	pH值	腐蚀龄期/d
第一组	SPL-0	3个普通混凝土试块	7.00	0
	SLL-0	3个锂渣混凝土试块		
第二组	SPL-1	3个普通混凝土试块	2.30	60
	SLL-1	3个锂渣混凝土试块		
第三组	SPL-2	3个普通混凝土试块	2.30	90
	SLL-2	3个锂渣混凝土试块		
第四组	SPL-3	3个普通混凝土试块	2.30	120
	SLL-3	3个锂渣混凝土试块		
第五组	SPL-4	3个普通混凝土试块	2.30	150
	SLL-4	3个锂渣混凝土试块		

注:SPL表示经模拟酸雨腐蚀的普通混凝土梁,SLL表示经模拟酸雨腐蚀的锂渣混凝土梁。

12.2 普通组受弯试验

12.2.1 试验现象

普通组12根试件的试验过程大致相似,加载初期,荷载与挠度大致呈直线增长关系,试件处于弹性工作状态。随着荷载的增大,受拉区混凝土的应变增长速度加快,当荷载达到10～12 kN时,试验梁跨中开始开裂,此时受拉钢筋应变突然变大。随着加载的继续,梁跨中裂缝开始沿梁高向上延伸,

纯弯段裂缝增多,受压区混凝土应变增长速度加快,塑性特征表现得更加明显。当受拉纵筋屈服后,荷载缓慢增加,而试验梁的挠度快速增加,直至梁顶混凝土被压碎,试验梁破坏。普通组试件的破坏形态如图 12.4 所示。

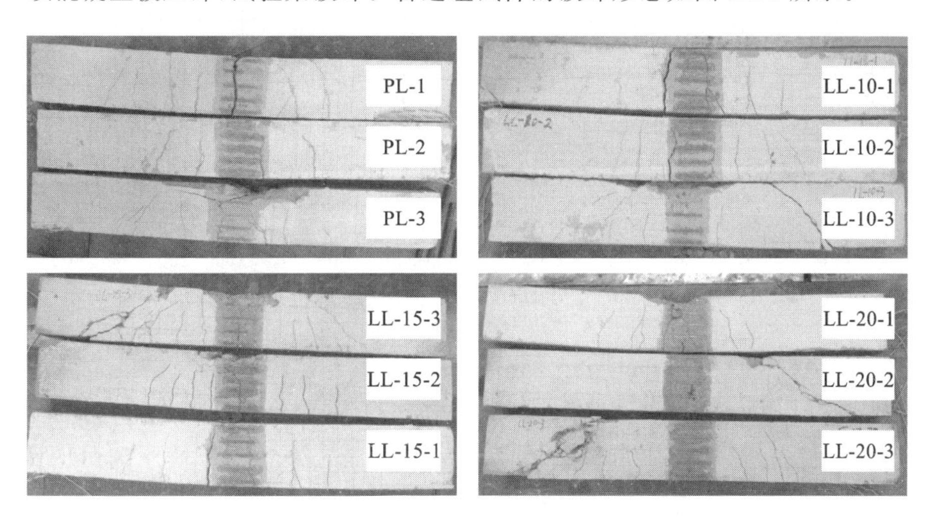

图 12.4　普通组试件的破坏形态

12.2.2　混凝土应变分析

图 12.5 为各试验梁跨中混凝土应变(ε)沿梁截面高度(h)分布图。由图 12.5 可知,不同锂渣掺量的钢筋混凝土梁与普通钢筋混凝土梁正截面应变特征基本相似,所以锂渣钢筋混凝土梁在受弯过程中,平截面假定是成立的。

12.2.3　钢筋应变分析

由各试件中受拉钢筋上的钢筋应变片可测得跨中钢筋应变,以此作出其荷载(N)-应变(ε)曲线如图 12.6 所示,从各曲线可以看出,曲线大致可以分为直线段、曲线段和水平段。在试验加载初期,受拉区混凝土尚未开裂,跨中钢筋的应变随荷载增加大致呈直线增长。随着荷载的增加,试验梁跨中附近出现裂缝,钢筋应变突然增大,此后钢筋应变增长速度较开裂前加

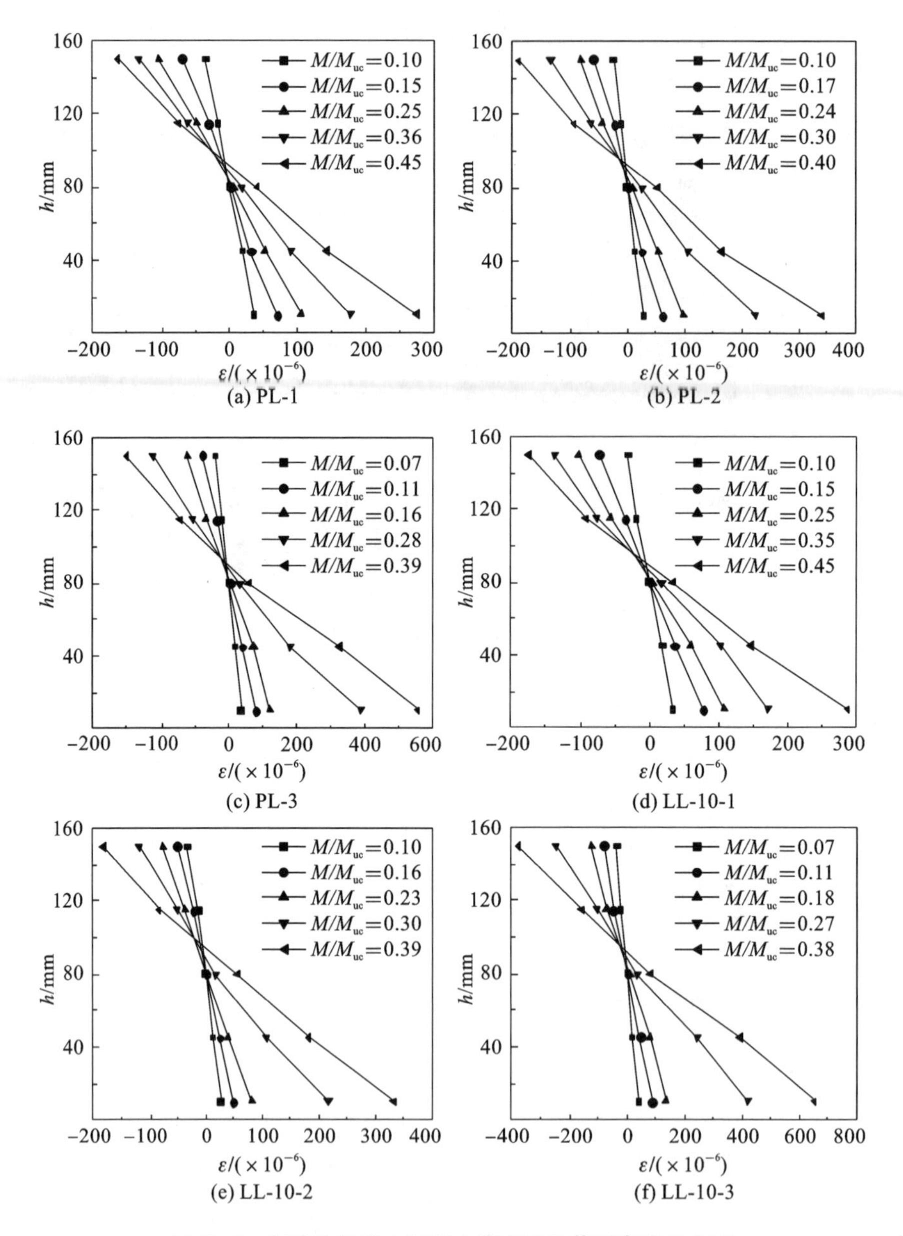

图 12.5　各试验梁跨中混凝土应变沿梁截面高度分布图

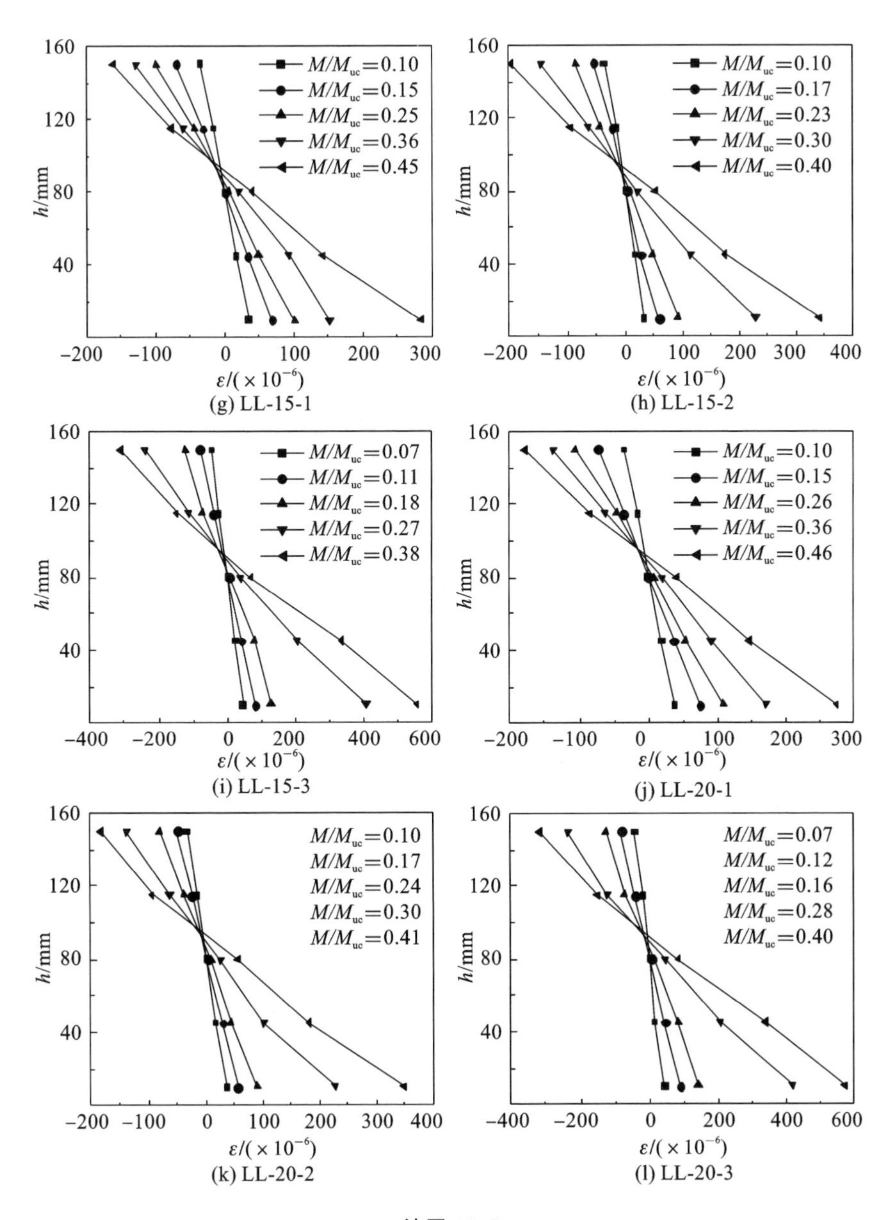

160
120
80
40
h/mm
−200
−100
0
100
200
300
ε/(×10^−6)
M/Muc=0.10
M/Muc=0.15
M/Muc=0.25
M/Muc=0.36
M/Muc=0.45
(g) LL-15-1
M/Muc=0.10
M/Muc=0.17
M/Muc=0.23
M/Muc=0.30
M/Muc=0.40
400
(h) LL-15-2
M/Muc=0.07
M/Muc=0.11
M/Muc=0.18
M/Muc=0.27
M/Muc=0.38
−400
600
(i) LL-15-3
M/Muc=0.10
M/Muc=0.15
M/Muc=0.26
M/Muc=0.36
M/Muc=0.46
(j) LL-20-1
M/Muc=0.10
M/Muc=0.17
M/Muc=0.24
M/Muc=0.30
M/Muc=0.41
(k) LL-20-2
M/Muc=0.07
M/Muc=0.12
M/Muc=0.16
M/Muc=0.28
M/Muc=0.40
(l) LL-20-3

续图 12.5

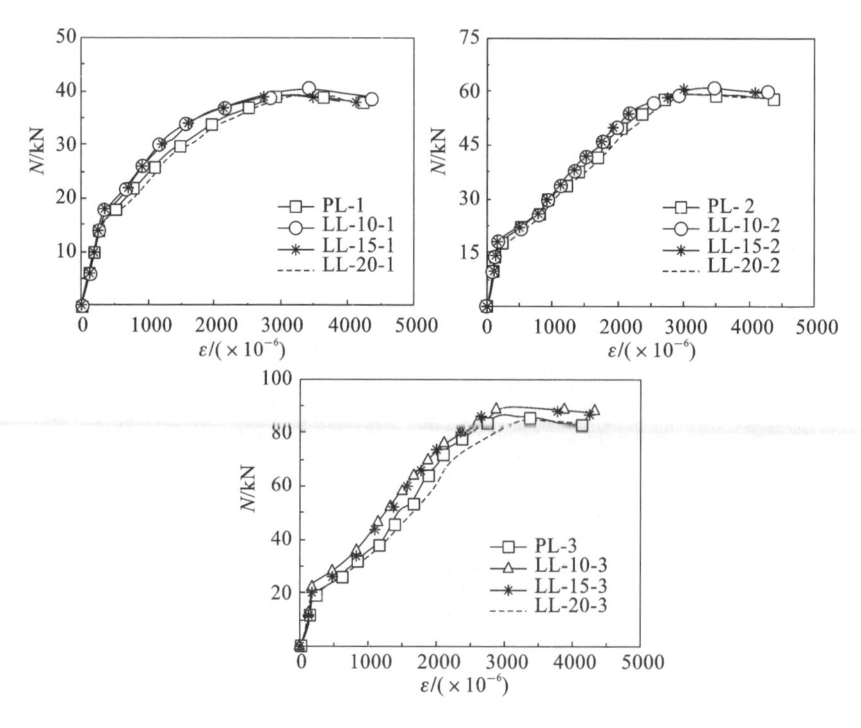

图 12.6 跨中钢筋荷载-应变曲线

快。在加载后期，钢筋达到屈服，钢筋应变迅速增加，直至试件破坏。

由图 12.6 可以看出，在相同配筋率的情况下，锂渣钢筋混凝土梁和普通钢筋混凝土梁的抗弯承载力相差不大，锂渣掺量对试验梁的承载力影响较小；在相同锂渣掺量的情况下，试验梁的承载力随配筋率的增大而增大，这说明试验梁的承载力主要取决于梁的配筋率。

12.2.4 弯矩-跨中挠度分析

如图 12.7 所示分别为在相同配筋率情况下不同锂渣掺量的试验梁的弯矩 M 和跨中挠度 f 的关系曲线。由图 12.7 可知，12 根试验梁在钢筋屈服后均表现出良好的延性，在相同配筋率情况下，试验梁的挠度相差很小，锂渣掺量的变化对挠度影响较小；对比锂渣掺量为 15%情况下的 3 种配筋率的试验梁挠度可知，试验梁的极限挠度随配筋率的增大而增大，这说明配筋

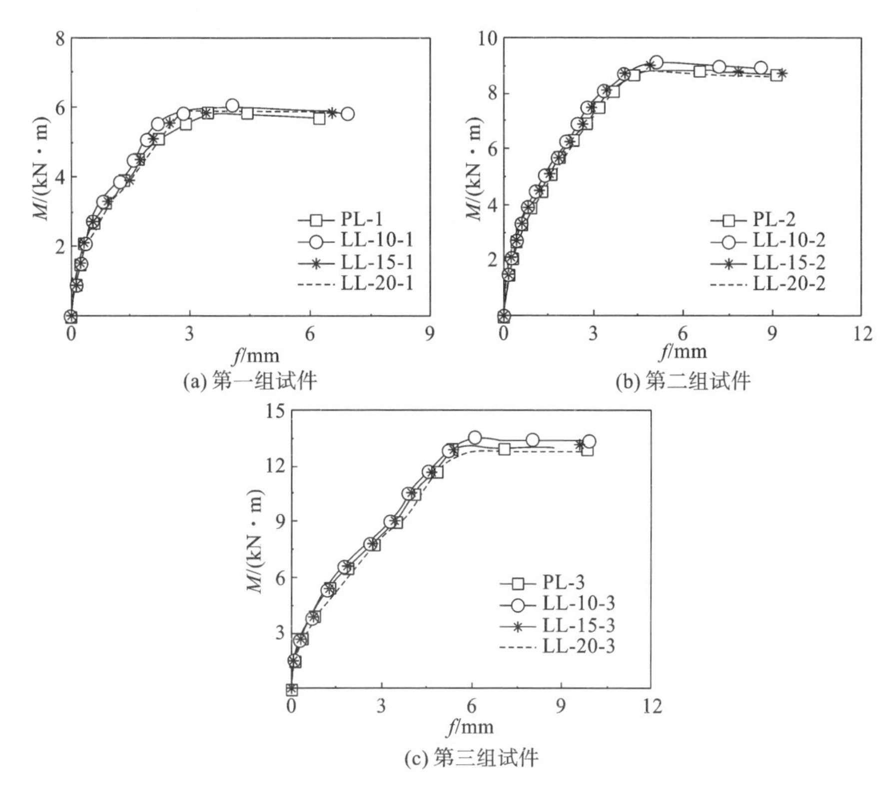

图 12.7　试验梁的弯矩和跨中挠度的关系曲线

率是影响锂渣混凝土梁挠度的主要因素。

12.2.5　开裂弯矩及正截面承载力

试验梁的实测开裂弯矩以及实测极限弯矩和计算极限弯矩的对比见表 12.4。在相同配筋率情况下，试验梁的开裂弯矩随锂渣掺量的增加先增后减，当锂渣掺量为 10%时，开裂弯矩最大。与普通钢筋混凝土梁对比，锂渣掺量为 10%～15%的试验梁表现出相对较好的抗裂性能。其原因主要在于锂渣细颗粒能够起到微集料填充效应，提高了胶凝材料浆体结构的密实性，改善了混凝土的孔隙特征，从而提高了混凝土界面的黏结能力。在相同锂渣掺量的情况下，试验梁的开裂弯矩随配筋率的增大而增大，因此配筋率的提高在一定程度上增强了梁的抗裂性能。

表 12.4　试验梁的实测开裂弯矩以及实测极限弯矩和计算极限弯矩的对比

试件编号	实测开裂弯矩 $M_{cr}/(kN \cdot m)$	实测极限弯矩 $M_{uc}^{t}/(kN \cdot m)$	计算极限弯矩 $M_{uc}^{c}/(kN \cdot m)$	M_{uc}^{t}/M_{uc}^{c}
PL-1	1.62	5.90	5.76	1.024
LL-10-1	1.98	6.06	5.79	1.047
LL-15-1	1.82	5.93	5.77	1.028
LL-20-1	1.53	5.85	5.74	1.019
PL-2	2.13	8.87	8.83	1.005
LL-10-2	2.43	9.15	8.90	1.028
LL-15-2	2.30	8.97	8.86	1.012
LL-20-2	2.04	8.70	8.78	0.991
PL-3	2.18	13.13	12.62	1.040
LL-10-3	3.06	13.56	12.77	1.062
LL-15-3	2.63	13.40	12.68	1.057
LL-20-3	2.13	12.83	12.50	1.026

表 12.4 列出了试验梁的实测极限弯矩与计算极限弯矩，其中计算极限弯矩根据实测材料强度数据采用现行《混凝土结构设计规范(2015 年版)》(GB 50010—2010)中的抗弯极限承载力公式求得，计算公式如式(12.1)和式(12.2)所示：

$$M = \alpha_1 f_c bx\left(h_0 - \frac{x}{2}\right) \tag{12.1}$$

$$\alpha_1 f_c bx = f_y A_s \tag{12.2}$$

式中，M——受弯承载力；

α_1——等效矩形应力图系数；

f_c——混凝土的轴心抗压强度，此处取实测 f_{cu} 换算得到标准值；

b——梁截面宽度；

x——等效矩形应力图受压区高度；

h_0——梁截面有效计算高度；

f_y——纵向钢筋的抗拉强度设计值，此处取实测屈服强度；

A_s——受拉区纵向钢筋截面面积。

由表12.4可知，在相同配筋率情况下，试验梁极限承载力由大到小依次为：锂渣掺量为10%的梁、锂渣掺量为15%的梁、普通梁、锂渣掺量为20%的梁。不同类型的梁极限弯矩相差很小，锂渣掺量为10%和15%的试验梁的实测极限弯矩与计算极限弯矩的比值均大于1，故锂渣掺量为10%和15%的梁正截面承载力计算方法可按现行规范公式进行计算，且计算结果偏于安全。

12.3 腐蚀组受弯试验

12.3.1 试件外观变化

按照表12.3中所设计的腐蚀龄期，当各组试验梁达到相应的腐蚀龄期时，将试验梁从喷淋房里取出对其外观进行检查，各组试验梁在不同腐蚀龄期情况下的外观变化如图12.8所示。根据各组试验梁表面腐蚀的情况可以看出：无论是普通钢筋混凝土梁还是锂渣钢筋混凝土梁，酸雨对混凝土表面的腐蚀作用明显，混凝土颜色从最初的青灰色变成浅黄色，且随着腐蚀龄期的延长试件表面黄色加深；当腐蚀龄期为60 d时，两种钢筋混凝土梁的顶面均出现蜂窝状孔洞，部分骨料外露，侧面出现疏松混凝土分层，去除后可看到外露砂砾；随着喷淋的进行，当腐蚀龄期为90 d时，两种钢筋混凝土梁顶面的蜂窝状孔洞面积增大，坑蚀深度加深，部分粗骨料逐渐外露；当腐蚀龄期为120 d时，粗骨料在酸雨的冲刷腐蚀作用下开始出现溶蚀现象；当腐蚀龄期为150 d时，粗骨料在酸雨的冲刷腐蚀作用下溶蚀的现象更加明显。

12.3.2 超声波检测梁的损伤厚度

为了避免钢筋对超声波声速产生影响，布置测点应尽量避开钢筋位置，本试验在梁的轴线上3个测区布置了测点，由于2个换能器之间的距离太小

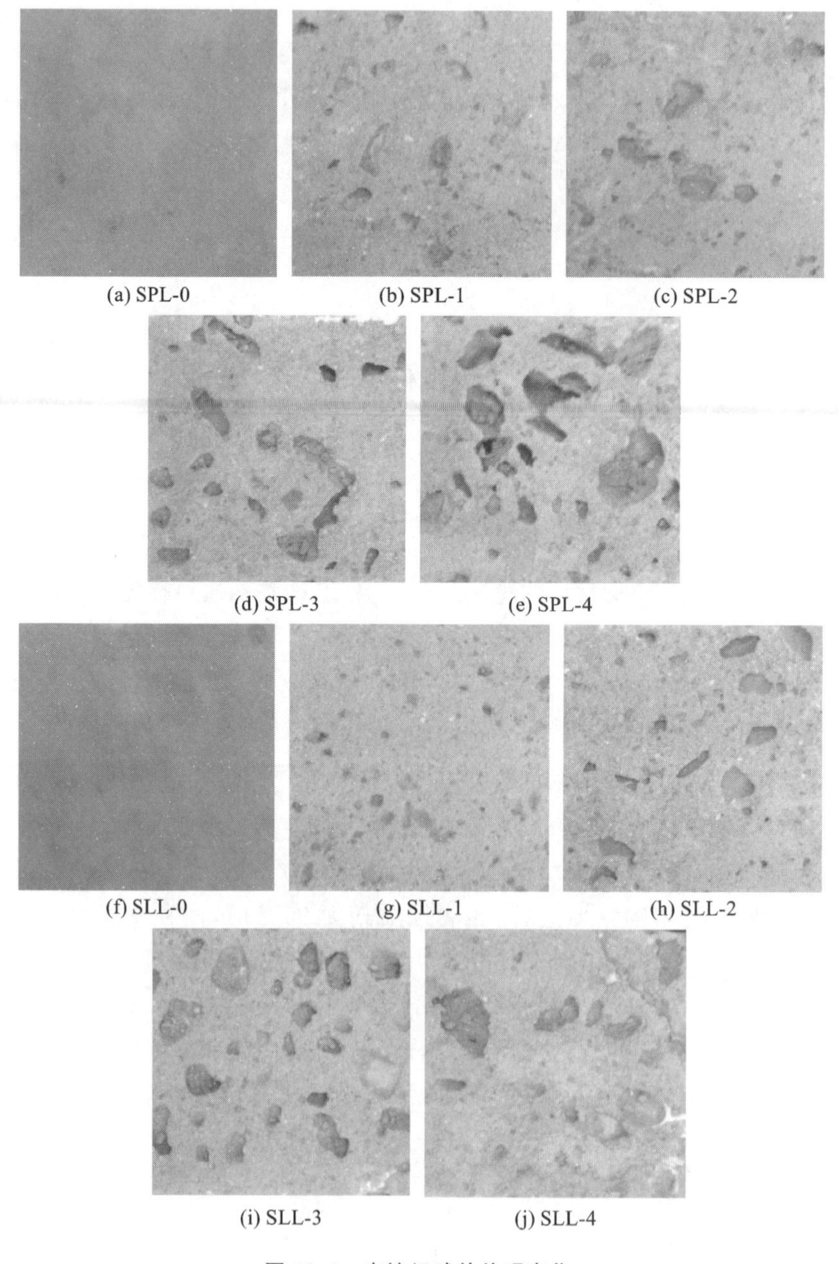

图 12.8　腐蚀组试件外观变化

时检测到的超声声时不稳定，所以第一个测点间距为 50 mm，此后每两个测点之间的间距为 25 mm。超声声速取 3 个测区测得数据的平均值，试验梁的测点布置如图 12.9 所示，实测图如图 12.10 所示。不同腐蚀龄期时超声波平测法测得的声时结果见表 12.5。

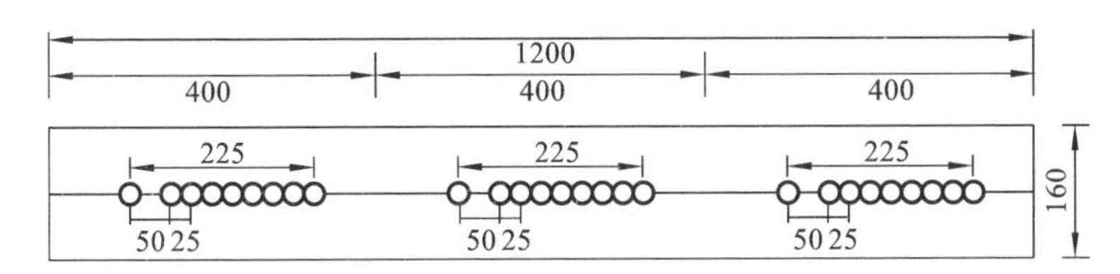

图 12.9　试验梁的测点布置

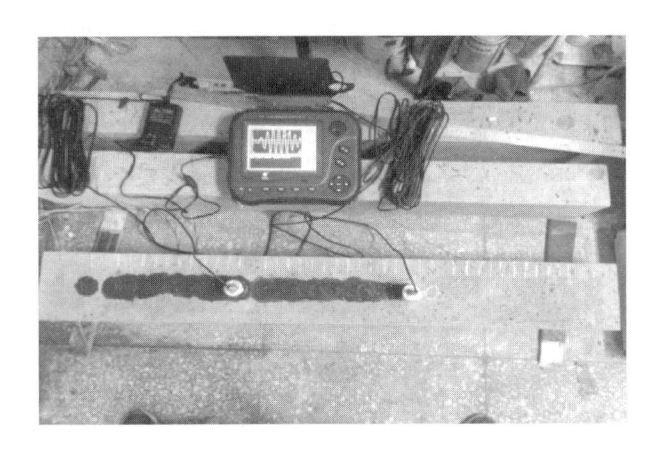

图 12.10　试验梁的实测图

表 12.5　不同腐蚀龄期时超声波平测法测得的声时结果

试件编号	测区	测距/mm								
		0	50	75	100	125	150	175	200	225
SPL-1	1	0	19.2	28.9	37.8	51.6	59.2	73.3	78.4	92.4
	2	0	21.6	29.6	38	47.6	60.3	74.6	82.4	91.5
	3	0	18.3	30.0	42.4	49.0	59.9	73.8	84.9	91.8
	均值	0	19.7	29.5	39.4	49.4	59.8	73.9	81.9	91.9

续表

试件编号	测区	测距/mm								
		0	50	75	100	125	150	175	200	225
SLL-1	1	0	20.4	31.2	41.4	51.4	59.2	74.0	78.9	90.2
	2	0	21.6	30.6	42.1	52.3	58.8	74.8	79.2	90.6
	3	0	21.6	30.9	41.6	51.4	58.4	74.4	79.5	90.1
	均值	0	21.2	30.9	41.7	51.7	58.8	74.4	79.2	90.3
SPL-2	1	0	20.4	30.0	44.8	54.5	68.8	81.6	91.6	108.8
	2	0	21.2	30.8	46.0	56.0	70.8	82.8	92.6	111.4
	3	0	20.4	30.8	44.8	54.4	70.0	87.6	91.2	110.1
	均值	0	20.7	30.5	45.2	55.0	69.9	84.0	91.8	110.1
SLL-2	1	0	23.9	30.1	42.8	52.0	70.0	80.9	91.2	104.6
	2	0	23.6	30.4	43.2	51.9	70.5	81.4	91.4	102.8
	3	0	23.9	30.1	43.0	52.1	70.7	81.3	91.0	104.6
	均值	0	23.8	30.2	43.0	52.0	70.4	81.2	91.2	104.0
SPL-3	1	0	32.6	45.0	65.9	77.2	90.3	107.3	112.5	126.7
	2	0	33.2	45.1	65.8	76.3	90.6	107.1	112.7	126.5
	3	0	33.5	44.6	65.4	76.9	90.3	106.3	113.2	126.0
	均值	0	33.1	44.9	65.7	76.8	90.4	106.9	112.8	126.4
SLL-3	1	0	22.9	33.4	45.7	51.0	77.4	88.1	93.2	113.3
	2	0	22.7	33.9	45.2	50.6	77.9	87.0	92.0	114.0
	3	0	23.4	33.5	45.9	51.4	77.1	87.7	93.4	113.5
	均值	0	23.0	33.6	45.6	51.0	77.5	87.6	92.9	113.6
SPL-4	1	0	33.6	51.4	67.7	85.9	101.6	115.6	127.9	141.0
	2	0	34.1	50.6	67.2	85.2	101.5	115.8	127.8	142.5
	3	0	34.0	50.4	68.5	84.5	102.3	114.2	128.3	140.7
	均值	0	33.9	50.8	67.8	85.2	101.8	115.2	128.0	141.4

续表

试件编号	测区	测距/mm								
		0	50	75	100	125	150	175	200	225
SLL-4	1	0	29.5	45.9	61.0	76.9	88.2	101.2	112.7	125.2
	2	0	31.1	45.3	61.4	76.1	88.3	100.5	113.1	125.9
	3	0	30.6	45.9	62.1	76.8	89.0	101.6	113.8	125.4
	均值	0	30.4	45.7	61.5	76.6	88.5	101.1	113.2	125.5

对表 12.5 中超声波测得的声时数据及测距进行回归分析，绘制试件“时-距”拟合回归图，如图 12.11 所示。

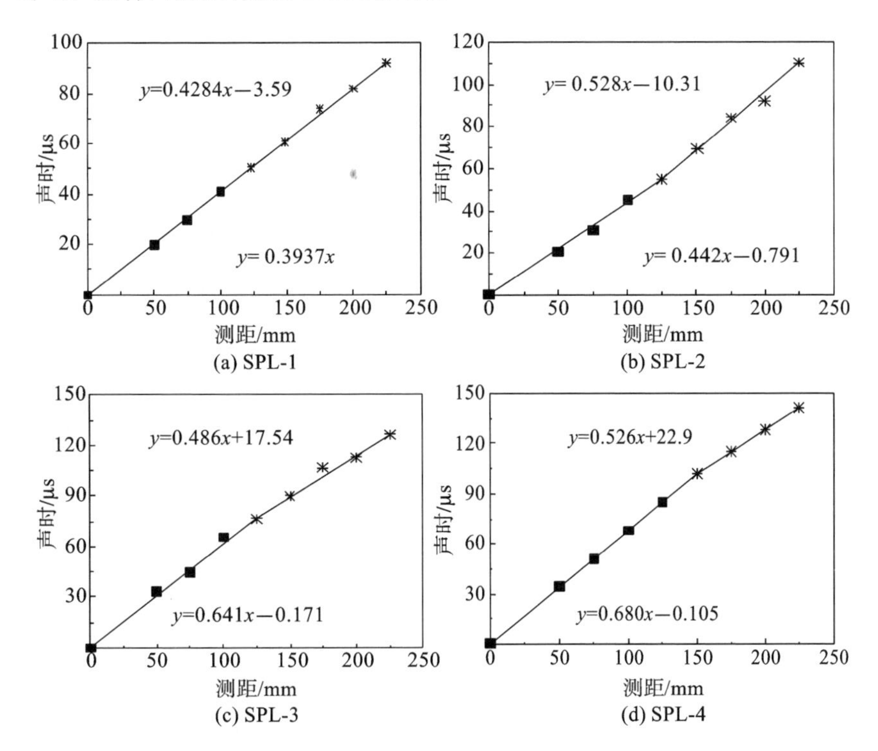

图 12.11　试件“时-距”拟合回归图

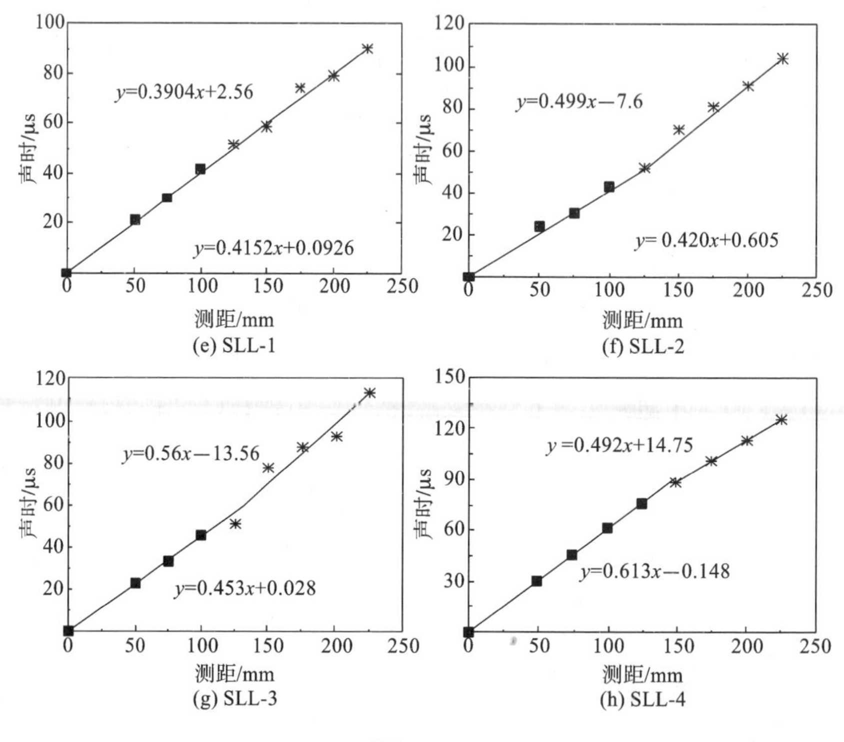

(e) SLL-1
(f) SLL-2
(g) SLL-3
(h) SLL-4

续图 12.11

根据各试件“时-距”拟合回归图计算得出声时变化时的测距 l_0，然后根据式(10.3)和式(10.4)计算得出超声波在损伤混凝土中的声速 V_f 和超声波在无损混凝土中的声速 V_a，最后根据公式(10.2)计算得到混凝土表面损伤厚度 d_f，混凝土的相对损伤厚度 $D=\frac{d_f}{h}$，其中 h 为梁高，计算结果见表 12.6。

表 12.6　不同腐蚀龄期试件表面损伤情况

试件编号	$V_a/(km \cdot s^{-1})$	$V_f/(km \cdot s^{-1})$	d_f/mm	D
SPL-1	2.540	2.334	10.63	0.066
SPL-2	2.262	1.894	16.47	0.103
SPL-3	2.058	1.560	21.20	0.132
SPL-4	1.901	1.471	26.68	0.167

续表

试件编号	V_a/(km·s^{-1})	V_f/(km·s^{-1})	d_f/mm	D
SLL-1	2.561	2.408	8.73	0.055
SLL-2	2.381	2.004	15.23	0.095
SLL-3	2.208	1.786	20.64	0.129
SLL-4	2.033	1.631	20.39	0.127

混凝土损伤厚度与腐蚀龄期的关系如图 12.12 所示，从表 12.6 和图 12.12 可以看出，混凝土的损伤厚度随腐蚀龄期的增加而加深；在腐蚀初期，混凝土损伤厚度的发展较腐蚀中后期缓慢，锂渣混凝土损伤厚度的发展较普通混凝土缓慢，可见，锂渣混凝土的抗酸雨腐蚀性能要略好于普通混凝土，其原因在于锂渣混凝土内部存在较多游离态二氧化硅与水泥水化产物发生二次水化反应，进一步提高了混凝土内部结构的密实性，减缓了酸雨的侵蚀。

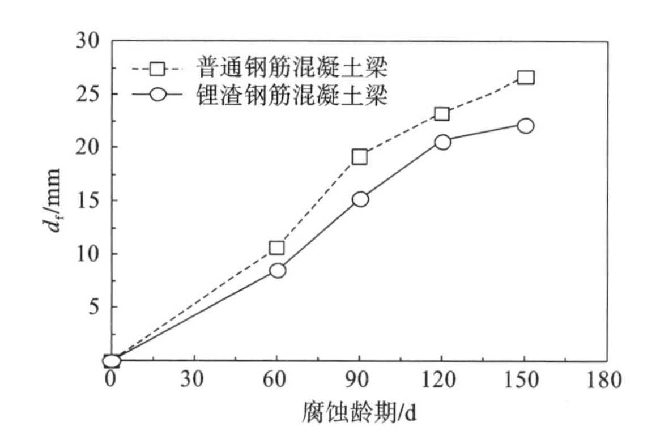

图 12.12　混凝土损伤厚度与腐蚀龄期的关系

12.3.3　弯矩-挠度曲线

受酸雨腐蚀后的试验梁受弯破坏过程与未受酸雨腐蚀的试验梁受弯破坏过程相似，受酸雨腐蚀后的试验梁受弯破坏形态如图 12.13 所示。通过试验可知，不同酸雨腐蚀龄期下试验梁的极限荷载和开裂荷载各不相同。

图 12.13　受酸雨腐蚀后的试验梁受弯破坏形态

腐蚀组试验梁承载力试验结果见表 12.7,试验梁在不同腐蚀龄期下的弯矩(M)-跨中挠度(f)关系曲线如图 12.14 所示。

对比锂渣钢筋混凝土梁和普通钢筋混凝土梁在各个腐蚀龄期的抗弯性能,可知上述两种钢筋混凝土梁的延性都随着酸雨腐蚀程度的加深而下降,在相同腐蚀龄期下,锂渣钢筋混凝土梁的抗弯承载力略高于普通钢筋混凝土梁。

从表 12.7 和图 12.14 可以看出,随着酸雨腐蚀龄期的增加,试验梁的开裂弯矩逐渐降低,锂渣钢筋混凝土梁开裂弯矩的下降程度略小于普通钢筋混凝土梁,但在腐蚀后期,两者的开裂弯矩都有较大程度的下降。在腐蚀初期,开裂弯矩下降的速度较慢,随后下降速度变快,这是由于随着腐蚀程度的增加,膨胀性腐蚀产物(钙矾石)的生成在一定程度上提高了混凝土的密实性,使得混凝土的抗裂性能有所提高,但随着腐蚀程度的不断加深,酸雨渗透进入混凝土内部使得混凝土内部 pH 值下降,水化产物(氢氧化钙)溶出流失,混凝土内部的孔隙增多,同时钙矾石等膨胀性物质的增加使得混凝土内部膨胀应力增加,导致混凝土开裂,最终混凝土的抗裂性能不断下降。相应地,试验梁的极限弯矩也随着腐蚀龄期的增加而降低,但与开裂弯矩相比,极限弯矩的下降较慢,这是因为配筋率才是影响梁极限弯矩的主要因素[140]。

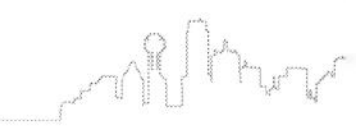

表 12.7　腐蚀组试验梁承载力试验结果

试件编号	腐蚀龄期/d	相对损伤厚度 D/mm	开裂弯矩 M_{cr}/(kN·m)	相对开裂弯矩 M_{cr}/M_{cr0}	极限弯矩 M_u/(kN·m)	相对极限弯矩 M_u/M_{u0}
SPL-0	0	0.000	2.18	1.00	13.14	1.00
SPL-1	60	0.066	1.94	0.89	11.95	0.91
SPL-2	90	0.103	1.63	0.75	11.05	0.84
SPL-3	120	0.132	1.23	0.56	10.52	0.80
SPL-4	150	0.167	0.84	0.39	10.02	0.76
SLL-0	0	0.000	2.63	1.00	13.40	1.00
SLL-1	60	0.055	2.36	0.90	12.30	0.92
SLL-2	90	0.095	2.02	0.77	11.63	0.87
SLL-3	120	0.129	1.65	0.63	10.95	0.82
SLL-4	150	0.127	1.07	0.41	10.52	0.79

注：表中 M_{cr0} 为未受酸雨腐蚀试验梁的开裂弯矩，M_{cr} 为受酸雨腐蚀试验梁的开裂弯矩，M_{u0} 为未受酸雨腐蚀试验梁的极限弯矩，M_u 为受酸雨腐蚀试验梁的极限弯矩。

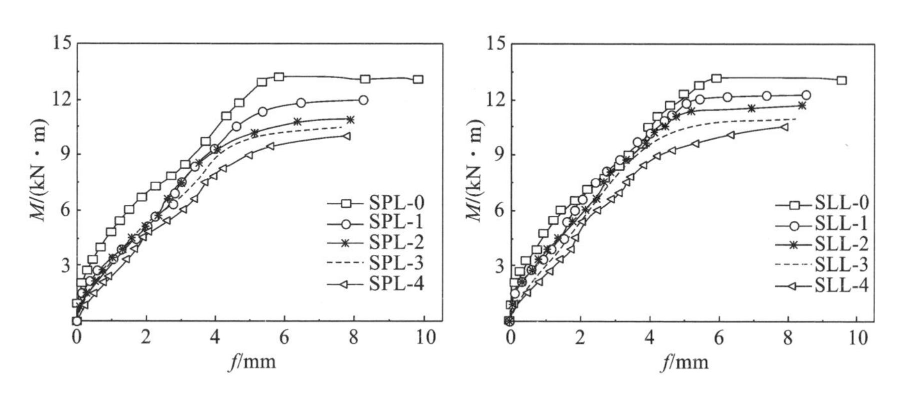

图 12.14　试验梁在不同腐蚀龄期下的弯矩-跨中挠度关系曲线

12.3.4 腐蚀损伤厚度对试验梁开裂弯矩和极限弯矩的影响

从实验结果可以看出，在酸雨腐蚀作用下锂渣钢筋混凝土梁和普通钢筋混凝土梁的力学性能的退化规律相似，都随着腐蚀龄期的增加而下降。本研究主要讨论随着腐蚀损伤厚度的增加两种钢筋混凝土梁的开裂弯矩及极限弯矩的退化规律。

为直观表现混凝土腐蚀损伤厚度对试验梁开裂弯矩和极限弯矩的影响，以相对开裂弯矩和相对极限弯矩进行对比。试验梁相对开裂弯矩(η)和相对极限弯矩(β)随相对损伤厚度(D)的变化曲线如图 12.15 所示。

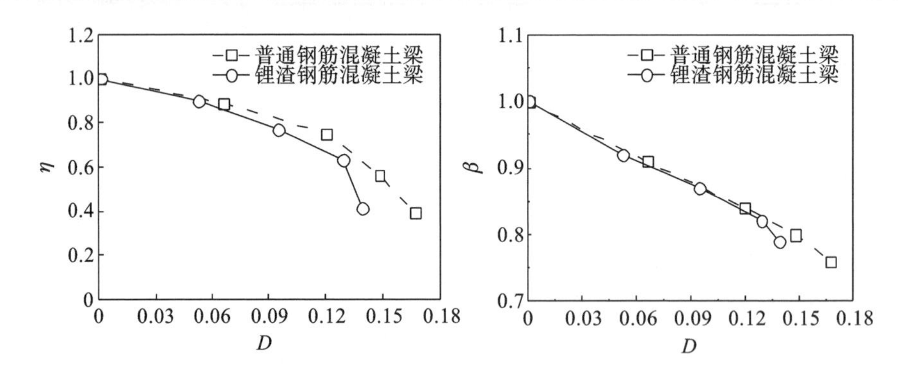

图 12.15　试验梁相对开裂弯矩和相对极限弯矩随相对损伤厚度的变化曲线

从图 12.15 可以看出，试验梁的相对开裂弯矩及相对极限弯矩随着混凝土相对损伤厚度的加深而减小。相对开裂弯矩 η 随相对损伤厚度的变化趋势大致分为两个阶段，当 $D<0.12$(0.12 为估计值)时为慢速下降阶段，当 $D>0.12$ 时为快速下降阶段，这是因为相对损伤厚度 D 达到 0.12 时，水化产物(氢氧化钙)溶出流失，混凝土内部 pH 值降低，部分混凝土水化产物水解，混凝土的孔隙率逐渐增大，最终导致混凝土抗裂性大大减低。从表 12.7 可以看出，锂渣钢筋混凝土梁的相对损伤厚度达到 0.12 时的腐蚀龄期约为 120 d，普通钢筋混凝土梁的相对损伤厚度达到 0.12 时的腐蚀龄期约为 90 d，说明锂渣钢筋混凝土梁的相对开裂弯矩进入快速下降阶段的时间晚于普通钢筋混凝土梁，锂渣的掺入在一定程度上减缓了酸雨对混凝土的侵蚀。锂渣钢筋混凝土梁和普通钢筋混凝土梁相对极限弯矩随相对损伤厚度的变化趋势大致重合，相对极限弯矩随相对损伤厚度的增大大致呈线性降低趋势，但锂渣钢筋混凝土梁相对极限弯矩的降低速率低于普通钢筋混凝土梁。

12.3.5　抗弯承载力计算

在酸雨腐蚀作用下，锂渣混凝土和普通混凝土的抗压强度都出现了一定程度的下降，且在酸雨的冲刷作用下，混凝土梁顶面的表层混凝土有着较大程度的坑蚀，梁截面有效高度受到影响。由于本试验中试验梁受拉钢筋均未受到腐蚀，因此只考虑混凝土抗压强度和梁截面有效高度两种因素，并作出以下修正：一是计算抗弯承载力时，混凝土抗压强度采用酸雨腐蚀后混凝土的抗压强度，二是梁顶面混凝土腐蚀损伤层失效，腐蚀后的梁截面有效高度应考虑折减腐蚀损伤厚度。以现行《混凝土结构设计规范(2015 年版)》(GB 50010—2010)中抗弯承载力公式为基础，在考虑酸雨腐蚀对混凝土抗压强度和梁截面有效高度的影响后，提出酸雨腐蚀后的试验梁的抗弯承载力的计算公式如式(12.3)和式(12.4)所示：

$$M = \alpha_1 f_{cc} bx \left(h_0' - \frac{x}{2}\right) \tag{12.3}$$

$$\alpha_1 f_{cc} bx = f_y A_s \tag{12.4}$$

式中，M——抗弯承载力；

α_1——等效矩形应力图系数；

f_{cc}——酸雨腐蚀后混凝土的轴心抗压强度；

b——梁截面宽度；

h_0'——酸雨腐蚀后试验梁截面有效高度，$h_0' = h_0 - d_f$；

x——等效矩形应力图受压区高度；

f_y——纵向钢筋的抗拉强度；

A_s——纵向受拉钢筋的截面面积。

运用上述计算方法对酸雨腐蚀后的钢筋混凝土梁抗弯承载力进行计算，试件抗弯承载力试验值与计算值见表 12.8。从表 12.8 中可以看出，试验值与计算值的比值均大于 1，计算结果偏于安全，与试验结果较吻合，说明运用该方法可以预测酸雨腐蚀后钢筋混凝土梁的抗弯承载力。

表 12.8　试件抗弯承载力试验值与计算值

试件编号	抗弯承载力试验值 M_u/(kN·m)	抗弯承载力计算值 M_c/(kN·m)	M_u/M_c
SPL-1	11.95	11.41	1.047
SPL-2	11.05	10.37	1.066
SPL-3	10.52	9.73	1.081
SPL-4	10.02	9.09	1.102
SLL-1	12.30	11.76	1.046
SLL-2	11.63	10.91	1.066
SLL-3	10.95	10.17	1.077
SLL-4	10.52	9.75	1.079

12.4　有限元模拟

12.4.1　模型建立

试验梁采用分离式建模，混凝土采用 SOLID65 单元，钢筋采用 LINK8 等杆单元，如需要模拟钢筋及混凝土的黏结滑移，则可考虑加入单元，如 COMBINE39 单元，钢筋及混凝土的黏结滑移只能在分离式模型中建立，此类模型的裂缝模式既可使用分离裂缝模型，又可使用弥散裂缝模型。混凝土采用多线性等向强化模型 MIOS 输入，钢筋按照完全弹塑性的双直线模型建模，采用双线性等向强化模型 BISO 模拟，并设定钢筋弹性模量保持不变，为 2.0×10^5 MPa。有限元模型如图 12.16～图 12.18 所示，其中图12.16为钢筋骨架模型，图 12.17 为梁整体模型，图 12.18 为梁 Von Mises 应力云图。

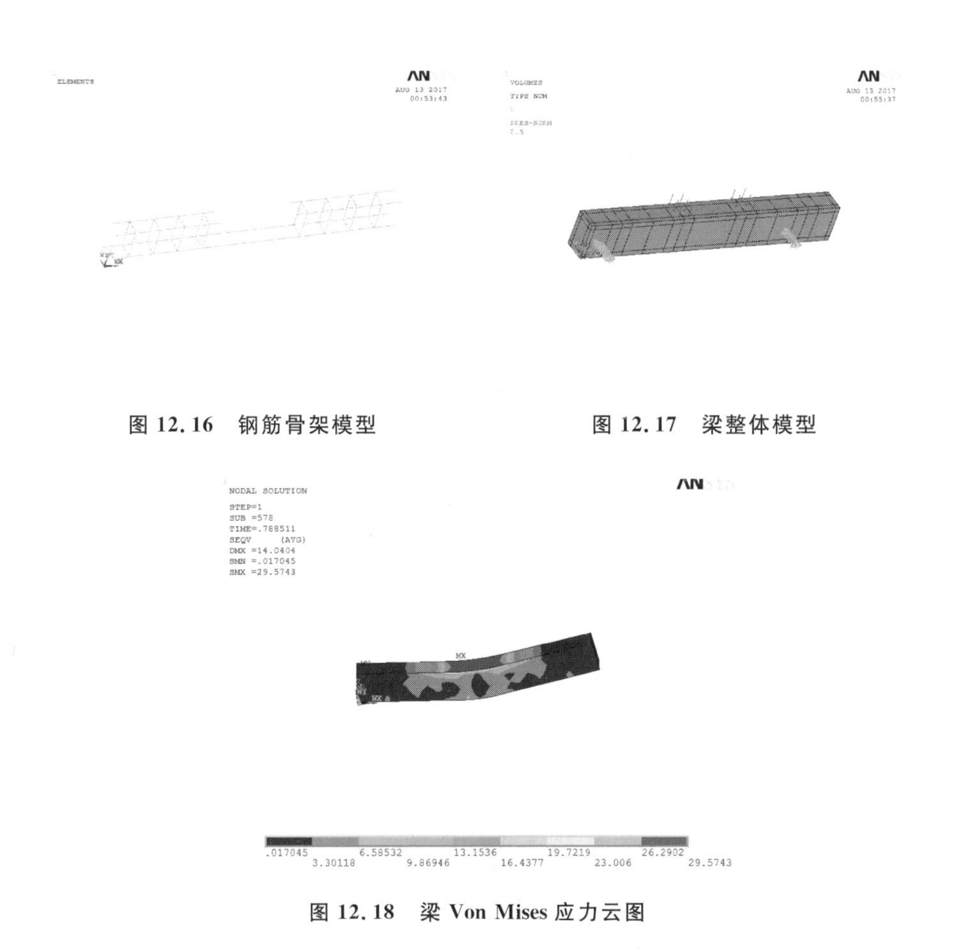

图 12.16　钢筋骨架模型

图 12.17　梁整体模型

图 12.18　梁 Von Mises 应力云图

12.4.2　普通组受弯梁有限元模拟结果分析

1. 试验与模拟裂缝发展形态对比

图 12.19 为 PL-1 试验梁裂缝发展图（F 为不同加载时期试件实际承受的荷载，F_{cu} 为试件极限承载力），12 根试验梁模拟裂缝发展情况大致相同。加载初期，试验梁处于弹性阶段，荷载与挠度大致呈线性关系；随着荷载增大到 8 kN 左右时，试验梁在纯弯段首先出现竖向裂缝，如图 12.19(a)所示，此时梁的挠度和截面曲率突然增大；随着荷载的继续增大，由图 12.19(b)可

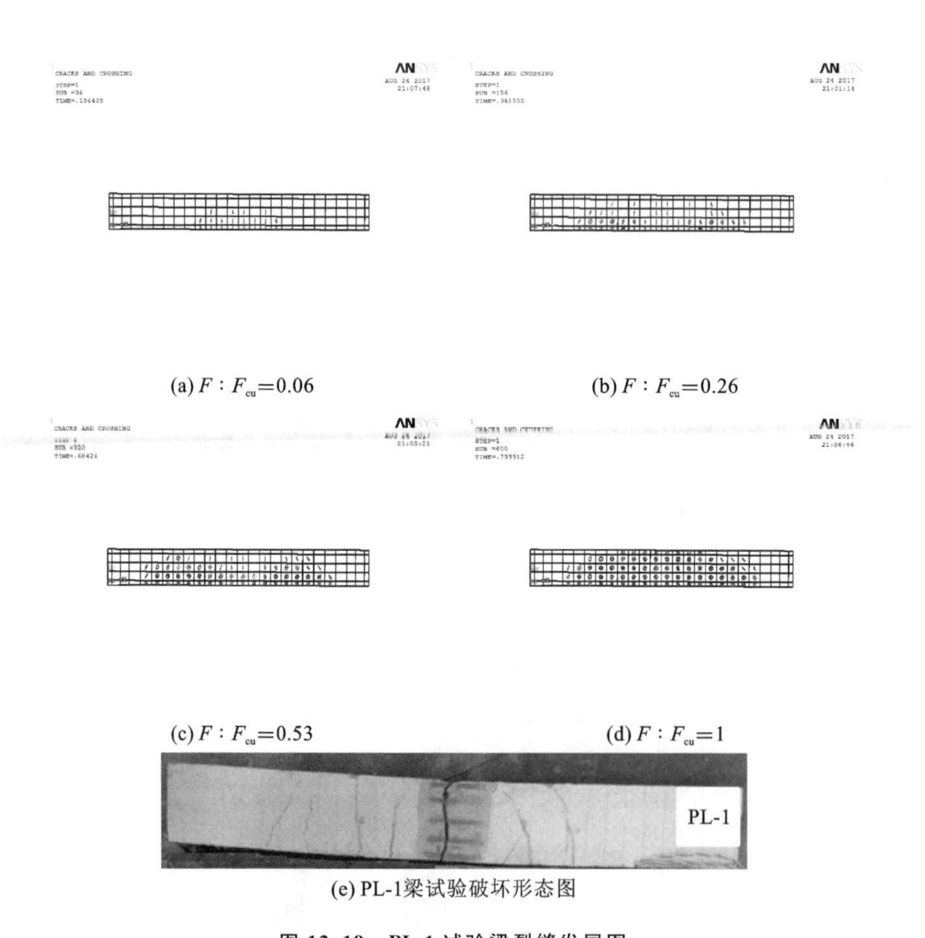

(a) $F:F_{cu}=0.06$ (b) $F:F_{cu}=0.26$

(c) $F:F_{cu}=0.53$ (d) $F:F_{cu}=1$

(e) PL-1梁试验破坏形态图

图 12.19 PL-1 试验梁裂缝发展图

以看出竖向裂缝不断地延伸，且试验梁纯弯段部分混凝土单元裂缝由1个平面发展到3个平面，裂缝开始向支座处延伸；荷载继续增大后，试验梁挠度不断增大，斜截面裂缝发展迅速且更多的混凝土单元裂缝由1个平面发展到3个平面，如图12.19(c)所示；随着荷载继续增大直至试验梁破坏，受拉区混凝土拉裂，受压区混凝土压碎，试验梁纯弯段大部分混凝土单元裂缝3个平面均已破坏，表明试验梁破坏，试验梁裂缝的最终分布如图12.19(d)所示。图12.19(e)所示为PL-1梁试验破坏形态图，通过对比模拟与试验情况可知，该模型裂缝发展过程与试验裂缝发展大致相同，二者裂缝的最终发展情

况吻合较好。

2. 极限承载力及试验与模拟荷载-挠度曲线

表 12.9 为普通组试验梁开裂荷载和极限承载力的试验值与模拟值。由表 12.9 可知，极限承载力试验值与极限承载力模拟值误差值较小，大部分误差在 5%以内，满足实际工程要求。通过对比开裂荷载试验值与开裂荷载模拟值可知，两者误差较大。原因主要包括两个方面：一方面，在试验过程中，当试验梁出现第一条微小裂缝时，研究人员因为各方面因素，未能及时观察到并记录，导致记录时实测开裂荷载稍微偏大；另一方面，由于在模拟过程中，混凝土中如剪力传递系数、混凝土抗拉强度等其他参数未能准确表示其真实情况，故在模拟值中，开裂荷载模拟值与开裂荷载试验值存在一定误差，但由于其绝对误差不大，故满足要求。通过试验值与模拟值的对比可知，普通组试验梁试验情况与模拟情况基本吻合。

表 12.9　普通组试验梁开裂荷载和极限承载力的试验值与模拟值

试件编号	开裂荷载试验值/kN	开裂荷载模拟值/kN	开裂荷载误差/(%)	极限承载力试验值/kN	极限承载力模拟值/kN	极限荷载误差/(%)
PL-1	10.8	8.1	25.0	39.3	38.6	1.8
LL-10-1	13.2	9.0	31.8	40.6	39.0	3.9
LL-15-1	12.0	8.3	30.8	39.5	38.8	1.8
LL-20-1	10.2	8.2	19.6	39.1	38.6	1.3
PL-2	14.2	10.1	28.9	59.1	59.1	0.0
LL-10-2	16.2	12.7	21.6	61.0	59.3	2.8
LL-15-2	15.3	10.7	30.1	59.8	58.8	1.7
LL-20-2	13.6	9.6	29.4	58.9	58.5	0.7
PL-3	14.5	10.5	27.6	87.6	85.0	3.0
LL-10-3	20.2	13.6	32.7	90.5	85.6	5.4
LL-15-3	17.5	12.9	26.3	89.3	85.2	4.6
LL-20-3	14.2	10.5	26.1	85.5	84.6	1.1

如图 12.20 所示为各组试验梁荷载(N)-挠度(f)模拟曲线与试验曲线。由图 12.20 可以看出,所有试验梁的承载力模拟值与试验值吻合较好,但试

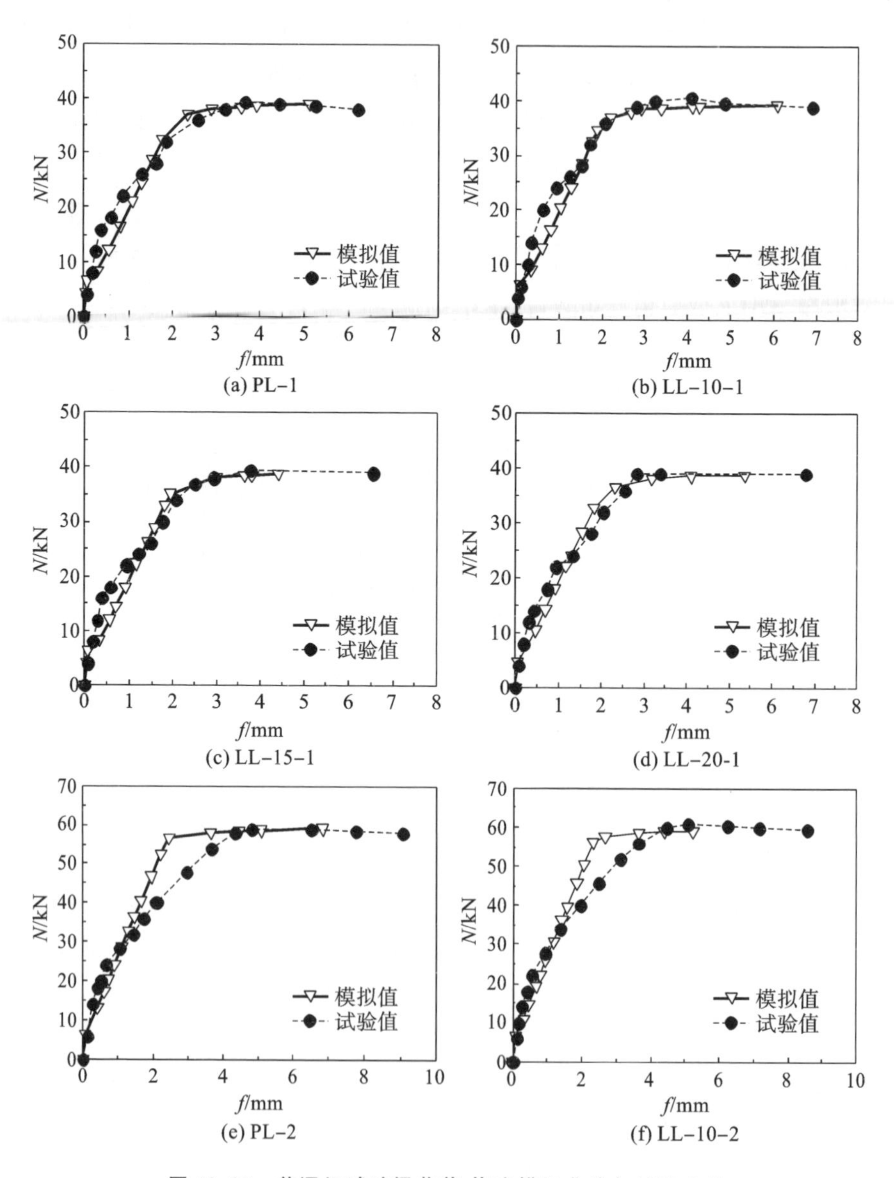

图 12.20 普通组试验梁荷载-挠度模拟曲线与试验曲线

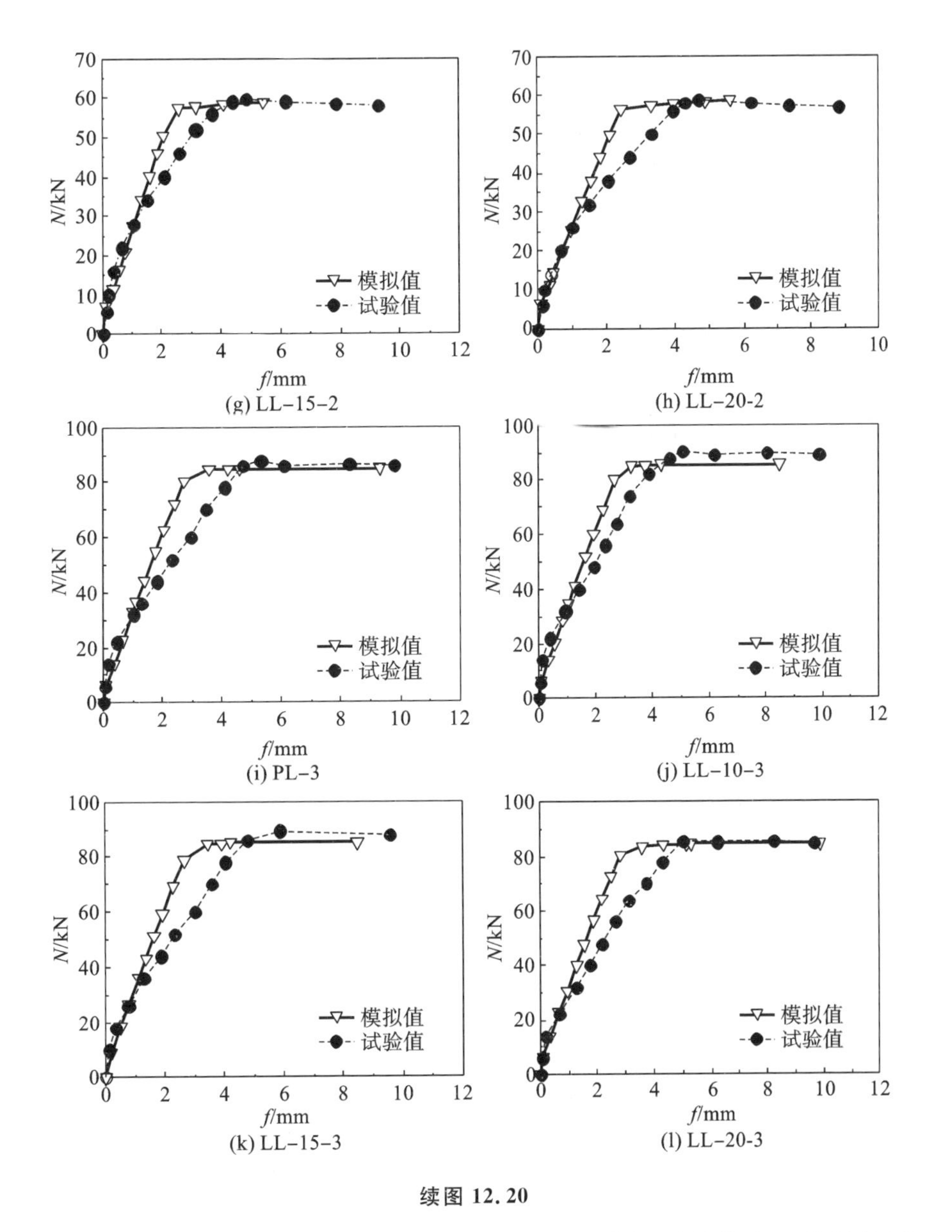

续图 12.20

件在试验中到达极限荷载时的挠度要略大于在模拟时的挠度。分析其原因，主要是在试验中混凝土的离散性及浇筑不均匀等各方面因素导致试验梁存在初始缺陷，使其初始刚度有部分损失，故而挠度的试验值略高于模拟值。

3. 锂渣掺量对荷载-挠度曲线的影响

锂渣掺量对荷载(N)-挠度(f)曲线的影响如图 12.21 所示。通过对比各组试验梁可知，在配筋率一定的情况下，锂渣掺量对试验梁的初始刚度、极限承载力和挠度的影响较小，即同组试验中的各试件荷载-挠度曲线基本重合。由此得出，锂渣掺量对混凝土试验梁的力学性能影响较小。

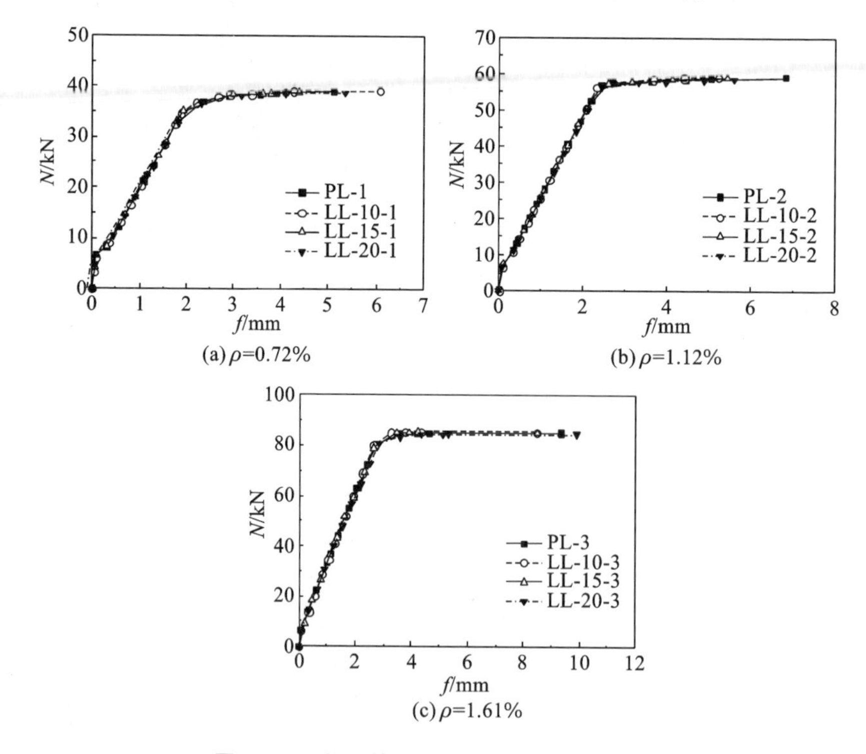

图 12.21　锂渣掺量与荷载-挠度曲线的关系

4. 配筋率对荷载-挠度曲线与极限承载力的影响

图 12.21 为将不同锂渣掺量、相同配筋率的各试验梁的荷载-挠度曲线进行对比。如图 12.21 所示，配筋率相同时各试件荷载-挠度曲线基本重合，故对配筋率对荷载-挠度曲线与极限承载力的影响的分析，仅取一组模拟试

件进行对比。通过对比可得不同配筋率试验梁的荷载(N)-挠度(f)曲线如图12.22所示。由图12.22可知,相同锂渣掺量的试验梁初始刚度随着配筋率的增大而提高,构件的延性和极限承载力也随着配筋率的增大而提高。试验梁极限承载力与配筋率(ρ)的关系如图12.23所示。由图12.23可知,相对于配筋率为0.72%的试件,其余两组试件配筋率分别增加了0.4%和0.89%,对应的承载力分别提高了50.3%和122.9%。由此可见试验梁承载力随着配筋率的增大而提高,且在一定范围内,极限承载力与配筋率的增长呈一定的线性关系。

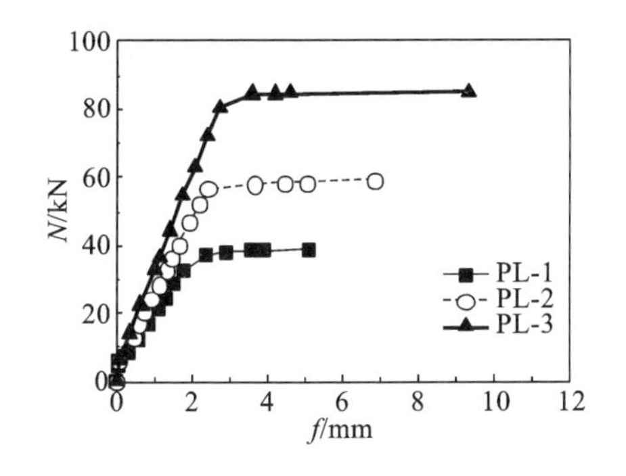

图12.22 不同配筋率梁的荷载-挠度曲线

图12.23 试验梁配筋率与极限承载力的关系

12.4.3 腐蚀组受弯梁有限元模拟结果分析

1. 极限承载力及试验与模拟荷载-挠度曲线对比

表12.10为试验梁开裂荷载和极限承载力的试验值与模拟值。由表12.10可知,试验梁极限承载力试验值与模拟值误差较小,满足实际工程要求。对比开裂荷载的试验值与模拟值可知,两者存在一定的误差。这主要是因为试验梁经模拟酸雨腐蚀后,表面形成大量侵蚀孔洞,并有大量粉末附着在试件表面,当试件受弯出现微裂缝时,由于孔洞和表面覆盖的粉末直接影响研究者的观察和判断,导致试验开裂荷载稍微偏大。总体来看,腐蚀组试验梁试验情况与模拟情况吻合良好。

表 12.10　试验梁开裂荷载和极限承载力的试验值与模拟值

试件编号	开裂荷载试验值/kN	开裂荷载模拟值/kN	开裂荷载误差/(%)	极限承载力试验值/kN	极限承载力模拟值/kN	极限荷载误差/(%)
SPL-0	14.5	12.1	16.6	87.6	85.0	3.0
SPL-1	12.9	9.9	23.3	80.0	77.3	3.4
SPL-2	10.9	7.6	30.3	73.7	69.4	5.8
SPL-3	8.2	6.1	25.6	70.1	66.1	5.7
SPL-4	5.6	4.8	14.3	66.8	61.1	8.5
SLL-0	17.5	14.1	19.4	89.3	85.2	4.6
SLL-1	15.7	13.7	12.7	82.0	79.8	2.7
SLL-2	13.5	11.2	17.0	77.5	73.7	4.9
SLL-3	11.0	8.9	19.1	73.0	69.2	5.2
SLL-4	7.1	6.0	15.5	70.1	66.2	5.6

图 12.24 为腐蚀组试验梁荷载(N)-挠度(f)模拟曲线与试验曲线。从图 12.24 可以看出,模拟曲线与试验曲线模拟的极限承载力吻合较好,且试验值均略高于模拟值。其原因有以下几点:①模拟计算中未考虑钢筋的强化作用;②模拟计算中未考虑横向箍筋对试件的环箍作用;③经过酸雨腐蚀后混凝土试件的离散性变大。

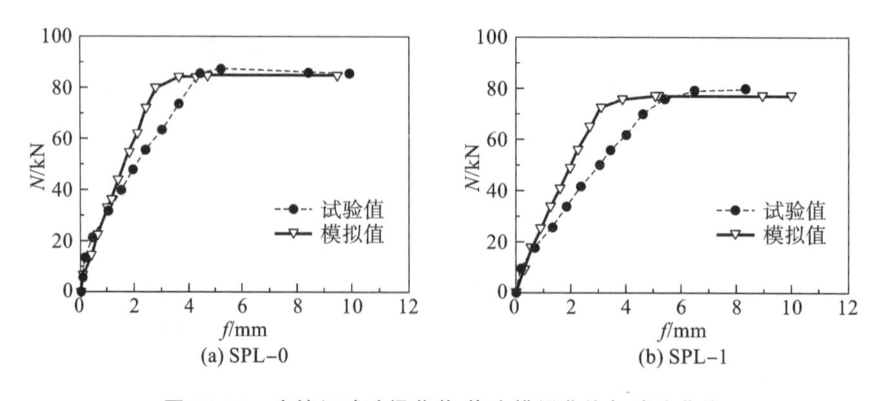

图 12.24　腐蚀组试验梁荷载-挠度模拟曲线与试验曲线

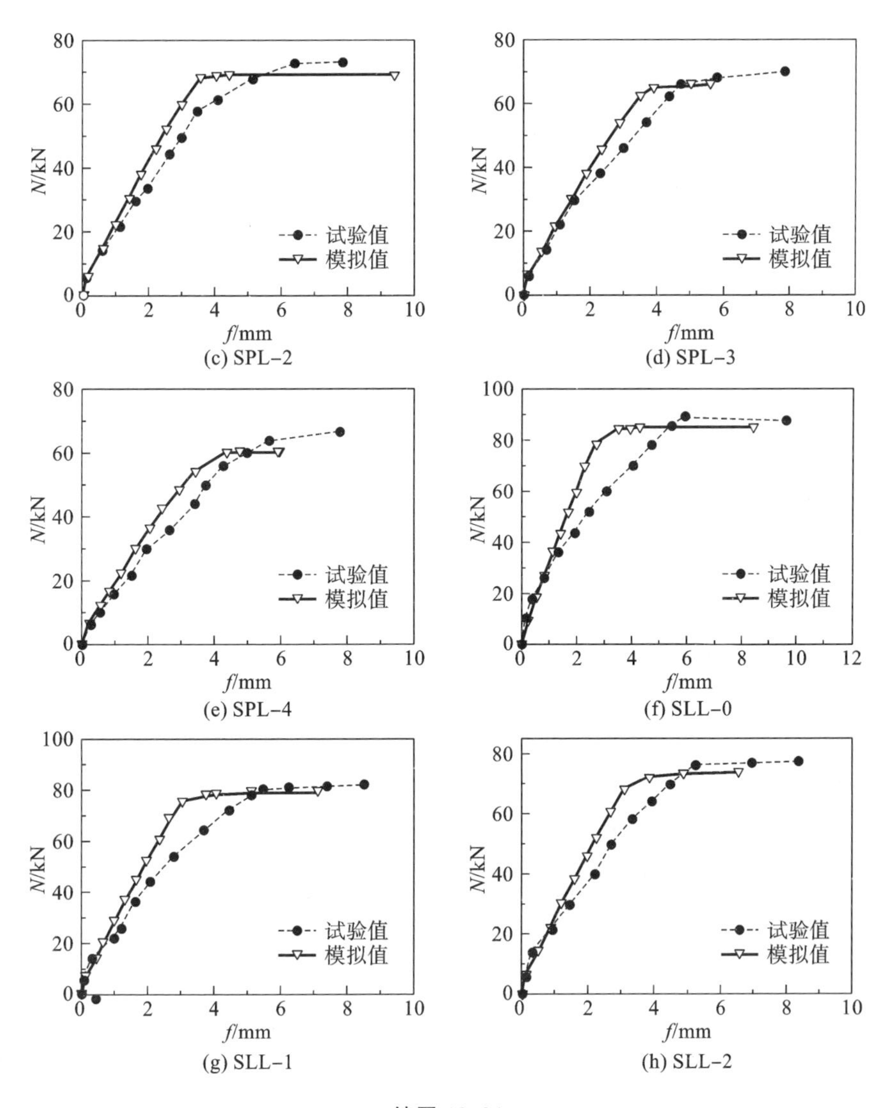

续图 12.24

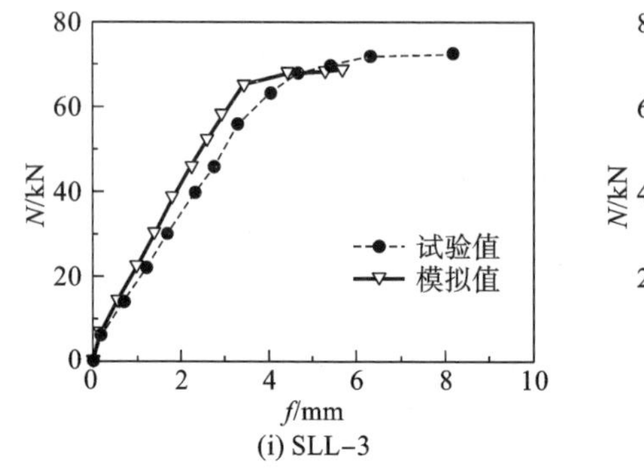

(i) SLL-3

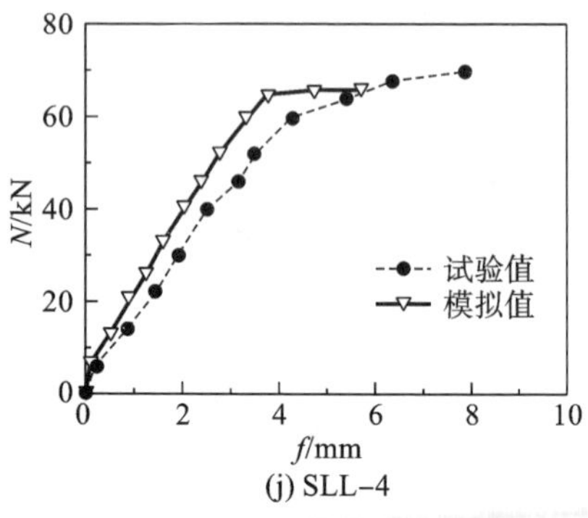

(j) SLL-4

续图 12.24

2. 腐蚀龄期对荷载-挠度曲线与极限承载力的影响

腐蚀龄期对荷载(N)-挠度(f)曲线的影响如图 12.25 所示。对比腐蚀组试验梁可知,在相同锂渣掺量的情况下,随着模拟酸雨腐蚀龄期的增加,试件的开裂荷载、刚度随之下降,其极限承载力逐渐降低。这主要是因为经酸雨腐蚀后的混凝土试件受酸雨侵蚀产生孔隙,导致混凝土强度降低,且受弯试件正截面面积也随之减小,故其极限承载力和刚度有下降趋势,此现象与试验规律相吻合。腐蚀龄期与极限承载力的关系如图 12.26 所示。由图 12.26 可知,对于普通钢筋混凝土试件,随着模拟酸雨腐蚀龄期的增加,其极限承载力分别降低了 9.1%、18.4%、22.2%和 28.1%;对于锂渣掺量为

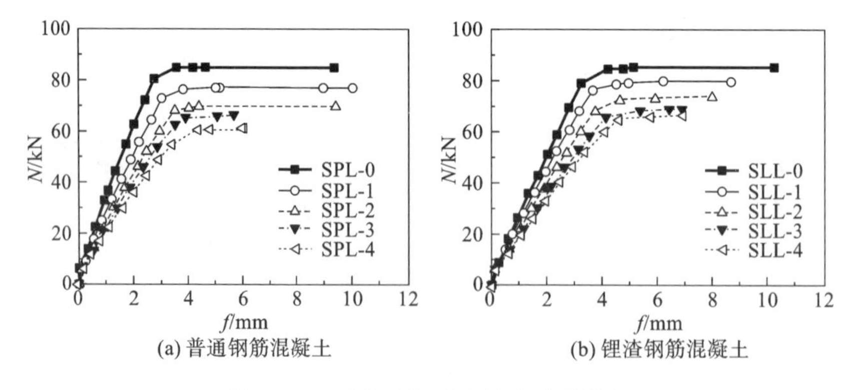

(a) 普通钢筋混凝土　(b) 锂渣钢筋混凝土

图 12.25　腐蚀龄期对荷载-挠度的影响

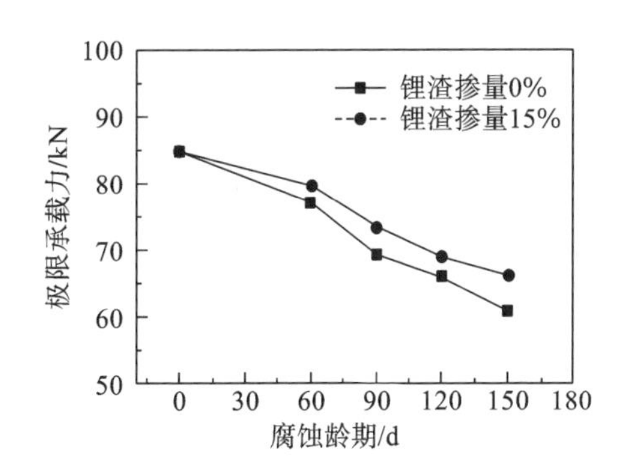

图 12.26　腐蚀龄期与极限承载力的关系

15%的钢筋混凝土试件,其极限承载力分别降低了 6.3%、13.5%、18.8%和 22.3%。由此可知,在模拟酸雨腐蚀龄期相同的情况下,锂渣钢筋混凝土梁的承载力衰减程度低于普通钢筋混凝土梁,这说明锂渣的掺入对混凝土试验梁的抗酸雨腐蚀性具有一定的提高作用。

3. 锂渣掺量对荷载-挠度曲线的影响

不同腐蚀龄期下锂渣掺量与荷载(N)-挠度(f)曲线的关系如图 12.27 所示。经过不同程度的模拟酸雨腐蚀,锂渣钢筋混凝土梁的初始刚度与极限承载力都略高于普通钢筋混凝土梁。由此可见,经模拟酸雨腐蚀后,锂渣钢筋混凝土梁比普通钢筋混凝土梁具有更好的抗酸雨腐蚀性。

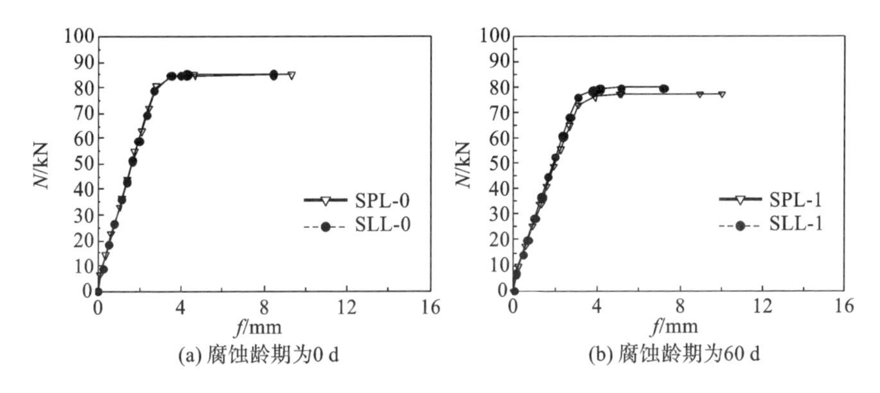

图 12.27　不同腐蚀龄期下锂渣掺量与荷载-挠度曲线的关系

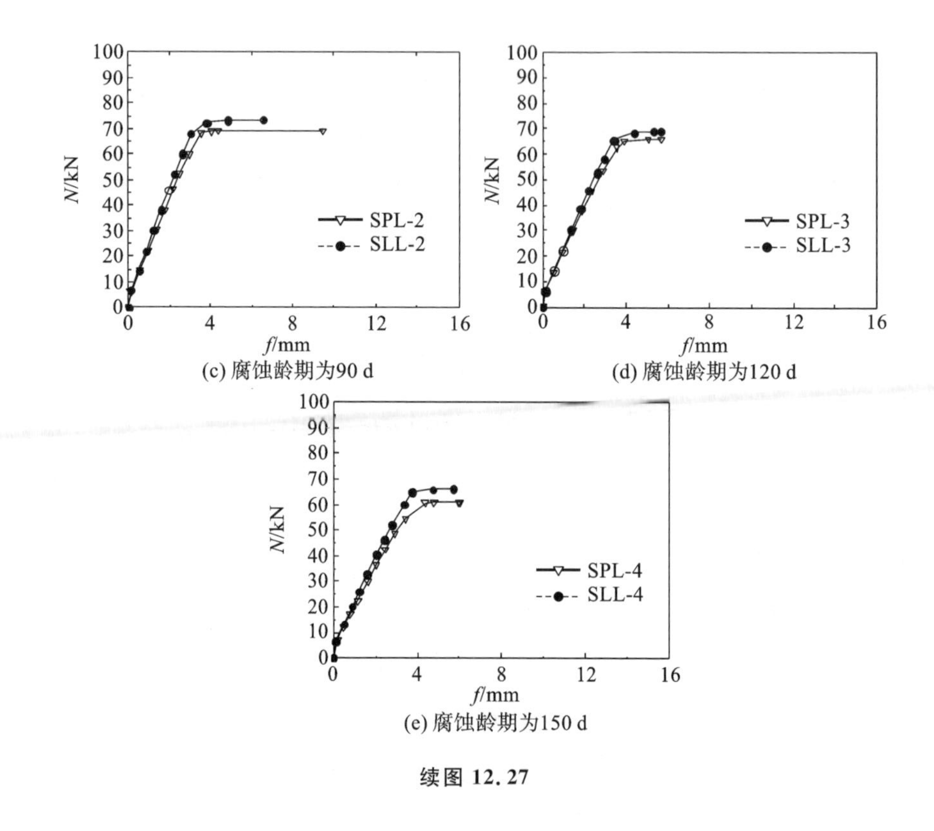

(c) 腐蚀龄期为90 d

(d) 腐蚀龄期为120 d

(e) 腐蚀龄期为150 d

续图 12.27

12.5 本章小结

本章首先通过对比分析12根试验梁的试验过程和试验数据，得出了未腐蚀情况下锂渣对钢筋混凝土梁荷载变形的影响；其次，研究了模拟酸雨腐蚀环境下混凝土外观变化及基本力学性能变化、腐蚀损伤厚度对两种钢筋混凝土梁的开裂弯矩及极限弯矩的影响，得出以下结论。

(1) 锂渣钢筋混凝土梁与普通钢筋混凝土梁在试验过程中有着相似的破坏形态。锂渣钢筋混凝土梁在受力过程中正截面应变基本符合平截面假定，纵向受拉钢筋承担大部分受拉区的拉力。

(2) 在相同配筋率的情况下，锂渣掺量对梁挠度影响较小，锂渣钢筋混凝土梁挠度主要由配筋率决定。当锂渣掺量为10%～15%时，相比普通钢

筋混凝土梁，锂渣钢筋混凝土梁具有较好的抗裂性能，且在适筋范围内提高配筋率有助于提高受弯构件的抗裂性。采用现行规范公式计算锂渣钢筋混凝土梁的抗弯承载力是可行的。锂渣掺量对梁正截面极限抗弯承载力无显著影响，极限承载力主要由配筋率决定。

(3) 酸雨腐蚀作用下，两种试验梁混凝土的表面损伤状态基本相同。锂渣混凝土腐蚀损伤厚度的发展较普通混凝土缓慢，两种混凝土的立方体抗压强度都出现一定程度的降低。锂渣混凝土立方体抗压强度的下降率稍小于普通混凝土。

(4) 酸雨腐蚀作用下，试验梁的开裂弯矩及极限弯矩随着混凝土腐蚀损伤厚度的加深而减小。锂渣钢筋混凝土梁的开裂弯矩和极限弯矩降低的速率低于普通钢筋混凝土梁。随着腐蚀程度的加重，锂渣钢筋混凝土梁的开裂弯矩和极限弯矩也出现较大程度的下降。锂渣能在一定程度上延缓酸雨的作用，但从长期看来，其延缓作用有限。

(5) 采用折减混凝土强度和梁截面有效高度的方法计算酸雨腐蚀后梁构件的抗弯承载力得出的理论计算结果偏于安全。

(6) 对于普通组的试件，模拟破坏过程与试验破坏过程吻合良好。锂渣掺量的改变对试验梁的力学性能的影响较小。试验梁配筋率的提高会使其极限承载力、初始刚度及延性得到相应的提高。

(7) 腐蚀组试验梁正截面承载力的模拟结果与试验结果吻合良好。锂渣的掺入可略微提高钢筋混凝土试验梁的极限承载力和初始刚度。随着酸雨腐蚀龄期的增加，试验梁的开裂荷载、刚度和极限承载力相应地降低，且锂渣钢筋混凝土梁的承载力衰减程度低于普通钢筋混凝土梁，即锂渣钢筋混凝土试件比普通钢筋混凝土试件具有更好的抗酸雨腐蚀性能。

参考文献

[1] 杨文科.现代混凝土科学的问题与研究[M].北京:清华大学出版社,2012.

[2] 陶学康,王俊.发展绿色混凝土促进可持续发展[J].施工技术,2008,37(3):5-7.

[3] 许开成,方苇,陈梦成,等.陶瓷再生粗骨料混凝土力学性能研究[J].实验力学,2014,29(4):474-480.

[4] LI L,LIU W F,YOU Q X,et al. Relationships between microstructure and transport properties in mortar containing recycled ceramic powder[J]. Journal of Cleaner Production,2020,263:121384.

[5] 黄宏,孙微,陈梦成,等.方钢管再生混凝土轴压短柱力学性能试验研究[J].建筑结构学报,2015,36(S1):215-221.

[6] 李乐.开裂孔隙材料渗透率的细观力学模型研究[J].力学学报,2018,50(5):1032-1040.

[7] 李乐,李克非.含随机裂纹网络孔隙材料渗透率的逾渗模型研究[J].物理学报,2015,64(13):324-334.

[8] 许开成,陈梦成,何小平.氯离子腐蚀对钢管混凝土界面黏结性能影响的试验分析[J].工业建筑,2013,43(01):71-74,98.

[9] 许开成,姚峰,许涵琦,等.模拟酸雨腐蚀下预应力混凝土梁抗震性能的试验研究[J].工业建筑,2020,50(06):39-44,21.

[10] GUO B B,HONG Y,QIAO G F,et al. Thermodynamic modeling of the essential physicochemical interactions between the pore solution and the cement hydrates in chloride-contaminated cement-based materials[J]. Journal of Colloid And Interface Science,2018,531:56-63.

[11] GUO B B, HONG Y, QIAO G F, et al. A comsol-phreeqc interface for modeling the multi-species transport of saturated cement-based materials [J]. Construction and Building Materials, 2018, 187: 839-853.

[12] HAN B G, DING S Q, WANG J L, et al. Nano-engineered cementitious composites[M]. Singapore: Springer Nature Singapore Pte Ltd. ,2019.

[13] DONG S F, ZHOU D C, ASHOUR A, et al. Flexural toughness and calculation model of super-fine stainless wire reinforced reactive powder concrete [J]. Cement and Concrete Composites, 2019, 104:103367.

[14] FENG Y L, JIANG L Z, ZHOU W B, et al. Experimental investigation on shear steel bars in CRTS Ⅱ slab ballastless track under low-cyclic reciprocating load[J]. Construction and Building Materials,2020,255:119425.

[15] HAN B G, DONG S F, OU J P, et al. Microstructure related mechanical behaviors of short-cut super-fine stainless wire reinforced reactive powder concrete[J]. Materials and Design,2016,96:16-26.

[16] HAN B G, ZHANG L Q, ZHANG C Y, et al. Reinforcement effect and mechanism of carbon fibers to mechanical and electrically conductive properties of cement-based materials [J]. Construction and Building Materials,2016,125:479-489.

[17] 黄宏,胡志慧,杨超,等.模拟酸雨腐蚀后圆钢管再生混凝土抗弯承载力计算方法研究[J].混凝土,2018(4):8-12.

[18] 黄宏,孙微,陈梦成,等.酸雨环境下方钢管再生混凝土纯弯力学性能试验研究[J].建筑结构,2018,48(2):66-71.

[19] 袁方,陈梦成,许开成.往复荷载下钢筋增强 ECC 梁受力性能研究[J].混凝土,2017(12):34-38,41.

[20] HAN B G, ZHANG L Q, OU J P. Smart and multifunctional

concrete toward sustainable infrastructures[M]. Singapore: Springer Nature Singapore Pte Ltd., 2017.

[21] ZHANG L Q, DING S Q, LI L W, et al. Effect of characteristics of assembly unit of CNT/NCB composite fillers on properties of smart cement-based materials[J]. Composites Part A: Applied Science and Manufacturing, 2018, 109: 303-320.

[22] ZHANG L Q, DING S Q, HAN B G, et al. Effect of water content on the piezoresistive property of smart cement-based materials with carbon nanotube/nanocarbon black composite filler[J]. Composites Part A: Applied Science & Manufacturing, 2019, 119: 8-20.

[23] ZHANG L Q, HAN B G, OU J P, et al. Multifunctionality of cement based composite with electrostatic self-assembled CNT/NCB composite filler[J]. Archives of Civil and Mechanical Engineering, 2017, 17(2): 354-364.

[24] ZHANG L Q, LI L W, WANG Y L, et al. Multifunctional cement-based materials modified with electrostatic self-assembled CNT/ TiO_2 composite filler[J]. Construction and Building Materials, 2020, 238: 117787.

[25] ZHANG L Q, ZHENG Q F, DONG X F, et al. Tailoring sensing properties of smart cementitious composites based on excluded volume theory and electrostatic self-assembly[J]. Construction and Building Materials, 2020, 265: 119452.

[26] 艾红梅,白军营.环境协调型绿色混凝土的发展[J].混凝土,2010(12):93-95.

[27] 高延继.绿色建筑与绿色建材的发展[J].新型建筑材料,2000(4):31-33.

[28] 吴中伟.高性能砼——绿色砼[J].水泥工程,2000(2):1-4,59.

[29] JALAL M, POULADKHAN A, HARANDI O F, et al. Comparative study on effects of Class F fly ash, nano silica and silica fume on

properties of high performance self compacting concrete [J]. Construction and Building Materials, 2015, 94: 90-104.

[30] SHENG Y N, WANG H Y, SUN T H. Properties of green concrete containing stainless steel oxidizing slag resource materials [J]. Construction and Building Materials, 2014, 50: 22-27.

[31] 何学云,张凯峰,杨文,等.硅酸盐固体废弃物作掺合料在混凝土中应用的研究进展[J].材料导报,2013,27(S1):281-284.

[32] 聂行.模拟酸雨环境下掺锂渣钢筋混凝土梁纯弯性能研究[D].南昌:华东交通大学,2016.

[33] WEN H. Property research of green concrete mixed with lithium slag and limestone flour [J]. Advanced Materials Research, 2013, 765-767: 3120-3124.

[34] 谷丽娜.路用C50锂渣混凝土的配制与力学性能研究[J].混凝土与水泥制品,2012(9):22-23.

[35] 杨春晖.锂盐渣混凝土性能研究及应用[J].四川建材,2004(6):23-25.

[36] 张兰芳.锂渣混凝土的试验研究[J].混凝土,2008(4):44-46.

[37] 王喆,王栋民.不同复合矿物掺合料对混凝土长期性能的影响差异[J].硅酸盐通报,2015,34(8):2392-2397.

[38] 吴福飞,陈亮亮,侍克斌,等.锂渣高性能混凝土的性能与微观结构[J].科学技术与工程,2015,15(12):219-222.

[39] 张兰芳,陈剑雄,李世伟.碱激发矿渣-锂渣混凝土试验研究[J].建筑材料学报,2006(4):488-492.

[40] 温勇,刘国君,秦志勇,等.锂渣粉对混凝土氯离子渗透性的影响[J].混凝土,2011(8):76-78.

[41] 胡平.高性能锂渣混凝土[J].建筑知识,1999(5):3-5.

[42] 温勇,宋亚峰,阿不拉·坎杰,等.磨细锂渣粉对新拌混凝土性能的影响[J].混凝土,2011(10):58-60.

[43] 温勇,徐虎,韩东明.锂渣粉对水泥基材料抗硫酸盐侵蚀性能的影响

[J]. 混凝土,2010(12):90-92.

[44] 张兰芳,陈剑雄,李世伟,等. 锂渣混凝土的性能研究[J]. 施工技术,2005(8):59-60,68.

[45] 张兰芳,陈剑雄,岳瑜,等. 锂渣高强混凝土的试验研究[J]. 新型建筑材料,2005(3):29-31.

[46] 张善德,侍克斌,裴成元,等. 高性能锂渣混凝土的试验研究[J]. 粉煤灰综合利用,2011(3):3-5,24.

[47] 赵若鹏,郭自力,张晶,等. 内掺锂渣和硅粉的 100 MPa 高强度大流动性混凝土研究[J]. 工业建筑,2004(12):61-62.

[48] 黎奉武. 利用锂云母渣及低品位铝矾土制备硫铝酸盐水泥的研究[D]. 南昌:南昌大学,2012.

[49] 吴福飞,侍克斌,董双快,等. 锂渣、钢渣混凝土的体积安定性[J]. 混凝土,2014(5):77-79,82.

[50] 张磊,吕淑珍,刘勇,等. 锂渣粉对水泥性能的影响[J]. 武汉理工大学学报,2015,37(03):23-27.

[51] 赵若鹏,成先红,汪靖,等. 掺 Li 渣的 C80 高强混凝土试验研究[J]. 混凝土,1996(1):25-29.

[52] 王国强,努尔开力·依孜特罗甫,侍克斌,等. 锂渣细度对锂渣混凝土早期抗裂性能影响及分形评价[J]. 粉煤灰综合利用,2010(5):23-25,28.

[53] 王国强. 锂渣高性能混凝土收缩与抗裂性能研究[D]. 乌鲁木齐:新疆农业大学,2011.

[54] LI H F, GUO L, XIA Y. Mechanical properties of concretes containing super-fine mineral admixtures[J]. Applied Mechanics and Materials,2012:174-177;2012:1406-1409.

[55] 祝战奎,陈剑雄. 超磨细锂渣复合掺和料自密实高强混凝土抗碳化性能研究[J]. 施工技术,2012,41(22):40-42.

[56] 刘来宝. 掺锂渣 C50 高性能混凝土的力学与徐变性能[J]. 混凝土与水泥制品,2012(1):67-69.

[57] 杨恒阳,张德宇,侍克斌,等.锂渣、粉煤灰高性能混凝土抗压强度试验研究[J].混凝土,2012(10):97-99,105.

[58] 于江,严文龙,秦拥军,等.掺锂渣再生粗骨料混凝土抗压强度试验研究[J].混凝土与水泥制品,2015(8):94-98.

[59] 严文龙,于江,秦拥军,等.掺锂渣再生混凝土劈裂抗拉强度试验研究[J].新疆大学学报(自然科学版),2015,32(3):362-367.

[60] 秦拥军,严文龙,于江.掺锂渣再生混凝土弹性模量及应力-应变曲线试验[J].科学技术与工程,2016,16(16):254-262.

[61] 李振兴,秦拥军,严文龙.掺锂渣再生粗骨料混凝土梁受弯承载力试验研究[J].建筑科学,2017,33(1):29-35.

[62] 曾祖亮.锂渣的来源和锂渣混凝土的增强抗渗机理探讨[J].四川有色金属,2000(4):49-52.

[63] 陈应球.锂盐渣混凝土在水工建筑中的应用[J].贵州水力发电,2000(3):37-41.

[64] 周海雷,努尔开力·依孜特罗甫,杨恒阳,等.锂渣复合粉煤灰高性能混凝土的氯离子扩散性试验研究[J].混凝土,2012(5):74-76,84.

[65] 董海蛟,温勇,张广泰,等.荷载作用下锂渣粉对混凝土氯离子渗透性的影响[J].混凝土,2014(10):12-15.

[66] 杨恒阳,周海雷,侍克斌,等.锂渣、粉煤灰高性能混凝土早期抗裂性能试验研究[J].混凝土,2012(1):65-67.

[67] 李志军,侍克斌,努尔开力·依孜特罗甫.锂渣、钢渣高性能混凝土早期抗裂性能试验研究[J].混凝土,2013(2):25-27.

[68] 郭江华,侍克斌,吴福飞.不同温度下锂渣混凝土的早期抗裂性能[J].粉煤灰综合利用,2015(1):33-35.

[69] 吴福飞,陈亮亮,侍克斌,等.锂渣混凝土的氯离子渗透性能与活性评价[J].科学技术与工程,2015,15(17):227-231.

[70] 张广泰,董海蛟,温勇.冻融循环下锂渣粉对混凝土渗透性的影响[J].混凝土与水泥制品,2015(3):83-86.

[71] 许开成,黄财林,陈梦成.锂云母渣作为掺合料的可行性研究[J].混凝

土,2015(8):84-86.

[72] 吕鹏,翟建平,李琴,等.矿物掺合料火山灰活性的研究[J].建筑材料学报,2005(3):289-293.

[73] 谢浩辉.污泥的结合水测量和热水解试验研究[D].杭州:浙江大学,2011.

[74] SOTTILI L, PADOVANI D. Einfluss von Mahlhilfsmitteln in der Zementindustrie, Teil 1[J]. ZKG International, 2000, 53(10):568.

[75] SOTTILI L, PADOVANI D. Einfluss von Mahlhilfsmitteln in der Zementindustrie, Teil 2[J]. ZKG International, 2001, 54(3):146.

[76] 丁向群,赵苏,凌健,等.水泥助磨剂的研究及应用概况[J].材料导报,2004(6):61-63.

[77] 陈魁.试验设计与分析[M].北京:清华大学出版社,2008:129-138.

[78] 许开成,毕丽苹,陈梦成.多因素影响下锂渣混凝土的组分优化分析研究[J].混凝土,2016(8):90-94,98.

[79] 许开成,毕丽苹,陈梦成.锂渣混凝土的配合比设计研究[J].混凝土,2017(1):125-129.

[80] 曲艳召.水泥细度与碱硫含量对混凝土强度发展的影响[D].重庆:重庆大学,2012.

[81] 许开成,毕丽苹,陈梦成.水胶比、锂渣掺量和细度对混凝土抗压强度的影响研究[J].硅酸盐通报,2016,35(10):3373-3380.

[82] 张学兵,王干强,方志,等.RPC强化骨料掺量对再生混凝土强度的影响[J].建筑材料学报,2015,18(3):400-408.

[83] 张善德.锂渣高性能混凝土强度预测及圆环法早期抗裂性试验研究[D].乌鲁木齐:新疆农业大学,2011.

[84] 胡志远.锂渣复合渣混凝土研究[D].重庆:重庆大学,2008.

[85] CARCÍA N M, ZAPATA L E, SUÁREZ O M, et al. Effect of fly ash and nanosilica on compressive strength of concrete at early age[J]. Advances in Applied Ceramics: Structural, Functional and Bioceramics, 2015, 114(2):99-106.

[86] POPOVICS S,范本善,张敏虹. 粉煤灰混凝土的强度关系式[J]. 混凝土及加筋混凝土,1984(1):45-52.

[87] 杨钱荣,吴学礼,张凌翼. 粉煤灰混凝土的双变量强度公式[J]. 建筑材料学报,2002(2):186-189.

[88] 王文斌. 粉煤灰的活性激发与大掺量粉煤灰砼的试验研究[D]. 西安:西北工业大学,2005.

[89] BOUKLI HACENE S M A, GHOMARI F, SCHOEFS F, et al. Probabilistic modelling of compressive strength of concrete using response surface methodology and neural networks[J]. Arabian Journal for Science and Engineering,2014,39(6):4451-4460.

[90] PENG C H, YEH I C, LIEN L C. Building strength models for high-performance concrete at different ages using genetic operation trees, nonlinear regression, and neural networks[J]. Engineering with Computers,2010,26(1):61-73.

[91] 冯力. 回归分析方法原理及 SPSS 实际操作[M]. 北京:中国金融出版社,2004.

[92] 许开成,聂行,陈梦成,等. 掺锂渣钢筋混凝土梁的受弯性能试验研究[J]. 铁道建筑,2016(3):13-16.

[93] 赵强善. 锂渣作为混凝土掺合料的可行性研究[J]. 中国西部科技,2014,13(7):36-37.

[94] 范勇,侍克斌. 水工高性能锂渣泵送混凝土的试验研究[J]. 中国农村水利水电,2013(3):119-122.

[95] 费文斌. 利用锂渣取代部分水泥配制混凝土[J]. 水泥技术,1998(6):3-5.

[96] 管松梅,吴福飞. 锂渣混凝土在青年渠首工程中的应用初探[J]. 新疆水利,2014(5):22-25,34.

[97] 郭江华,侍克斌. 锂渣混凝土抗压与劈拉试验研究[J]. 粉煤灰,2015,27(4):27-28,32.

[98] 李志军. 复掺锂渣、钢渣高性能混凝土强度及早期抗裂性能试验研究

[D]. 乌鲁木齐:新疆农业大学,2013.
[99] 吴福飞,陈亮亮,赵经华,等. 锂渣混凝土的孔结构参数与活性评价研究[J]. 人民长江,2015,46(16):58-61,92.
[100] 杨恒阳. 复掺锂渣、粉煤灰高性能混凝土强度及早期抗裂性能试验研究[D]. 乌鲁木齐:新疆农业大学,2012.
[101] 祝战奎. 锂渣复合渣高强高性能自密实混凝土研究[D]. 重庆:重庆大学,2007.
[102] 温和. 锂盐渣复合粉体制备与混凝土研究[D]. 重庆:重庆大学,2006.
[103] 赵若鹏,付书红,郭自力,等. 掺锂渣的C80高强度大流动性混凝土的试验研究[J]. 工业建筑,2001(1):38-40,71.
[104] 赵若鹏,郭玉顺,郭自力,等. C80高强度大流动性混凝土的试验研究[J]. 工业建筑,1997(10):42-47,58.
[105] 金伟良,赵羽习. 混凝土结构耐久性[M]. 北京:科学出版社,2014.
[106] 杨全兵. 混凝土盐冻破坏机理(Ⅱ):冻融饱水度和结冰压[J]. 建筑材料学报,2012,15(6):741-746.
[107] 张云清,王甲春,余红发. NaCl除冰盐作用下混凝土的抗冻能力分析[J]. 混凝土,2009(9):89-91,94.
[108] 田俊壮,夏慧芸,牛昌昌,等. 冻融循环作用下盐分对混凝土耐久性影响的试验研究[J]. 混凝土与水泥制品,2016(3):1-6.
[109] 宿晓萍,张利,郭金辉. 单盐侵蚀与冻融循环作用下混凝土耐久性能试验研究[J]. 工业建筑,2014,44(9):110-113,6.
[110] 陈霞,杨华全,周世华,等. 混凝土冻融耐久性与气泡特征参数的研究[J]. 建筑材料学报,2011,14(2):257-262.
[111] 杨文武,黄煜镔,郭立杰. 海洋环境下粉煤灰混凝土的抗冻性与抗氯离子渗透性的耦合[J]. 海洋科学,2009,33(12):83－88,95.
[112] 何柏,谢凌志,刘泉,等. 不同亲水性能的纤维对混凝土抗冻耐久性的影响[J]. 四川大学学报(工程科学版),2016,48(2):225-230.
[113] 李文利,张鹤,李中华,等. 掺合料及引气剂对混凝土抗盐冻剥蚀性

能的影响[J]. 工业建筑,2010,40(6):12-15.

[114] 巴恒静,冯奇,杨英姿. 复合微粒高性能混凝土的二级界面显微结构及耐久性研究[J]. 硅酸盐学报,2003(11):1043-1047.

[115] 郑晓宁,刁波,孙洋,等. 混合侵蚀与冻融循环作用下混凝土力学性能劣化机理研究[J]. 建筑结构学报,2010,31(2):111-116.

[116] 王文仲,郑秀梅,李广军,等. 寒冷地区再生混凝土抗冻性能试验研究[J]. 混凝土,2012(10):30-31,35.

[117] 李连志,李琦,李剑. 混凝土在氯盐介质条件下的冻融破坏机理[J]. 交通科技与经济,2008(4):10-12.

[118] 杨钱荣,杨全兵. 含钢渣复合掺合料对混凝土耐久性的影响[J]. 同济大学学报(自然科学版),2010,38(8):1200-1204.

[119] 李亚可. 二氧化碳强化再生骨料改进其性能的研究[D]. 长沙:湖南大学,2014.

[120] 肖前慧. 冻融环境多因素耦合作用混凝土结构耐久性研究[D]. 西安:西安建筑科技大学,2010.

[121] 刘爱东. 青海盐渍土地区混凝土的抗碳化性能研究[D]. 西安:长安大学,2010.

[122] GROVESG W,BROUGH A,RICHARDSON I G,et al. Progressive changes in the structure of hardened C3S cement pastes due to carbonation[J]. Journal of the American Ceramic Society,2005,74(11):2891-2896.

[123] THIERY M,VILLAIM G,DANGLA P,et al. Investigation of the carbonation front shape on cementitious materials: effects of the chemical kinetics[J]. Cement and Concrete Research,2007,37(7):1047-1058.

[124] CHEN J J, THOMAS J J, JENNINGS H M. Decalcification shrinkage of cement paste[J]. Cement and Concrete Research,2005,36(5):801-809.

[125] THOMAS J J,CHEN J J,ALLEN A J,et al. Effects of decalcification

on the microstructure and surface area of cement and tricalcium silicate pastes[J]. Cement and Concrete Research, 2004, 34(12): 2297-2307.

[126] 牛建刚. 一般大气环境多因素作用混凝土中性化性能研究[D]. 西安:西安建筑科技大学,2008.

[127] 王艳. 一般大气环境多因素作用下钢纤维混凝土耐久性研究[D]. 西安:西安建筑科技大学,2011.

[128] 邹伟. 高性能再生混凝土耐酸雨侵蚀性能研究及环境协调性评价[D]. 长沙:中南大学,2011.

[129] 张英姿,范颖芳,刘江林,等. 模拟酸雨环境下C40混凝土抗压性能试验研究[J]. 建筑材料学报,2010,13(1):105-110.

[130] 王家滨,牛荻涛,马蕊. 硫酸盐侵蚀喷射混凝土损伤层及微观结构研究[J]. 武汉理工大学学报,2014,36(10):105-112.

[131] 龚胜辉. 酸雨和碳化环境下C25高性能化混凝土耐蚀性能研究[D]. 长沙:中南大学,2010.

[132] 马保国,肖君,王凯. 矿渣水泥混凝土抗酸雨性能的研究[J]. 混凝土,2009(4):5-7,13.

[133] SHI C, STEGEMANN J A. Acid corrosion resistance of different cementing materials[J]. Cement and Concrete Research, 2000, 30(2): 803-808.

[134] 毕丽苹. 锂渣掺和料对混凝土耐久性影响的试验研究[D]. 南昌:华东交通大学,2017.

[135] 过镇海,张秀琴,张达成,等. 混凝土应力一应变全曲线的试验研究[J]. 建筑结构学报,1982(1):1-12.

[136] 许开成,张智星,阳翌舒,等. 模拟酸雨腐蚀环境下锂渣钢筋混凝土轴压短柱试验研究[J]. 建筑结构,2019,49(4):64-69.

[137] 许开成,阳翌舒,陈梦成,等. 锂渣钢筋混凝土偏心受压试件力学性能研究[J]. 建筑结构,2018,48(6):17-20.

[138] 许开成,陈博群,陈梦成,等.模拟酸雨腐蚀环境下掺锂渣钢筋混凝土偏心受压柱试验研究[J].实验力学,2018,33(4):641-648.

[139] 许开成,陈子超,聂行,等.模拟酸雨环境下掺锂渣钢筋混凝土梁抗弯性能试验研究[J].工业建筑,2018,48(3):21-25,40.